Research on Ecological Transformation
of Industrial Park
and Its Eco–efficiency

工业园的
生态化转型
及生态效率研究

付丽娜　著

湘潭大学出版社
XIANGTAN UNIVERSITY PRESS

图书在版编目（CIP）数据

工业园的生态化转型及生态效率研究 ／ 付丽娜著
．-- 湘潭：湘潭大学出版社，2024.1
ISBN 978-7-5687-1285-9

Ⅰ．①工… Ⅱ．①付… Ⅲ．①工业园区－生态环境建
设－研究－中国 Ⅳ．① X321.2

中国国家版本馆 CIP 数据核字（2023）第 219536 号

工业园的生态化转型及生态效率研究

GONGYEYUAN DE SHENGTAIHUA ZHUANXING JI SHENGTAI XIAOLÜ YANJIU

付丽娜　著

责任编辑： 倪慧燕
封面设计： 李　平
出版发行： 湘潭大学出版社
社　　址： 湖南省湘潭大学工程训练大楼
电　　话： 0731-58298960 0731-58298966（传真）
邮　　编： 411105
网　　址： http://press.xtu.edu.cn/
印　　刷： 长沙创峰印务有限公司
经　　销： 湖南省新华书店
开　　本： 710 mm×1000 mm 1/16
印　　张： 17.5
字　　数： 314 千字
版　　次： 2024 年 1 月第 1 版
印　　次： 2024 年 1 月第 1 次印刷
书　　号： ISBN 978-7-5687-1285-9
定　　价： 58.00 元

前　言

随着经济和科技的不断发展，环境污染问题日益突出，生态环境保护已成为全球各国共同的任务和挑战。中国在改善生态环境方面也在积极探索，其中建立国家生态工业园区就是一个重要举措。鼓励创建国家生态工业示范园区是国家在推进生态文明建设的进程中提出的"十四五"循环经济发展规划中的重点任务。

截止到 2020 年底，全国共建成国家级生态工业园区 104 个，其中 71 个通过了生态环境部审批。这些园区涵盖了 30 个省份，总面积达到 6100 平方公里，涉及多个领域。生态工业园在推动循环经济、构建生态文明和提升环境保护水平等方面，取得了较大成果。但是园区建设仍面临许多挑战，亟待积极解决。例如工业园生态化改造的内动力明显不足，处于生态化雏形阶段的工业园内产品链和废弃物交换链的培育严重不足，园内各参与主体或要素间关系的协调较为困难，如此等等。而目前的理论研究没有为以上种种问题给出令人满意的解决方案。鉴于此，本书遵循"理论分析—园区创业现状及转型动因探讨—园区转型的内在机理分析—园区生态效率评价—园区生态效率的影响因素分析—生态化改造策略设计"的思路对工业园的生态化转型及生态效率展开研究。研究主要从以下几个方面展开并且得到相关结论：

（1）以生态文明理念和生态效率思想为引导构建了工业园生态化转型的动因模型，并基于重要性程度采用模糊聚类分析法对全体动力因素进行了归类、分层。首先，对工业园的前期创业历程进行了回顾，并对前期创业的动因进行了评述，指出对经济利益的追求是推动其前期创业的动力核心要素。其次，突破前期创业时的粗放式发展模式和思路，指出工业园在三次创业基础上的生态化转型的战略性导向应该是生态效率，它既是一种测量工具又是一种管理哲学；进而从企业、技术、市场、政府等几个角度探讨了推动工业园实现生态化转型发展的动因模型，特别突出资源存量和环境承载力等制约因素的关键性。最后，按重要性对全体动力因素进行聚类并探讨了各类因素之间的相互关系。动力是推进生态化改造进而促使园区转型的前提和基础，对动力的分析也开启了本研究的起点。

（2）探究分析工业园生态化转型的内在机理。首先，明确实施生态化转型需要达到的目标。其次，分析工业园成功实现生态化转型的过程机制。采用复杂性科学理论的一个分支——耗散结构理论分析了工业园系统要实现转型升级所必须具备的基础性过程子机制，并且借助熵流分析法研究了系统要形成耗散结构需要满足的数理条件，即构建了工业园系统达到耗散结构状态的识别标准。再次，运用描述生物种群增长规律的 logistic 方程分析了园区系统转型升级的实现机制，即通过企业共生实现 $1+1>2$ 的协同共生效应、产生协同剩余，从而促成系统转型目标的实现。最后，分析了园区系统实现转型的保障机制，着重从沟通、信任和社会资本的角度来探讨。本章的研究有助于准确把握确保工业园生态化转型的内在机制，为进一步探讨园区的综合绩效（或生态效率）奠定基础。

（3）实证测度了具体园区系统的生态效率综合水平。首先，对目前学术界关于生态效率的评价方法进行了比较和总结，最终选择灰色关联度分析法和超效率 DEA 法作为园区生态效率综合水平的评价方法。其次，对于虽被国家批准为生态工业园，但尚需进一步深入开展生态化改造的综合类工业园（尤其是致力于发展高新技术产业的综合型工业园），以"资源节约、环境友好、经济持续、创新引领、人文发展"为概念框架构建了其生态效率测度指标体系。再次，采用灰色关联度分析法和超效率 DEA 方法分别对泰达工业园和苏州工业园的生态效率进行了实证测度。评价的结果对于相关园区认清自身现状、寻找差距、确定工作目标和努力方向具有现实指导意义；同时也对我国同类型其他园区的可持续发展具有重要参考价值。研究结果将为后续旨在提升园区生态效率综合水平的对策出台提供有力实证支撑。

（4）实证分析了影响园区生态效率的若干因素，并验证了相关中介变量在其中发挥的作用。首先，基于所研究问题的特点选择结构方程模型法作为研究方法。其次，通过对国内外大量文献的阅读与归纳，构建了各类因素对园区生态效率影响的概念模型，并且提出若干研究假设。再次，通过调查问卷的方式获得测量量表的相应数据，在对数据进行整理后基于结构方程模型采用 AMOS 软件对模型进行拟合、调整和修正，最终获得通过验证的体现各潜变量之间以及潜变量与相应指标之间关系的最优模型。研究表明：企业、工业共生体、园区管理、政府、市场与文化等层面因素对园区的生态效率都会产生不同程度的直接影响，且还通过中介变量间接影响着园区的生态效率水平。本章为寻找促进生态效率改善的有效措施提供了重要支撑。

（5）深入探讨了实现工业园生态化转型目标的手段，即生态化改造。具体地，分别从企业、工业体系、园区管理三个层面来展开深入分析。企业层面主要是从技术上推广和应用清洁生产技术以及从文化上培育员工和管理者的生态意识；工业体系层面主要是进一步稳固和发展初具雏形的产业生态链；园区（包括地方政府）层面主要是管理系统的优化，比如信息共享平台的搭建、物料交换系统的构建、环境管理体系的建设等。进一步地，本章结合苏州工业园区的实际情况，探讨了该园区实施生态化改造、推进园区转型升级的特定措施。

目　录

第1章 绪 论

1.1 研究背景

党的十八大把生态文明建设纳入中国特色社会主义事业"五位一体"总体布局,十八届五中全会确立了"创新、协调、绿色、开放、共享"的新发展理念,党的十九大将"坚持人与自然和谐共生"作为新时代坚持和发展中国特色社会主义的十四条基本方略之一,并将建设美丽中国作为社会主义现代化强国的目标之一,与此同时,"增强绿水青山就是金山银山的意识"正式写入党章,新发展理念、生态文明和建设美丽中国等内容写入宪法。党的二十大报告进一步提出,推动经济社会发展绿色化、低碳化是实现高质量发展的关键环节。随着这一系列新理念、新战略的提出,生态文明建设的战略地位得到显著提升,生态文明建设和生态环境保护成为高质量发展的重要组成部分。

表1-1列示了我国2016—2019年期间各类废弃物的产生或排放量及工业废物产生或排放量所占比重,从中可以考察到各类工业废物排放量不仅规模很大而且比重较高,尤其是工业废气污染物排放所占的比重最为突出。在此种情况下突破以资源消耗和牺牲自然环境为代价的传统经济发展模式,取之以创新、协调、绿色、开放、共享为主要特征的"自然、经济、社会"和谐共生的生态经济可持续发展模式就被提上了议事日程。

生态工业系统是绿色发展的坚实基础,生态工业园服务于生态工业系统,构筑关键载体。在今后相当长时期内,我国的工业化和城市化进程将会持续,而此过程中所出现的"工业、人、自然"之间发展的不和谐现象比较突出,故生态工业的建设和发展便理所当然地成为了生态经济背景下的重要研究课题，且相关理论如生态文明建设理论、循环经济和工业生态学理论成为目前研究的热点。进一步地，生态工业系统的建设与发展是推动生态工业进程、实现两型社会建设目标的重要切入点。而生态工业系统的关键载体就是生态工业园，故生态工业园的建设和发展受到学术界和实践领域的高度重视。

表 1-1　2016—2019 年我国各类工业废弃物产生或排放情况

类别	细分项目	2016	2017	2018	2019
废水污染物排放	1. 化学需氧量排放总量（万吨）	658.1	608.9	584.2	567.1
	其中：工业化学需氧量排放量（万吨）	122.8	91.0	81.4	77.2
	工业化学需氧量排放比例（%）	18.66	14.94	13.93	13.61
	2. 氨氮排放总量（万吨）	56.8	50.9	49.4	46.3
	其中：工业氨氮排放量（万吨）	6.5	4.4	4.0	3.5
	工业氨氮排放比例（%）	11.44	8.64	8.10	7.56
	3. 总氮排放总量（万吨）	123.6	120.3	120.2	117.6
	其中：工业总氮排放量（万吨）	18.4	15.6	14.4	13.4
	工业总氮排放量比例（%）	14.89	12.97	11.98	11.39
	4. 总磷排放总量（万吨）	9	7	6.4	5.9
	其中：工业总磷排放量（万吨）	1.7	0.8	0.7	0.8
	工业总磷排放量比例（%）	18.89	11.43	10.94	13.56
	5. 废水重金属排放总量（吨）	167.8	182.6	128.8	120.7
	其中：工业废水重金属排放量（吨）	162.6	176.4	125.4	117.6
	工业废水重金属排放量比例（%）	96.90	96.60	97.36	97.43
	6. 石油类（工业源）（万吨）	1.2	0.8	0.7	0.6
	7. 挥发酚（工业源）（吨）	272.1	244.1	174.4	147.1
	8. 氰化物（工业源）（吨）	57.9	54	46.1	38.2
废气污染物排放	1. 二氧化硫排放总量（万吨）	854.9	610.8	516.1	457.3
	其中：工业二氧化硫排放量（万吨）	770.5	529.9	446.7	395.4
	工业二氧化硫排放量比例（%）	90.13	86.76	86.55	86.46
	2. 氮氧化物排放总量（万吨）	1503.3	1348.4	1288.4	1233.9
	其中：工业氮氧化物排放量（万吨）	809.1	646.5	588.7	548.1
	氮氧化物排放比例（%）	53.82	47.95	45.69	44.42

类别	细分项目	2016	2017	2018	2019
废气 污染物 排放	3. 颗粒物排放总量（万吨）	1608	1284.9	1132.3	1088.5
	其中：工业颗粒物排放量（万吨）	1376.2	1067	948.9	925.9
	颗粒物排放比例（%）	85.58	83.04	83.80	85.06
工业 固体 废物	一般工业固体废物产生量（亿吨）	37.1	38.7	40.8	44.1
	一般工业固体废物综合利用量（亿吨）	21.1	20.6	21.7	23.2
	一般工业固体废物综合利用率（%）	56.87	53.23	53.19	52.61

注：本表数据来源于生态环境部《全国生态环境统计公报（2016—2019 年）》。

　　生态工业园内各方企业共生合作，资源共享，协调发展。有学者认为，生态工业园对于我国来说是继经济技术开发区（园区）和高新技术产业开发区（园区）之后，在循环经济理论、产业生态学理论和清洁生产理念的基础上所建立的新型工业园区。在这类新型工业园内模拟自然生态系统中生态食物链的构成方式，生产者企业、消费者企业、分解者企业通过共生合作共谋发展，企业间的这种关系也被称为共生关系。园内企业所产生的废弃物和副产品以及能量在园区系统内形成了循环与梯级利用的格局，并且园区企业共享园区的各类基础设施和公共网络资源，共同促进园区的协调发展。

　　工业园区实现生态化转型是推进生态文明建设的重要环节，有助于构建绿色低碳循环发展的经济体系。对于我国而言，无论是普通工业园还是已被国家批准或命名的"生态工业园"都存在生态化改造或深入改造的潜在和现实需求。而更多的传统工业园正在经历着生态化转型升级的实践。在生态文明建设背景下，如何稳步有序地促进工业园成功实现生态化转型的目标，促使其名副其实地达到生态工业园的标准，同时满足生态文明建设理念赋予其的新要求，这是一个复杂的系统工程。本书着重考察正在经历生态化改造的工业园，其成功实现生态化转型是我们关注的目标。然而，目前工业园的生态化转型中存在着一些突出的亟待解决的问题。

　　第一，工业园生态化改造的必要性突出，然而内动力明显不足。工业园在前期创业中偏重对经济效益的追求而没有真正对资源的约束和环境承载力限制给予应有关注。在我国，主导工业园生态化改造的核心力量来自园区所在地政府部门。目前，我国在工业经济发展中出现了一些问题，如资源的过度开采和利用、环境污染的失控。政府为了扭转这种以牺牲资源和环境为代价的粗放式经济增长模式，积极鼓励已建成的工业园进行生态化改造，试图使其最终按照国家颁布的生态工业园标准来运行。然而，一边是政府积极主张园区及园内企业应尽的生态与社会责任，另一边是园内企业出于自身利益一味地追求经济产出而对园区及社区所产生的环境负面影响视而不见，最终导致生态效率的综合水平难以有效提升。在实践中，工业园生态化改造虽然是政府部门的美好愿景，但明显缺乏足够的园内企业的内动力。

第二，处于生态化雏形阶段的工业园内产品链和废弃物链的培育严重不足。在实践中，目前虽然有数十家工业园区是得到国家批准命名的生态工业园，然而与国外一些发展成熟的生态工业园相比较，这些园区还只能算是处于雏形或培育阶段，其生态化建设实际水平还较低，一些现实问题很突出。首先，园区中的产业规划存在问题，产业之间的关联性不强。很多园区的管理者在招商引资时只重视引资的规模而没有充分考虑所引进产业之间在主营业务上彼此的匹配性和上下游的衔接性，导致园区产品链发育不健全。其次，园区内的环境改善措施不到位。企业内部的清洁生产技术和企业之间废弃物交换、能源高效利用等所需的技术手段不完善。再次，园区层面的信息集成与共享平台不健全。园内企业之间相互不了解导致了交易成本的增加和园区运行的不畅。

第三，工业园在生态化转型中各参与主体或要素间关系的协调性问题较为突出。在实践中，我国的工业园生态化改造和转型大多由政府主导。这种政府主导的方式一方面加快了传统园区改造的进程，但政府介入也会引起一个重要问题，比如被引进园的企业之前没有"一起生活"的经历，缺乏相互理解和信任，同时各自入园的主观目的不一定是为了生态目标，也有可能是为了入园后在政策上、经济上得到政府扶植。而欧洲很多成熟生态工业园是在市场机制作用下自发形成的，企业在共生之前往往就有很长的合作经历，故实践中那些园区各类关系的协调性问题没有我国同类园区突出。目前，经历生态化转型中的工业园确实出现了众多不协调的因素，这对园区环境与经济绩效产生了负向影响。

针对上述亟待解决的问题，制订科学可行的生态化改造方案至关重要。理论的研究应当来源于实践中的问题，为了推动我国工业园成功实现生态化转型，需要重点研究工业园生态化转型的动力，以便于在实践工作中找到工作着力点；需要明确确保园区成功实现生态化转型的若干机制，以便把握转型的深层次内在机理；需要从更加系统的视角对具体园区的生态效率进行测度，以便于认清自身当下状况、寻求进一步发展的路径和方向。因为没有测度就没有管理。进一步地，需要认清生态化改造的具体流程及关键性控制环节。以上这些都是对园区的转型研究中亟待解决的问题。然而，目前的理论研究并没有给出令人满意的答案。

鉴于此，本书对国外生态工业园建设和发展方面的实践进行了探讨，比较研究了各国生态工业园实践特征的差异。并且，从发展概况、运营情况以及未来的发展规划方面总结了国内工业园生态化转型的实践经验。在此基础上，从组织模式和管理模式两个角度对中外生态工业园区的发展模式的类型、特征进行探讨；从过程机制、实现机制、保障机制三个方面对维持和确保工业园成功实现生态化转型的内在机理进行探析；对工业园的创业现状及生态化转型的动力进行探讨，采用数理方法对各类因素的影响力程度进行分析以及深入探讨各类因素之间存在的相互作用关系；然后，以生态文明建设理念和生态效率理念为指引，构建出更具有长远战略导向性的园区生态效率评价指标体系且付诸实证测度；此外，采用结构方程模型实证分析园区生态效率的各类影响因素；最后，在借鉴国外生态工业园实践经验的基础上，提出促进我国工业园生态化改造转型、改善园区生态效率的策略建议。本书的研究对于促进我国工业园区（尤其是正在尝试生态化转型的综合类工业园）的可持续发展具有较重要的理论价值和现实参考意义。

1.2 研究目的与研究意义

1.2.1 研究目的

通过对国外生态工业园区发展概况及经验借鉴、国内重点园区生态化转型典型案例、生态工业园区发展模式分析、工业园生态化转型的内在机理、我国工业园的创业现状及转型动因分析、园区生态效率、生态化改造策略的研究，旨在达到以下目的：

第一，试图通过对国外生态工业园区发展概况的探究，比较分析各国生态工业园实践特征的区别。然后，总结园区生态化转型的有益启示，为本书后续的研究工作提供基础性理论和实践经验支持。

第二，试图对国内重点园区生态化转型典型案例进行理论基础的分析及实践经验的总结。探讨工业园区生态化改造从而实现转型升级的具体路径，为之后新园区的规划建设提供一定的经验教训。

第三，试图厘清不同分类角度下生态工业园区发展模式的特点，比较分析国内外工业园生态化转型的发展模式差异，以便摒弃工业园前期不科学、不合理、不适宜的发展模式，借鉴国内外生态工业园区先进、高效、绿色的发展模式，探索出适合我国的生态工业园区建设和发展之路。

第四，试图通过对工业园生态化转型的内在机理进行分析，掌握园区系统成功实现转型的内在过程及条件，以便为园区内各参与主体有效化解已经或可能出现的各类矛盾和摩擦从而促进园区转型中各类关系的协调性提供源头性的理论支持；进一步地，试图掌握确保园区成功转型的具体实现机制和保障机制，以便为园区实现生态化转型提供可靠依据。

第五，试图以生态文明建设思想和生态效率为战略性导向，构建出工业园系统生态化转型的动因模型，以便突破工业园前期创业动因模型的思维局限，在新的模型中注入资源存量和环境承载力的约束条件以及技术创新引领的关键性力量；并试图通过对动力因素的重要性程度归类、分层以及对各类因素之间相互作用关系的分析，为管理者在实践中抓准工作着力点提供理论依据。

第六，试图在生态文明建设思想和生态效率战略性思想导向下构建出更能评价和引导工业园生态化转型发展的指标体系，并且将指标体系付诸实证测度，以便为我国工业园尤其是综合类工业园的建设提供方向性指引。

第七，试图验证园区生态效率的若干影响因素，从而准确掌握相关因素对生态效率的影响强度和其显著性水平，以便于从园内企业、工业体系、园区管理系统等层面设计出加快园区生态化改造进程、有效提升园区生态效率的措施。进一步地，试图通过对具体园区生态化改造策略的设计使得理论研究最终落脚到实处，也便于为国内同类型园区的生态化改造提供有力的参考和借鉴。

1.2.2　研究意义

本书对工业园的生态化转型及生态效率等问题展开理论探讨和实证分析，这一研究具有较强的理论意义和实践指导价值。以下对研究的意义进行具体分析：

（1）理论意义

生态化转型中的工业园系统具有物理结构系统和社会关系系统的双重属性，其中包含多个主体（企业、工业共生体、园区管理方、政府等）和要素（如物料、能源、废弃物与副产品、信息、技术、人才、资金等）及其之间的复杂的非线性相互作用关系，从系统的视角来审视园区是很合适的。第一，本书从组织模式和管理模式两个角度比较分析国内外生态工业园区发展模式异同，这种研究方法拓展了生态工业园发展模式的研究角度，进一步加深了对生态工业园发展模式路径选择问题的理解与思考。第二，本书从复杂性科学中的耗散结构理论出发分析了工业园实现生态化转型升级的基础性过程机制及临界条件机制，并且类比生物种群增长规律运用 Logistic 方程揭示了园区企业间通过协同共生产生 1＋1＞2 的协同效应的内在机理。这一研究深化了复杂性科学在园区管理中的运用，也拓展了研究园区系统生态化转型内在机理的方法。第三，本书从系统的角度构建起工业园生态化转型的动力模型，并运用模糊聚类分析方法对动力因素要素的重要性进行了归类和分层，特别是深入地分析了各类因素之间内在的相互作用关系，这对于动力系统理论在园区研究中的进一步拓展与深化具有较强的理论价值。第四，采用结构方程模型对影响园区生态效率的若干因素进行实证分析，这种研究使得所得出的结论更加可信和具有科学性，同时丰富和拓展了工业园区系统的研究方法。

特别地，对于生态化转型中的工业园来说，企业乃至整个园区内链接关系的协调与匹配是目前学术界研究的热点话题。本书对其研究能够进一步丰富社会网络关系的相关理论内涵。总之，本书的研究具有较强的理论价值。

（2）实践意义

理论来源于实践，同时只有对实践具有指导意义，理论才有最终的价值。第一，本书通过总结国内外典型生态工业园的实践经验，发现建立网络共享服务平台是发展高质量园区的重要基础，扩大对外开放成为必然要求，这为生态工业园区加快国际合作交流步伐提供实践指导意义。第二，通过对工业园系统生态化转型动力模型的构建以及采用模糊聚类分析方法对动力因素要素的重要性的归类和分析，其所得理论成果能够为工业园区中的相关主体抓住影响事物发展（具体地即指工业园区发展）的主要矛盾或矛盾中的主要方面提供支持，对于企业、工业共生体、园区管理方和政府各自采取具有针对性的措施为工业园的生态化转型发展积累更加有效的动力机制提供应用性很强的指导。第三，关于工业园系统实现生态化转型升级的临界条件的确立对于园区的管理也具有很强的实践指导意义，它给予园区相关主体这样的实践启示：即要想促使园区良好运行、推动园区向更高级的系统层次迈进（实现成功转型），就必须在日常管理或战略性管理中最大限度地化解各方主体或各类要素之间可能产生或已经产生的摩擦及冲突，同时必须重视同园外企业、政府机构展开良好的合作。第四，通过生物学中揭示物种增长机理的 Logistic 方程的运用，为园区内企业的合作提供了方向性指导，对于园区企业间完善契约关系、增强网络联系和交流沟通具有很强的现实指导意义。对园区生态效率的评价能够为园区的管理工作提供努力的方向和指引。第五，通过采用结构方程模型对影响园区生态效率的若干因素进行实证分析，对园区内各主体在管理决策中采取针对性措施提升园区的生态效率具有现实参考意义。第六，园区生态化改造的总体性政策建议对于政府和园区其他相关主体的管理工作具有较强的现实意义。

总之，本书研究对于我国工业园的生态化改造、转型升级及其可持续发展具有较强的应用价值和实践意义。

1.3　国内外相关研究

1.3.1　园区系统形成与发展动因研究现状

目前，国内外学者对推进生态工业园区形成与发展动因的研究角度呈现多样化趋势。从学科门类看，基于经济学视角来解释成因的不在少数，这主要是从交易费用、外部性理论的视角来揭示其动因。也有一些学者从管理学视角来寻找动因，主要突出相关园区参与主体（企业、政府、民众、中介）在园区形成与发展中的作用，尤其强调企业之间较强交流与合作对推动园区发展的重要性。还有学者借鉴物理学中的耗散结构理论来揭示生态园区建设和演化的的系统动力。从研究所依托的载体角度考察，有很多学者是以工业共生网络为对象来展开分析的。

Tudor T，Adam E，Bates M（2007）对生态工业园发展的动力及约束进行了研究。该学者指出生态工业园要想获得持续的发展就应该有意识地构建和完善园区的社会关系网络，这种关系网络对于协调园内外各主体之间的关系、增进多方的理解和信任会有正向作用，它能够减低主体合作中的交易成本。刘文东等（2020）基于博弈论探讨生态工业园产业耦合共生网络形成过程，他们认为上游企业可能提供或拒绝提供处理后的垃圾资源给下游企业，下游企业可能接受或拒绝接受上游企业的废弃资源，上下游企业之间存在动态博弈过程，他们的最佳策略就是在每次博弈中不断调整和改进，寻求企业成本最低的策略组合。Shizuka Hashimoto，Tsuyoshi Fujita（2010）认为通过工业共生可实现 CO_2 减排，而工业共生是工业企业间以及企业与辅助性机构间的一种相互形成链接与合作的实现方式。他们认为通过企业主体及其他相关主体之间的相互合作与交流可以实现副产品的循环利用和节能减排的目标，工业共生的方式能够为生态工业园区的发展提供有力支持和内在动力。Veiga，L. B. E.，Magrini A（2009）认为生态工业园是实现可持续发展的有效工具。他们认为生态工业园的发展过程中政府的作用是不容忽视的，尤其是园区建设初期政府的扶持作用，另外他们还认为对经济效益的追求是企业联合起来发展共生关系的最为根本性原因，多种因素共同作用最后促成了园区的发展。Sorvari J（2008）主要从立法角度对推动副产品交换的循环经济进行了研究。该学者认为要促使生态工业园的持续发展，其中立法支持是非常重要的，一些国家和地区正是由于拥有比较完善的循环经济立法并且认真贯彻执行，才使得本国的生态工业园及其循环经济实践呈现出良好的状态，同时该学者指出环境立法的发展是一项永无止境的工程。Boons F A，Spekkink W，Mouzakitis Y（2011）对工业共生的动力进行了比较深入的研究。他们认为对经济利益的追求（比如生产成本的节约、合作中交易费用的降低、取得生态技术所带来的额外利润等）是共生的内在动力，然而这种共生关系的存在能对资源的循环利用和各类废弃物的减量排放起到显著促进作用，而这也正是企业共生所要追求的生态效益。Yu F 等（2015）以中国日照生态工业园为例，研究了工业共生的主要经济驱动力，他们认为政府制定的税收优惠政策、财政补贴政策、环境保护政策是工业共生的外在动力。鲁圣鹏等（2018）对生态工业园区产业共生网络的形成进行了实证研究，他们认为驱动和阻碍生态工业园产业共生网络最为关键的是经济因素，应当充分发挥"看不见的手"的作用，促使园区企业积极探索成本最小化、经济利益最大化的发展之路。

李昆、魏晓平（2006）利用耗散结构理论对生态工业园区系统的演化与发展动力进行了研究。他们认为生态工业园区系统具有耗散结构的特征，系统开放性是系统持续演化的动力基础。系统保持开放才能与外部进行各种物质、能量的交换，才能促成系统非线性渐进演化的实现。进一步指出，企业开展生态化运作只是对经济利益追求的结果，而不是源于某种理论或是政策的刻意设计。因为通过实现生态化运作，企业能从中获得经济效益，比如节约大量处理废弃物的成本并能从出售废弃物中谋取经济收益。该学者认为，政府要做的应该是在全社会范围内倡导生态理念，完善环保法规或财税政策，这比政府直接干预园区建设，直接花费大量资金规划、设计出一个生态工业园要有意义。政府应该弥补市场机制的缺陷，因为仅靠市场机制不能解决企业某些行为所产生的负的外部性问题，也很难将企业实施生态化运作所产生的正的外部性（如社会效益）实现内部化。张班、梁雪春（2012）通过分析生态工业园区系统失稳的条件、机制来判断其能否形成耗散结构，同时他们认为预测消费者需求的变化趋势，生产符合消费者需求的产品，优化升级园区产业链，将会促进生态工业园区的市场竞争力。

蔡小军、李双杰（2006）对生态工业园中生态产业链的形成机理和动因进行了分析。他们从竞争优势获取的角度来解释共生产业链的形成，认为企业独自的资源和能力是有限的，为了获得自身预期的竞争优势，它有必要通过向外整合资源的方式来达到目的，通过适当的制度安排与园中其他企业建立共生合作关系，共享和利用整条产业链上的内外资源。张俊杰等（2015）基于互动理论，从园区外联性和内质性角度对宝庆科技工业园进行研究，他们认为构建园内外各主体之间的良性互动，优化、整合、共享多方资源和技术，以点带面，多中心融合，具有显著的协同效应。这将为企业竞争优势的获取创造有利条件，企业因此会获得低成本、差异化或者两者兼具的竞争优势。对这种竞争优势的追求成为了企业间组成生态共生产业链的根本性推动力。

郭莉（2005）对工业共生进化的技术动因进行了研究，该学者认为生态工业园及以此为载体的工业共生网络的进化动因来源于三个方面：一是企业群落所面临的外部环境的变迁，当工业共生体所面临的政策、市场、技术、自然资源及社会环境发生改变时，共生企业群落为了适应环境的变化会采用适应性的应对措施，这种适应的对策集合最终会促使园区和工业共生网络向更高一级的形态演化。二是企业和企业群落内部的学习，企业内部的学习或企业间的学习能够增强企业和群落的创新能力、增进相互之间的信任从而改变共生网络的行为模式，促使其向更高级演化。但是，该学者认为通过学习来促使共生体进化的速度是相对较慢的。进一步地，该学者指出创新特别是技术创新在促进共生网络进化中所起的作用是相当突出的，这一因素应该被视作最为关键的因素，它是引起工业共生系统演化的巨涨落。曾悦、商婕（2017）指出科学技术创新是生态工业园发展的催化剂，比如新能源开发、废弃物回收利用等绿色技术创新，末端治理、清洁生产等生态理论创新，正是因为这些科学技术创新的支撑，生态工业园发展才展现出蓬勃向上的生命力。

毛玉如、王颖茹（2008）在对生态工业园区的运行模式展开研究时指出，园区的发展动力可以用"四位一体"来刻画，这个四位一体指的是"政府、企业、民众、中介机构"。该学者认为政府在园区的建设与发展中起到了举足轻重的作用，在我国园区的发展往往是先由政府搭台的。当然，企业始终是组成园区的最为关键主体，始终承担着唱戏的角色，园区中物料、能源、废弃物和副产品的循环利用、生态化技术的开发都需要企业承担主体作用。同时，民众的参与对于园区的建设作用不可小视，民众对于生态化产品的需求、生态环境质量的期待是促使园区企业生态化运行的拉动力量。中介组织在沟通企业所需的信息、提供融资、技术咨询等服务方面起到了重要作用。故该学者认为只有多方参与、共同推进才能促使园区朝着健康稳定的方向发展。

王兆华、武春友（2002）利用交易费用理论对生态工业园区（工业共生网络）的形成动因进行了分析。他们指出资产的专用性增强和交易频率的提高会促使企业通过合作形成集聚式发展模式。因此只有这样才能够使得企业间的交易成本减少，而且通过合作能够增进彼此之间的交流从而使得信任度提高，这对于园区系统（工业共生网络）的形成和发展是非常有好处的。朱玉强，齐振宏（2007）在对工业共生理论的研究述评中也指出资产的专用性越强，那么企业之间的相互依赖性也随之增加，因为专用性的资产用来开展新的业务的可能性很小，只有与原有的企业进行稳固的合作才能发挥其功能。另外，他们认为交往的频率一旦提高就能更加促进企业间的交流和沟通，企业间的信任度和对共同目标的认同度也会提高，这样就能大大降低合作中产生机会主义行为的概率。出于这些考虑，企业对于通过合作建立共生关系的愿望和动力就会增强。

韩玉堂、李凤岐（2009）对推动生态产业链链接的动力机制进行了比较深入的分析。他们认为，整个动力机制应该分为内源动力和外在动力两个组成部分，企业对经济效益和社会效益目标的追求构成了直接的内源性驱动力量；而社会监督、政策支持、法制保障、技术支撑则构成了外源性动力源。进一步地，该学者认为外源性动力对生态产业链链接的形成起到激励和约束的双重作用，比如一些优惠性财税政策对链接的形成就具有正向激励作用，而国家出台的环保法规往往对企业行为具有约束作用，给企业以压力从反向迫使企业走上生态化运作道路，实现与其他企业的产业链接。杨善林，郭云（2010）对生态产业园中企业入园的动机进行了比较系统的分析。他们将动力机制分为了正向因素和负向因素两个部分，认为经济效益驱动、政策支持、技术创新的推动属于正向因素；而社会需求的拉动、资源环境的制约、法律法规的约束以及市场竞争的外部压力属于负向因素。他们认为，当企业进入园区与其他企业构建共生网络后，可以实现企业内部和企业间的循环经济效益，能够有效降低单位产品成本、提高资源的利用效率。对于上游企业而言，其废弃物只需经过适当处理即可交由下游企业使用，因此节约了废弃物治理成本，对于下游企业而言，也会节约重新到园区外采购原材料的成本，故这种企业间的共生能带来可观的经济效益。他们指出，之所以将社会需求的拉动归入负向因素，主要是民众对生态环境质量的要求对于园区企业来说是一种约束。它迫使企业采用清洁生产技术，面向产品的整个生命周期来展开设计及生产，减少对环境的负面作用，满足消费者的需求。

王虹、叶逊（2005）从企业的角度对企业参与生态工业园建设的动力进行了系统性的分析，并且着重强调了企业的社会责任在推动其参与园区建设方面的作用和影响。他们指出企业具有经济和社会双重属性，经济属性决定了企业对利润与生俱来的本能追求，但另一方面企业又是作为社会的一员存在于园区社会当中，园区和社会赋予其充分的社会性。它在追求自身经济利益的同时也会考虑对社会所应该履行的责任和义务，即认识到资源的过分利用以及向环境排放各种废弃物给社会带来的负面影响，并意识到应当努力将这种影响降低到最低限度。Kesidou（2012）运用了 Heckman 经济模型对生态创新的动力进行实证研究，结果表明企业的社会责任是生态创新的重要驱动因素。因此，它们采取工业共生的方式来实现对环境的保护和资源的循环利用。对社会责任的履行和担当是它们参与园区建设、促使园区发展的重要动力。

崔兆杰、朱丽（2011）在对综合类生态工业园区的稳定机制进行研究时指出企业链接的动力机制实际上是稳定机制的重要组成部分，并且从内生和外生两个角度对动力机制进行了分析。他们指出企业之间建立链接关系从而形成共生网络主要是基于产品、废弃物和副产品、技术、信息、人才等因素的关联。

而从内部看，企业链接合作的形成主要是出于对更高经济效率的追求以及对风险的分散和规避。企业通过链接形成合作共生关系可以获得规模经济和范围经济效应，能够有效降低交易费用和生产成本以及创新成本，从而实质性地提升经济运行效率。另外，他们认为单个企业的资源总是有限的，只有实现企业间的合作才能使得经营风险得到分担或化解（比如技术创新的风险）。至于企业链接的外生动力，他们认为政府出台的政策法律（尤其是一些有利于企业合作的政策）对其共生关系的产生起到了正面的激励作用，而环境保护规则的日益严格则是促使它们建立这种合作关系以内部化外部影响的约束条件。向鹏成等（2016）指出企业之间建立链接关系主要是为了优势互补、合作共赢，在整体共生网络中优化自身，面对外部危机，及时做出反应，避免自身位置被园区其他企业所替代，追求个人利益与整体利益的有机统一。

焦文婷（2019）从政策可持续性角度对生态工业园的发展动因进行了分析。该学者认为生态工业园的政策发展过程分为两个阶段，第一个阶段以"单一结构、政策学习与实验型实施"为主要特征，以自下而上的模式提高生态工业园政策的适应性；第二阶段以"多部门合作治理、实验型与行政规范化"为主要特征，加入行政化手段和时代主题，以自上而下的模式提高生态工业园政策的稳定性。这种自下而上的摸索与自上而下的规划良性循环，相辅相成，极大地提升政策的生命力与灵活性，共同推动生态工业园可持续发展。

方巍、林汉川（2021）探讨了社会技术创新对中国海外工业园可持续发展的影响。通过对全球 24 个国家的 52 家中国海外工业园的 543 份调查问卷的数据分析，他们发现，社会技术创新主要通过商业模式创新、制度创新和文化嵌入创新三个维度对中国海外工业园的可持续发展产生正面影响。

1.3.2 工业园生态化建设研究现状

从理论上分析，工业园生态化建设包括两个阶段的建设水平，一是加强园区的生态化水平，但并没有将建设成标准的生态工业园作为其最终目标；二是将一些已有一定生态化改造基础的工业园通过进一步的深化建设，致力于将其建设为符合标准的生态工业园。故对工业园生态化建设的研究现状展开探讨也可分为两个方面：一是对工业园一般性生态化建设的研究现状进行总揽；二是就生态工业园建设的研究现状展开探讨。

(1) 工业园生态化改造与建设的研究

最早将生态工业园区的理论与实践结合起来的是源自于丹麦卡伦堡的工业共生模式，而后世界各国形成了不同的管理模式，由于中国起步相对较晚，有必要研究国外生态工业园的管理模式，如美国生态工业园的互联网和循环经济的双重组织管理模式、欧盟生态工业园的自发和设计管理模式（闫二旺和田越，2015）、日本北九州生态工业园的产学研一体化模式（翟一凡，2022）用于完善我国得生态化工业园管理模式。

国内学者张龙江、张永春（2011）对工业园区的生态化改造展开较为深入的研究，该学者认为工业园的生态化建设是发展生态工业的重要方式。他们进一步指出，工业园的生态化改造应该包括三个层次：一是园内微观企业层次的生态化，这主要是指要促使企业采取清洁生产技术，在产品设计、生产制造、销售及售后服务整个过程中致力于减少对环境所产生的负面影响，切实推动企业在生产运行中做到对各类资源的减量化、废弃物排放的减量化，提高资源和能源的利用效率。二是产业链层次的生态化，该学者认为工业园的生态化建设不应该仅仅停留在单个微观企业的层面，还应该致力于园内生态产业链的建设，只有这样才能促成园内废弃物交换系统的真正形成。三是园区层次生态化，即要促使多条生态产业链的成形，提升园内生态化网络发展的水平，促进园区生态化建设的水平和层次上一个新的台阶。孔令丞（2005）认为加强工业园内的产业集聚效应能够有效地降低企业间交流与合作的成本，提高整个园区的创新能力，进而从整体上减少园区对各类资源能源的消耗量。进一步地，该学者指出在工业园的生态化建设过程中应该大力加强产业集聚与循环经济的互动，借助通过集聚而产生的企业间充分交流的优势，园区内的企业可以联合起来对园内其他企业所产生的副产品和废弃物通过开发出循环经济技术对其加以充分的资源化利用，从而获得客观的环境绩效。洪昌庆（2004）对政府在工业园生态化转型中的职能进行了分析，该学者认为园区的生态化改造具有明显的外部性，仅凭市场机制对资源的配置作用很难调动园内企业开展生态化建设的积极性，政府在园区生态化改造初期的介入是非常必要的。他认为政府的介入能够在一定程度上加快园区生态化转型的步伐，可以解决转型中出现的一些问题。此外，郝磊（2008）也系统性地分析了政府在工业园发展中应该具备的角色选择。朱庆华、杨启航（2013）研究了中国生态工业园区建设中企业环境行为及其影响因素，他们认为政策法规对企业环境影响最大，而政府支持对企业环境影响不明显。因此，应当充分发挥市场的资源配置作用和政府的宏观调控作用，制定完善生态工业园发展相关的政策法规，增强园区企业的互动与信任。

江洪龙等（2021）对生态化改造建设路径进行了分析。他们通过总结实践中的生态工业园创建规划，提出同类型的生态工业园的具体改造路径。一方面，他们指出优化产业结构布局和推动产业结构转型的紧迫性和重要性，针对建材、机械等传统制造产业，退出成本较高且为园区 GDP 大头的产业，应当顺应时代主题，逐步转向低耗能、低污染、高效益的优质产能，引进国内外的先进技术设备、人才等，使之成为优质、独特、精湛的绿色产业。另一方面，他们提出了"腾笼换鸟""退二进三"等理念，即大力寻求工业替代，在巩固完善现有产业集聚体系的同时，提升服务业在第三产业中的比重，促使传统产业向可持续化发展。此外，他们认为迈向现代化生态工业园离不开科技创新，立足园区企业需求，以大数据、云计算、智慧城市等新技术为手段，培育新引擎，积极发展成长战略性新兴产业，全面优化绿色循环经济发展体系。

（2）生态工业园建设与运行的研究

本书着重针对生态工业园建设及运行的研究现状进行梳理，并侧重从其影响因素的研究方面展开。

第一，从企业层面分析生态工业园建设与运行的影响因素。Bringezu 和 Achari G（2005）从技术的维度来分析技术要素对园区内企业开展生态化运作的重要性。他们认为企业要成功实施生态化运营、发展循环经济，至关重要的条件就是要具备相应的生态化技术（或清洁能源技术、再生资源利用技术等），如果企业首先采用的是传统的生产工艺和技术，那么就必须对原有生产工艺和技术加以生态化改造。然而技术的生态化改造是存在成本的，主要是传统技术与新的生态化技术之间存在的鸿沟，在改造的过程中会遇到种种障碍。要克服这些困难需要具备一个支撑性条件，即企业各个层面应该具有学习和持续创新的能力。这种能力会促使企业接纳新的知识和技术，缩短新技术的磨合期。赵若楠等（2020）指出东部、中部、西部地区的生态工业园区企业绿色创新能力差异显著，对绿色发展认识不平衡，因地制宜制定差异化的激励政策促使企业技术创新较为重要。Gregory David Rose（2003）在对企业开展循环经济活动的研究中也指出，企业循环经济实施成功与否在较大程度上依赖于各种能提高资源能源利用效率、减少污染物排放的技术的可获得性。并且该学者还认为企业要想获得这些技术就必须有合适的人力资本，这些专门化人才具有很强的学习和创新能力，他们能缩短这些技术为企业创造更大价值的准备期，能够在尽可能短的时期内实现新老技术的跨越或磨合。吕一铮等（2020）总结中国工业园区绿色发展实现产业生态化的相关实践，他们指出企业构建高效、清洁、低碳的绿色制造体系是生态工业园绿色发展的关键支撑，通过园区基础设施绿色化升级，有助于提高资源能源利用效率，从而减轻环境压力。

第二，从企业共生体或企业间关系层面分析生态工业园建设与运行的影响因素。贾小平等（2020）基于大数据背景下的整体决策，指出企业间数据共享融合的必要性。借助智能制造、互联网＋等新兴技术发展，以资源共享为基础的范围经济体现出巨大的优越性，生态工业园区企业如果放弃数据共享，那么将逐步背离主流工业模式，只有紧跟时代步伐，强强联手，优势互补，才能共同推动园区经济稳步发展。王震、石磊（2010）以江苏宜兴经济开发区为例对影响综合类园区工业共生的若干因素进行了系统性的分析。在对影响因素进行分析的过程中，他们构建了三种分析框架：三元分类模式、系统分层模式和角色分析模式。他们认为影响工业共生的众多因素中，企业间信息的流通、企业间生产要素市场的完备以及企业合作所产生的交易费用三个因素最为值得关注。他们指出如果园区内企业不清楚自己所产生的废弃物和副产品有哪些下游企业需要以及自己可以从哪些上游企业获得再利用资源，那么如此种种信息的不对称就会阻碍园区共生关系的维系和发展，自然也就影响到整个园区的运行；而若上游企业所产生的废弃物或副产品和下游企业的需求规模之间不匹配，那么企业间的市场关系将不顺畅；他们指出交易费用的大小是企业间考虑合作与否以及影响合作最终成本的关键性因素。信息收集成本、协商成本、监督成本如果过大，将会严重影响企业间的合作积极性，从而影响共生关系的建立，最终会对园区建设产生负面影响。

R. Cote 和 Cohen-Rosenthal（2003）从产业链多样性的角度来寻找影响生态工业园建设及运行的原因。他们认为园内企业应当适当增加所从事的行业或产业，这样的话整个园区系统内的产业种类和产业链长度都会得到扩充，产业链越是多样化越是有利于园区系统的良性发展。他们认为这个道理就如同自然界的物种一样，物种数量应该丰富化，只有这样自然界内部才会形成复杂的营养关系，才不至于出现因某一物种的衰退而导致整个生态链或生物圈退化的现象。园区内部应该适当引进一些补链企业，这些补链企业对于园区系统的转型升级是有重要作用的，它们能有效提高园内物料、能源及各种副产品的流动和交换效率。国内学者段宁（2006）、王灵梅（2003）在对工业共生体进行研究时指出促进企业共生体发展的关键在于园内关键种企业的质量和规模。他们认为关键种企业承担着共生体内大部分物料和能源、副产品的交换，共生体内很多中小企业或补链企业都是围绕关键种企业运行的。这类特殊的企业主体决定着整个共生体乃至园区的性质和发展路径，是共生体中极为重要的主体因素；关键种企业的创新能力和核心竞争力决定着整个共生体的综合竞争优势。唐玲等（2014）对天津泰达生态工业园区共生网络进行了结构分析，利用社会网络分析方法找出该生态工业园不足之处，并指出生态工业园中增加产业链多样性能有效促进经济良性发展和保持园区平衡性。

第三，从园区管理层面研究生态工业园建设和运行的影响因素。Holly Marie Morehouse（2002）侧重从信息系统的构建方面对园区的建设进行了分析，该学者认为对于一个生态工业园来说，其内部应当拥有一个比较完善的信息网络系统，它是园内企业间共享各类信息（尤其是废弃物和副产品信息）的技术平台，它能够有效降低园内上下游企业因信息不对称而产生的交易费用，能充分促进物料、能量的流动以及副产品在企业间的配置交换从而提高园区系统效率。然而该学者认为，目前有很多园区建设步伐缓慢、运行效率低下，其中一个重要原因正是由于缺乏数据信息网络系统的支持。向鹏成等（2016）以北渡铝产业园为例提出构建数据信息网络系统的相关建议。他们认为应当关注关键企业的运行状况，依托龙头企业建立数据中心，借助数据挖掘、互联网＋等新兴技术，收集、处理、分析共生网络的数据，全面构建园区信息化建设。然而，由于成本因素，园区内的小企业对此举措积极性不高，园区管理方应当尽可能向小企业宣传数据信息管理平台的优势，鼓励它们加入信息化建设。此外，研发物质流监控技术，实时监控产业链上废弃物资源化的波动状态，尤其关注经过资源化后仍具有潜在危害性的有害物质，对于推进生态工业园区整体信息化建设具有重要的意义。Pauline Deutz（2003）指出园区管理方一方面在企业入园标准及园区环境管理体系的建设上发挥引领作用，但有时也引起一些非预期的复杂影响。比如，当园区管理方认定某一物质有很强污染性或有毒性，则该物质往往被采取强制性措施不容许在园区内企业间循环交换。然而该物质或许正是下游企业所需的"营养物"，这种强制性举措在园区内会产生连锁反应，其带来的影响有时是深远的，甚至会影响到园区的建设步伐。李杨等（2020）认为目前生态工业园区的环境管理水平低下，存在明显的短板效应，引进环境管理专业人才的紧迫性加强。面对园区环境问题日益加重的局面，园区聘请第三方环境管理专业机构，在园区污染治理、定期监测、环保设施建设等方面提供解决方案，实现园区环境保护精细化管理。

第四，从政府与外部环境层面研究生态工业园建设及运行的影响因素。G. Zilahy（2004）采用问卷调查的方式试图获得影响企业开展循环经济实践的关键性因素。该学者通过对样本企业的调研后发现，政府支持是企业快速走向循环经济发展之道的推动器。他进一步指出企业在开展生态化运作之初往往需要大量的资金投入，这些资金通常用来引进循环经济技术（如清洁能源技术），而很多企业存在资金和技术方面的障碍，政府在关键时刻利用其"看得见的手"给予企业直接的资金支持或通过政府的力量吸引社会资金投入将会为企业走向生态化运营道路创造有利条件。Majumdar S（2001）研究发现，外部对园区给予的经济支持能够对园区的建设起到积极作用，他指出采用政府筹集部分资金并吸收更多社会资金成立生态工业发展基金的方式非常有效。这类基金的支持能够加快生态工业网络式创新、促进工业共生体中企业间的协同。进一步地，该学者对环境保护方面的法律建设给予了关注，他指出环境保护法律体系的构建是推进生态工业发展的基础，它关系到生态工业园的持续稳定发展，然而他认为立法之后的关键在于执行。陈共荣、戴漾泓（2016）认为针对园区污染问题，政府应当改变环境税收方式，从"谁污染，谁治理"转变为"谁污染，谁负责"，同时采用惩罚和奖励两种措施提高污染防治效率。杜真等（2019）指出政府构建恰当的园区生态化政策核算评价体系的必要性。一套高效、清晰、完整的核算评价体系，不仅能帮助企业分解任务、精简工作、高效运转，而且能帮助政府部门进行园区生态绩效评价，不断改进、完善政策。然而，由于对园区生态化理念的理解不足，我国生态工业化政策长期杂糅其他政策，生态工业化进程中采取的核算评价体系存在借用其他政策目标的状况，社会公众难以正确认识园区生态化的内涵，政策无法提供精确的指导，反而提高政策执行成本。

张鑫、刘俊（2011）从要素市场的角度对影响生态工业园建设及运行的若干因素进行了系统性的分析。他们认为目前很多学者所指出的诸如园区网络结构、内部柔性、外在条件等影响园区建设及运行的因素其实都与要素市场的建设有关。如果能有效地完善要素市场，如劳动力、技术、信息、资金以及资源要素市场，则对于园区系统的建设而言将是非常有意义的。他们具体从微观企业要素市场与宏观要素市场两个层面对要素市场的建设进行了探讨，指出在企业层面要建立起信任机制，通过合作取得正的外部性并努力降低交易费用，才能促进园区的建设；在宏观层面，如果要素定价不合理、要素产权不明晰、技术市场不成熟，这将对园区建设不利。故他们认为应该完善企业间的信任机制、构建与园区发展相适应的技术、劳动力、资金、产权交易市场。邓华（2006）从内外部市场角度对园区建设及运行进行了分析，他指出园内企业所需的原材料价格若发生变化（比如涨价），而其产成品的市场销售价格不能同步提高，那么企业的利润空间将受到挤压。在这种情况下企业将做出缩小生产规模的决策且该决策将会引起连锁反应。首先，该企业所产生的废弃物和副产品数量将减少，而以其副产品作原材料的下游企业的生产稳定性将受到影响，进而在园内其他企业之间将这种影响扩散，从而给整个园区的运行带来负面效应。进一步地，该学者认为园区外部市场需求的变化也会影响到园内企业生产的稳定性，比如外部市场中消费者对产品的特性和质量提出了更高的要求，园内企业为了满足这种需求的变化只能改变其生产工艺或进行技术变革，生产流程的改变将会影响其废弃物和副产品的组成、性质及规模，进而下游企业的生产也会受到影响，这种影响将会在整个生态产业链中扩散，最终对整个园区系统的运行造成冲击。Lowe（2005）侧重从园区内部市场视角考察了工业共生体的运行。他认为共生体中的废弃物和副产品要顺利地实现循环交换必须有相应的买家，而如果买家（下游企业）的生产运营出现了问题，甚至发生了最为严重的情况如倒闭，那么上游企业的副产品将找不到销路，因此内部市场的变化对园区的运行会产生扰动。闫二旺、田越（2016）从居民社区自治程度角度对园区建设及运行进行了分析。他们认为我国工业生态化进程中居民和社区参与程度较低，造成这一现象的原因主要有两点：一是工业区选址远离居民和社区，导致空间地理上的隔离；二是政府对居民和社区参与度的重要性认识不足，导致情感心理上的疏离。倘若缺少居民和社区对生态工业园的反馈意见和监督，容易使其与园区发展脱节。因此，该学者们建议园区积极开展生态研讨会、社区民意联系日等活动，宣传园区生态发展理念，倾听居民和社区对生态工业园发展的想法和建议，为生态工业园经济发展创造深厚、广泛的群众基础。

1.3.3　生态效率评价的相关研究

（1）对生态效率内涵的界定

生态效率的概念是由 Schaltegger 和 Sturm（1990）首次提出的。他们当时对生态效率是这样理解的，即生态效率就是指在经济方面价值的增加量和在环境方面所付出的成本两者之间的比值。在随后的 1992 年，世界可持续发展工商业委员会（WBCSD）对生态效率的概念作了进一步的解释，并且在解释中突出了其商业属性，WBCSD 认为生态效率的本质内涵就是要为居民提供满足其生活质量要求的商品，为消费者创造出尽可能多的价值，同时产品在整个生命周期内对环境的负面影响应该被控制在合理范围内，这个合理范围指的是对环境的影响应该在地球的环境承载力之内。特别地，这种负面影响指的是对资源的消耗和污染物排放。而在随后的 1998 年，世界经济合作与发展组织（OECD）对这一概念作了更进一步的拓展，使得这一概念不仅适用于营利性组织如企业，同时也适用于非营利性组织如政府或其他机构。OECD 认为生态效率是指一个企业、产业或经济体生产产品或提供服务的价值与由此所付出的环境代价或成本之比。国内外学者从不同的角度对生态效率概念进行理解并形成了一系列典型的定义，如表 1-2 和表 1-3 所示。

表 1-2　国外机构对生态效率内涵的理解

组织名称	对生态效率内涵的理解
世界可持续发展工商联合会（WBCSD）	所生产的产品或服务一方面能够满足民众生活消费的需要且具有价格竞争力，另一方面产品使用过程中对环境造成的影响应被控制在可接受的范围内，避免超出环境的承载力
经济合作与发展组织（OECD）	在资源的投入与产品服务价值的产出之间寻求最佳匹配以满足人类需求
欧洲环境署	在取得一定福利的同时将所付出的环境代价最小化，或一定的环境资源投入情况下能产生最大的福利或利益
巴斯夫集团（BASF）	在生产过程中做到各种物料和能源消耗的最小化并且最大限度地减少各类废弃物的排放以达到节约资源、保护环境并为顾客创造最大价值的目的
联合国贸易与发展会议（UNCTAD）	促进企业股东财富的保值和增值，同时将对自然环境的负面影响最小化
澳大利亚环境与遗产部	在消耗掉最少的自然资源和能量的同时寻求产品或服务价值创造的最大化
加拿大工业部	是一种管理方法，其目的就是以最小的成本来实现最大的价值（包括产品和服务价值）

表 1-3 国内研究对生态效率的观点

研究者	主要观点
阎晓,涂建军 (2021)	生态效率是从资源节约、环境友好视角度量可持续发展水平,反映人类与自然环境耦合协调的状况,为资源型城市转型升级提供新的切入点
蔡玉蓉,汪慧玲 (2020)	生态效率是指投入相对较少的生态资源要素来实现较大的经济社会效益,体现经济发展、自然资源和生态环境之间的协调关系,产业结构升级与环境规制相辅相成,更有益于提高生态效率水平
张新林,仇方道 王长建,王佩顺 (2019)	工业生态效率是以工业总产值与环境压力比值的综合性指标,探索工业生产效率在时空、区域、溢出效应等方面的差异,研究发现科技投入和经济发展对工业生态效率有显著正向的作用
郑慧,贾珊 赵昕 (2017)	生态效率是指在区域经济发展过程中通过比较少的资源利用来创造比较大的经济效益,实现经济效益和环境效益的共赢
孔海宁 (2016)	生态效率通过低污染、低排放、低投入的生产方式来创造高质量、高效益的产品,在节约资源、保护环境的同时生产更多的产品
史丹,王俊杰 (2016)	生态效率通过单位生态足迹的 GDP 来定量测度和评价,全要素生产率的变化和要素替代的变化构成了生态效率的变化,符合绿色发展理念
张子龙,鹿晨昱 陈兴鹏、薛冰 (2014)	农业生态效率是指在保证农产品质量的情况,尽可能地减少农业生产过程对资源、环境造成的损害,分析低水平农业要素投入有助于改进农业生态效率,为农业可持续发展提供借鉴意义
张雪梅 (2013)	虽然学术界对生态效率的具体定义有所差异,但其本质核心是一致的,即实施生态效率战略思想的目的就是要达到产品价值创造的最大化,而资源消耗最小化。生态效率已经成为企业、行业、区域实施可持续发展战略的重要管理工具
吴小庆,王亚平 (2012)	生态效率是引导产业可持续发展的战略管理工具,通过将生态效率思想引入农业生产,可以有效协调农业生产的经济效益和环境效益,最大程度地减少农业生产中对环境造成的污染
李虹,董亮 (2011)	人类社会要想获得可持续发展就必须不断追求更高的生态效率,在产品和服务生产中实现资源消耗的最小化;价值的创造中应当重点关注绿色就业所带来的社会效益
苏芳,闫曦 (2010)	生态效率是通过能源利用效率、物质循环再利用效率、环境效率三者综合体现出来的
甘永辉 (2008)	生态效率可从两个层次来理解,它既是战略性思想理念与管理哲学,同时它又是一种能付诸应用的具体方法,通过对生态效率值的测度可以体现评价对象的经济与环境综合绩效水平。它体现为产品或服务的价值产出与环境影响之间的比值关系

研究者	主要观点
商华 （2007）	经济体在追求经济利益的同时应该注重环境绩效的取得，生态效率应该兼顾经济与生态两个方面以实现企业、区域乃至国家的可持续发展
诸大建 （2006）	生态效率体现经济发展中所创造的价值量和对各类资源的消耗量之间的对比关系，生态效率是对循环经济的合理测度

从表 1-2 和表 1-3 可以看出，国内外学者对生态效率的理解其侧重点各不相同，这主要有两个方面的原因：一是学者们的学术背景和专业知识领域各不相同；二是他们对生态效率研究的目的和出发点存在差异。但是，无论在对生态效率的表述上存在何种差异，其共同的交集总是存在的，即学者们都一致认为生态效率的本质就是要在创造价值的同时尽量减少环境成本，使得资源的消耗减量化、污染物排放达到最小化。随着对生态效率认识的深入，有些学者在考察能不能往生态效率内涵中增加人文与社会发展因素以及在什么情况下应该增加。当然，这只是对生态效率研究的新探索，到目前为止并无学者系统性地对这一问题展开研究。

（2）生态效率的研究层次

目前，对生态效率的研究从空间层次上考察主要分为产品与项目、企业、行业或产出、区域这几层。而且随着研究层次对象的不同，学者们对生态效率概念的具体理解进而在评价指标体系的设置方面存在着较大差异。

在企业生态效率的研究方面，Evert Nieuwlaar（2005）以大型企业为例对石化行业中的一家企业所采取的新的环境保护技术的效果进行了评价。他认为生态效率概念在企业层次的应用是比较合适的，它能为企业的技术改进及产品发展、项目组合进行经济与环境效应的综合评价，能为企业改善管理决策提供有力的参考和借鉴。Sangwon Suh 和 Kun Mo Lee（2005）对韩国一家生产电子元件的企业进行了研究。他们以生态效率为工具对该企业进行循环经济活动的绩效展开了评价，并且认为这家企业的生态效率还存在很大的改进空间；认为其在各项成本（如管理成本）方面应该进一步有效控制其规模，在环境方面应该进一步加强对一些有毒物质的管理，采取有效措施避免其对人类与自然环境造成负面影响。Raymond Cotè 和 Aaron Booth（2006）对中小企业的生态效率进行了分析，他们在研究过程中选择了加拿大的企业为样本。该学者认为，中小企业相对于大企业而言，单个企业的排污量要小，但是这类企业的数量众多，其生态环境问题不容忽视。在研究中他们还发现，中小企业有着诸多不同于大企业的特征，对其进行生态效率评价的指标和方法也应该有所不同，一个很明显的特征就是中小企业的经济环境数据往往没有大企业那样完整。通过研究发现样本企业在生态效率方面的表现一般，其改进的空间很大，很多企业在运营过程中主观目标仍然是经济效益，它们实际上在清洁生产技术的开发和应用方面还存在很大的差距。周一虹等（2011）以宝钢、中国石油和英国BP公司为例，构建初级能煤使用量、水资源量、温室气体排放量、固体和液体废物量等生态效率指标来推测生态效率对企业经营效率的影响，有助于企业实现生态效益和经济效益共赢。孔海宁（2016）以中国40家大中型钢铁企业为研究单位，从企业规模的视角，研究发现技术进步推动了钢铁企业的生态效率，然而由于产业集中度较低，钢铁企业的规模效率呈现下降趋势，需要加强产能结构优化升级，推进生态化进程。田晖等（2018）以湖南长丰猎豹汽车制造股份有限公司为例，对汽车零部件物流系统生态效率进行了研究，他们认为加强技术研发投入和优化组织管理结构将显著提升整体生态效率，但是该企业的生态效率易受到随机因素和外部因素干扰，剔除干扰因素后表现更加稳定。

我国学者陈晓红（2012）对微观企业的循环经济发展水平进行了全面综合的评价。陈晓红认为，传统的循环经济评价一般以一个较大的区域为研究对象，比如省级、市县或者乡，而目前针对微观企业的循环经济发展评价研究则要少得多，而加强对微观企业循环经济发展水平的评价有利于相应行业中企业在生产运营中认清自身状况、找准所存在的问题，从而提出针对性的管理或技术改善策略。陈晓红认为，国内已有的循环经济评价指标体系大多是基于"3R"原则，即减量化、再利用和资源化原则建立起来的，在评价特定企业时有些缺乏针对性，故有必要根据特定行业或企业类型设计一套指标体系。其研究针对铅锌有色金属冶金典型企业的特有生产流程，提取出具有代表性的资源输入、生产运转及输出指标，同时也提出了体现企业经济绩效的针对性指标，联合构建铅锌有色金属冶金企业的循环经济发展水平测度指标系统。通过对对象企业2007—2009年循环经济发展水平的评价发现，该企业的循环经济发展综合系统水平在逐年提升，并且循环经济发展协调系数也在逐年改善，但研究中发现该企业没有切实将自身的技术能力转化为经济优势，这是导致企业在考察年份内经济效益指标表现得不是很好的重要原因。陈晓红认为，企业在发展循环经济中特别要注重对技术创新的投入力度，依靠技术增加节能减排的力度；同时政府应该完善旨在促使企业发展循环经济的奖励与惩罚机制，利用利益驱动企业采取切实有效措施减少对资源，尤其是不可再生资源的过度开采以及减少生产中对自然环境的污染。陈晓红（2013）对企业的两型化发展效率的内涵进行了界定，在其所设置的企业两型化发展效率评价指标体系中投入指标主要涉及资源消耗（如新鲜水总量、能耗总量等）和环境成本（如废水和工业固废排放量等），产出指标选取了企业总产值。对湖南境内长沙、株洲、湘潭及其他地级市的化工行业企业进行调研、收集数据，采用数据包络分析法对两型化效率进行了实证测度。从陈晓红所构建的指标体系看，其对企业两型化发展效率内涵的理解与企业生态效率的内涵基本上是一致的。通过研究发现，长株潭地区的样本企业其两型化发展效率水准相比省内其他地区（衡阳、常德、益阳）企业的效率水平要高。进一步地，陈晓红深入分析了影响企业两型化发展效率的内外部因素。实证研究发现，企业内部的技术进步与企业生态文化对企业两型化发展的效率具有显著的正向促进作用，这意味着在企业两型化发展过程中应当突出节能减排技术创新与开发的地位，利用生态化技术创新推动企业两型化发展，同时企业文化建设中应该重点突出对员工生态意识的强化教育，只有在思想与观念上认同了生态化发展方向，才能在具体行为中体现出来，进而反映在企业的资源利用效率和环境成本表现方面。研究发现，外部因素中的政府激励与支持、资源市场价格走势也对企业两型化发展效率存在显著影响，而环境规制强度对两型化效率的影响不显著说明当前企业环境违法成本低，应当采取有力措施加大执法力度，促使企业有更大的动力从事清洁生产技术的应用与开发。陈晓红等（2015）对企业两型化发展效率和构建生态城镇化提出了相关建议，一方面是大力抓好传统的清洁产业，加快发展循环经济，另一方面是结合物联网、大数据、云计算等新型信息技术，打造智慧生态工业，只有紧跟时代发展主旋律，在企业两型化发展过程中突出创新技术、人工智能的重要地位，才能全方位、多层次、多领域提高企业的生态效率和走正、走好中国特色社会主义生态发展之路。陈晓红（2018）在采访中提及环保企业的生态效率提高离不开智慧城市建设，两者都是以绿色发展理念为核心，环保企业应当积极投身于延伸、扩展相关产业链。Zhang（2022）基于2020年沪深A股市场105家上市公司数据，使用CS-ARDL方法研究了政府补贴和研发支出对中国能源密集型企业的能源生态效率的影响。他们的研究结果表明，政府补贴和经济增长都有助于能源生态效率的提升。

在行业或产业生态效率的研究方面，Dominique Maxime 和 Michele Marcotte（2006）对加拿大的食品和饮料行业的生态效率展开了研究。他们在研究中非常关注该行业对环境造成的影响，在生态效率评价指标体系中突出体现了能源消耗、废水排放和固体废弃物排放指标的重要性，同时也考虑了对温室气体排放的评估。研究中他们还指出，在行业层面由于不同行业的特点不一样（如对能源资源的消耗数量方面），因此在生态效率评价的指标设置中就要充分体现这种行业之间的差异性。Marcio D'Agosto 和 Suzana Kahn Ribeiro（2004）对交通运输行业的生态效率进行了评价。该学者认为鉴于该行业的特点，在环境成本指标的设置中应该重点突出温室气体的排放、能源（燃料）的消耗以及对空气污染物质的排放等指标。李成宇等（2018）对中国省际工业生产效率的空间分布和影响因素进行了研究。他们的研究紧扣工业生产效率的核心思想，将资源消耗和环境污染作为研究工业生产效率的主要指标。罗能生等（2019）基于中国 277 个地级市研究了高铁网络对生态效率的影响。他们考虑到高铁网络行业产生的经济效益和环境效益，在生态效率评价指标体系中重点突出高铁网络度数中心度、中间中心度、服务业密度等指标。李志龙、王迪云（2020）对武陵山片区旅游产业的生态效率进行了研究。他们充分考虑武陵山片区的生态环境和非期望的产出，在设置旅游经济—生态效率投入指标方面，区分了经济指标和生态指标，加入了旅游能源消耗、旅游环境治理投入资本等指标，充分体现行业生态效率的独特性。Sadorsky（2021）使用数据包络法测算了 G18 的主要的 18 个国家能源生态效率。

在区域生态效率的研究方面，国内外学者主要从指标设置方面进行了比较深入的研究。其中一个值得关注的亮点就是一些学者认为基于区域层面空间范围来考察生态效率，应该将社会发展状况也作为生态效率的一个考察维度。Per Mickwitz 和 Matti Melanen（2006）在对区域生态效率进行研究时试图将安全、教育以及人口发展指标加入生态效率评价指标体系中，这是一个有益的新尝试。邱寿丰、诸大建（2007）对生态效率的评价指标体系进行了专门的研究，他们设置的指标体系对于开展区域层面生态效率的评价、促进循环经济发展具有重要的参考价值。苏芳、闫曦（2010）基于生态效率对云南省发展循环经济的绩效进行了实证测度。该学者在设置生态效率指标时，将能源利用效率、物质循环再利用、环境效率作为三个一级指标，从能源利用经济效益、能源弹性系数、工业废水、固体废弃物处理与循环利用、环境治理投资等角度展开具体的指标设置。研究结果表明，云南省的循环经济发展水平自 2006 年以来有了明显的改善。易杏花、刘锦钿（2020）研究了西部地区生态效率评价及其影响因素。他们通过将静态分析和动态分析相结合来研究西部地区生态效率的整体态势，为西部绿色发展提供借鉴意义。邓荣荣、张翱祥（2021）对长江经济带生态效率与产业结构升级的协调度进行了研究。他们充分考虑了经济发展过程中的环境负外部性和变量松弛问题，在设置生态效率指标时加入了二氧化硫、二氧化碳、烟尘、废水的排放量四个非期望产出指标。研究结果表明长江经济带生态效率与产业结构升级的协调度具有明显的路径依赖性。基于不良输出的 SBM 模型有效考虑松弛变量的问题，因此更多学者采用非期望产出 SBM 模型，该模型可以同时考虑松弛变量的问题。Guan 和 Xu（2016）、Zhong 等（2022）采用考虑非期望产出的 SBM 模型测度省级能源效率。赵茂林和张梅菊（2022）采用非期望产出 SBM 模型测算淮河生态经济带的能源效率。

特别地，在区域的小范围空间即园区空间层面针对其生态效率的评价研究还不是很多。在已有研究中，主要是侧重针对具体案例园区展开研究。朱艺等（2019）对全国 42 个入选国家级的绿色工业园进行绩效评价，结果表明我国工业园区较为注重生态文明建设，提高了生态效率水平。他们计算了循环经济指数、绿色指数和低碳指数，这些指数测算结果表明了循环经济发展模式与绿色发展具有一致性，而与低碳指数无明显的相关性，我国工业园绿色发展应当加强应对全球气候变暖、低碳发展等方面的工作。关新宇、陈英葵（2017）鉴于工业园区的特点，将工业园区的评价指标体系分为绩效、能力、特征和其他四个类型，其中与生态效率有关的指标为生态绩效、循环经济、可持续发展能力，有利于多层次、全方面分析工业园区的生态效率，研究中并未涉及工业园区生命周期的综合评价指标体系，应当积极探索符合工业园区长短期目标并紧扣时代主题的综合性指标。我国学者陈晓红、胡斌（2012）提出了建设两型工业园区的构想，并且为两型生态园区的发展构建了一整套评价指标体系。研究中没有明确提出生态效率的概念，但从其构建的指标体系所体现的思想和理论基础来看，事实上和生态效率的战略思想是吻合的。为了进一步突出生态文明建设对生态工业园区发展的新要求，在指标体系中尤其突出了体现园区创新能力的指标，如"研发投入在园区 GDP 中的比重""专利授权数量"以及"科研人员数量所占园区总就业人员数量之比重"等。这些指标的设置对于考察园区的自主创新力度和产业结构优化程度具有重要的方向标作用。进一步地,采用三角白化权函数的灰色聚类评价模型对长沙市经济技术开发区综合发展水平进行了实证测度。研究表明,长沙市经济技术开发区在生态文明建设思想和生态园区建设标准指引下,在很大程度上改变了过去传统的线性运营模式,经济绩效和环境绩效皆取得了可观的成就,但还是存在一些不容忽视的问题有待解决,尤其是一些结构性矛盾还比较突出。彭涛、李林军(2010)以九发生态产业园为例对产业园的生态效率展开了比较深入的分析。他们采用单一比值法对该产业园区中的单位原材料产出率、固体废弃物排放产出率等效率结果进行了测度,并且与全国的平均水准进行了比较。研究结果表明,九发园区的生态效率水平并不高,在能源与资源的利用效率方面还有很大的提升空间,该园区应当进一步完善产业链网以促进系统生态功能更好地得到发挥。孙晓梅、崔兆杰(2010)构建了旨在评价生态工业园区运行效率的指标体系。该学者首先指出生态工业园运行效率是一组效率的系统集成概念,本质上讲它是衡量园区投入产出的能力。学者从经济运行效率、资源转化效率、污染减排效率、园区管理效率来衡量运行效率,进一步地突出园区的产业关联性、完整性、耦合性等特征指标在指标体系中的重要地位,并且将这一指标体系付诸实证测度,其具体的应用对象是烟台经济技术开发区。这一指标体系具有一定的通用性,能够对其他园区的生态效率或运行效率的评价起到一定的借鉴和参考作用。肖婵娟、张宏武(2009)采用单一比值法对泰达工业园区的生态效率进行了评价,研究中学者构建了单位废水排放产值、单位废气排放产值和单位固废排放产值等生态效率指标,并利用这些单一比值指标对 2003—2007 年泰达工业园区的生态效率水平进行了纵向比较分析。Izhar(2020)和 Pai(2018)使用传统的 DEA 模型来评估工业园的生态效率,但是并没有考虑产出指标类型。Zhang(2020)等采用综合 DEA 模型和创新 DEA 模型使 DMU 的期望输出和非期望输出同时存在,但采取的不良指标仅包括二氧化硫和固体废物,不能全面反映工业园的环境状况。总体而言,国内外对园区层面生态效率指标体系的构建、评价方法的选择方面存在很大差异,需要对其展开更加深入的探讨。

(3) 生态效率的测度方法

目前,国内外学术界对生态效率的测度基本上采用两大类方法,一是单一比值法,二是综合数理模型法,这在国内外学者(Janicke,2008;Kawase,2006;Wei Yang & Fengjun Jin,2011;郑慧等,2017)的研究中都有所体现。

国内学者商华，武春友（2007）基于生态效率的定义直接采用单一比值法对大连某生态工业园的生态效率进行了实证测度。他们在研究中采用了单位废水排放产值、单位废气排放产值、单位固废排放产值等指标来评价园区的生态效率，通过对具体园区的实证测度验证了单一比值法的适用性。单一比值法最为显著特征就是简单明了、可操作性强，但这种方法不能综合体现出评价对象的生态化发展水平，还是存在一定的局限性。另外，国内外众多学者采用综合数理模型法来评价生态效率。综合数理模型法的应用通常分为两步：第一步就是构建评价指标体系并收集指标数据；第二步就是基于相应模型进行实证测度从而得到生态效率结果。然而，综合数理模型法又可以进一步分成两类：其中一类需要先对指标权重进行确定，如灰色关联分析法、模糊综合评价法等；另外一类则无需事先确定指标权重，只需直接将指标数据输入构建后的模型即可得到实证测度结果，如数据包络分析法。苏芳、闫曦（2010）采用灰色关联度分析法对云南省区域生态效率进行了测度，付丽娜（2013）运用超效率 DEA 三阶段模型对长株潭"3＋5"城市群的生态效率进行了测算和分析，解亚丽等（2020）采用超效率 DEA 模型对三峡库区生态效率及空间演化格局进行分析，于伟等（2021）基于序列 DEA 的 SE-U-SBM 法测度城市群生态效率的区域差异、分布动态和收敛性研究。

1.3.4 国内外研究评述

在对国内外有关国外园区发展概况及经验借鉴、国内重点园区生态化转型典型案例、园区发展模式、园区系统形成与发展动因、工业园生态化建设以及生态效率的大量文献进行阅读总结后发现，目前在对园区的研究视角、研究方法、园区生态化绩效的评价所依托理念的合理性和创新性等方面尚存在问题，有待进一步改进。

第一，目前，国内外学者通过对国外的生态工业园实践经验进行总结和归纳得出国外经验对我国工业园区生态化转型的重要启示，指出政府应该给予园区内企业适当的政策扶持和资金支持，进一步强化全民生态意识。目前对于园区生态化转型激励政策不足，同时群众对园区生态化理念的理解不足，社会公众难以正确认识园区生态化的内涵。因此，今后的研究中应当加强这方面研究。

第二，目前，国内外学者主要从发展概况、运营情况以及未来的发展规划三个角度对国内典型园区进行探讨，着重强调了园区优势。但未深入剖析这些典型园区现阶段各自的存在难题、存在原因、解决措施。因此，在今后的研究中要持续深入探讨国内园区存在的问题，对症下药，提出相应的解决方案，推动国内生态工业园区的可持续发展。

第三，目前，立足于我国生态工业园区的发展现状，国内外学者按照产业多元化程度将我国生态工业园区的发展模式由浅入深分为主导产业链型、多产业关联共生型和全新混合型，并阐明了国内外生态工业园区发展模式的差异。但是，遗憾的是目前为止尚未走出一条中国特色社会主义生态工业园区发展之路。因此，今后的研究中应当扎根中国土壤，紧扣时代脉搏，探索出符合我国国情的生态工业园发展之路。

第四，国内外学者在对产业生态系统或生态化园区系统的变迁与发展进行探讨的过程中，多侧重对园区系统的特征、结构及演化阶段展开描述性的分析，缺乏科学的数理分析方法的采用，因此对系统发展的研究未能达到应有的深入程度。产业生态系统或生态化工业园系统是一个复杂巨系统。进一步加强利用复杂性科学理论对园区系统展开深入的研究，尤其是对系统的管理熵进行深入的分析十分必要，这可以为园区各主体有效开展合作、减少系统中的矛盾和摩擦从而促进系统良性发展提供有力支持。另外，工业园生态化转型的实现有赖于园内企业间协同共生，已有的研究缺乏对园区企业间协同共生的机理进行深入的数理分析，从而使得研究的结论不具备足够的可信度和科学性。因此，在这一方面也有待加强研究的力度。

第五，已有的研究在分析产业生态系统或（生态工业园区系统）形成动因时，大多从经济学理论的角度来展开探讨，这些理论主要涉及交易费用理论、外部性理论、规模经济理论等，这实际上是在探讨园区系统的形成机理；而从管理学的角度对园区形成与发展动因的探讨中，主要是对某类或少数几个动因进行简单描述性的罗列或堆积，缺乏以整体系统的视角构建起系统性的动因模型，尤其未能突出自主性创新因素、环境因素、人文发展因素在动因体系中的地位。另外，在研究方法上亟待加强将科学合适的数理模型应用于动因的分析，通过定量化的研究使得简单描述的众多因素各自的影响力程度变得一目了然，同时亟需进一步加强对动力因素内部相互之间所存在的作用关系进行深入探讨，以便管理者更加准确地把握动力系统的结构特征，采取针对性的管理改进措施。

第六，目前，国内外学者对生态效率内涵的理解主要基于两个维度，即经济产出和环境成本。实际上，生态效率既是一种测量工具又是战略性管理哲学，其内涵已经远远超出了简单比值或狭义地从经济与环境两者去界定的范畴。已经有学者提出在生态效率中加入社会发展维度，但是将社会维度因素加入模型进行量化研究的较少。因此，今后的研究工作应该在对生态效率内涵作进一步丰富（加入社会发展维度）的同时，还应该加强实证的测度，这样才能使得对生态效率的研究结果更具有说服力和决策支持力度。进一步地，生态文明建设背景下对工业园生态化转型发展也提出了一些新的要求，其中一个突出的要求就是发展战略性新兴产业和高新技术产业，因为对于资源节约和环境友好的要求来说，最好的做法就是产业发展一开始就做到资源消耗减量、污染排放很少，而不是等资源消耗很大的时候再来考虑如何减量，等有了污染之后再来考虑如何治理污染的问题。要实现这一目标，首先在园区产业规划和发展时就要强调战略性新兴产业和高新技术产业的发展。因此，对园区进行生态效率评价时，还要着重考察园区在（自主性）技术创新、高新技术研发投入、产业结构优化方面的表现，这应该是建设生态文明、提升园区生态效率的应有之义。因此，在今后的研究中要加强这方面的研究工作。

第七，目前的研究针对园区生态效率影响因素的实证分析较少，大多集中在研究区域或者产业层面的生态效率影响因素。因此通过对园区的生态效率影响因素进行实证分析，使得所得到的结论更加具有可信度和科学性，将能更好地为管理决策的出台提供支持。

1.4 研究内容与研究方法

1.4.1 研究内容

综合考虑之后，将本书的结构划分为十一章，其具体内容列示如下：

第一章 绪论。本章提出研究的背景（尤其是资源的约束和环境承载能力的有限性）以及有待实践或理论中解决的问题，并且指出本书研究的目的以及所具备的理论和实践意义；进一步地，分析学术界在相关研究领域（如国外生态工业园区的实践、我国工业园的发展历程、循环经济发展水平评价）的研究现状与进展，并且提出本书的主要研究内容及方法、关键技术路线与主要创新点。基于生态文明建设背景并从系统观视角确立本研究的主题：工业园的生态化转型及生态效率改进。

第二章 相关理论基础。根据本书的研究内容，需要涉及工业生态学理论、循环经济理论、复杂性科学理论等。其中，在生态文明建设背景下，工业园的生态化转型升级离不开工业生态学理论，具体的实施模式是通过循环经济模式来实现，需要复杂性科学理论（耗散结构理论）的支持。

第三章 国外生态工业园区发展概况及经验借鉴分析。首先，分析英国、美国、日本、新加坡生态工业园的历史背景、典型案例、经验实践。其次，从政府在园区建设中的职能定位比较、基于组织模式的园区实践特征比较、园区创新环境的比较分析、环境立法实践比较分析、思想战略导向的动力模型五个角度，比较分析各国生态工业园实践特征的区别差异。最后，总结国外园区生态化成功转型的理论基础与实践经验，得出国外经验对我国工业园区生态化转型的重要启示。本章研究为我国的工业园实现生态化改造、转型和升级提供借鉴意义。

第四章 国内重点工业园生态化转型典型案例分析。从发展概况、运营情况以及未来的发展规划，对苏州工业园区、天津经济技术开发区、无锡新区和昆山经济技术开发区建设发展经验进行了总结。通过分析这四个园区的发展规划发现生态循环经济成为发展趋势，建立网络共享服务平台是发展高质量园区的重要基础，扩大对外开放、加强国际合作交流成为必然要求。各个园区的发展经验都提到政府适当的管理决定了园区的生态效率和发展质量。本章研究为之后新园区的规划建设提供了一定的经验教训，对跨国园区的建设也会起到极大的促进作用。

第五章 生态工业园区的发展模式分析。首先，从废弃物处理方式、建设实施、产业共生关系、区域位置四个角度对生态工业园区的发展模式进行了分类，厘清了不同分类角度下生态工业园区发展模式的特点。其次，结合我国生态工业园区的发展现状对我国生态工业园区的发展模式进行了进一步的划分，按照产业多元化程度的由浅入深可分为主导产业链型、多产业关联共生型和全新混合型。最后，从组织模式和管理模式两个角度对国内外生态工业园区进行了比较分析，阐明了国内外生态工业园区发展模式的差异。本章的研究对于探索出适合我国生态工业园区建设和发展的模式具有重要的实践意义。

第六章 工业园生态化转型的内在机理分析。首先，明确了实施生态化转型需要达到的目标。其次，分析工业园成功实现生态化转型升级的过程机制。采用复杂性科学理论的一个分支——耗散结构理论，分析工业园系统要实现转型升级所必须具备的基础性过程机制，并且借助熵流分析法研究系统要形成耗散结构需要满足的数理条件，即构建工业园系统达到耗散结构状态的识别标准。再次，运用描述生物种群增长规律的 logistic 方程分析园区转型的实现机制，即通过企业共生实现 $1+1>2$ 的协同共生效应、产生协同剩余，从而促成系统转型目标的实现。最后，分析园区系统转型的保障机制，着重从沟通、信任和社会资本的角度来探讨。本章的研究有助于深入地理解园区系统生态化转型的内在机理。

第七章 我国工业园的创业现状及转型动因分析。首先，分析工业园前期创业的历程及创业中存在的显著问题，指出前期创业中的明显不足即忽略了资源的约束及环境承载力的限制，并提出了三次创业基础上生态化转型的必要性。其次，突破前期创业的粗放式发展模式和思路，指出工业园生态化转型的战略目标是提高园区生态效率，进而从企业、技术、市场、政府等几个角度构建起推动工业园生态化转型的动因模型，特别突出资源存量和环境承载力等制约因素的关键性。最后，按重要性对全体动力因素进行聚类并探讨各类因素之间的相互关系。动力是园区实现生态化转型的前提和基础。

第八章 工业园的生态效率评价。首先，对目前学术界关于生态效率的评价方法进行了比较和总结，最终选择灰色关联度分析法和超效率 DEA 法作为本书对工业园区生态效率综合水平的评价方法。其次，以"资源节约、环境友好、经济持续（含创新引领）、人文发展"为概念框架构建适用于综合类工业园（尤其是致力于发展高新技术产业的综合型工业园）的生态效率测度指标体系。再次，对实施生态化运作模式的两个具体工业园区（泰达工业园和湘潭九华工业园）的生态效率进行了实证测度，并比较了两种评价方法的适用性。评价的结果对于相应园区认清自身现状、寻找差距、确定工作目标和努力方向具有现实指导意义。本章的研究结果将为后续旨在提升园区生态效率综合水平的对策出台提供有力实证支撑。

第九章 园区生态效率的影响因素分析。首先，基于所研究问题的特点选择结构方程模型法作为研究方法。其次，通过对国内外大量文献的阅读与归纳，构建出园区各类因素对生态效率影响的概念模型，并且提出若干研究假设。再次，通过调查问卷的方式获得测量量表的相应数据，在对数据进行整理后基于结构方程模型采用 AMOS 软件对模型进行拟合、调整和修正，最终获得通过验证的体现各潜变量之间以及潜变量与相应指标之间关系的最优模型。本章的研究为后续寻找促进园区生态效率改善的措施提供了重要支撑。

第十章　工业园生态化转型的实现途径：生态化改造。首先，提出一系列促使我国工业园生态化转型升级、园区绩效（或生态效率）得到持续提升的政策建议。然后，从建设的驱动力、构建核心要素、构建生态共生网络和有效整合政府和市场力量四个角度探讨了我国工业园区生态化改造的路径依赖问题。具体地，分别从企业、工业体系、园区管理三个层面来展开深入分析。企业层面主要是从技术上推广和应用清洁生产技术以及从文化上培育员工和管理者的生态意识；工业体系层面主要是进一步稳固和发展初具雏形的产业生态链；园区（包括地方政府）层面主要是管理系统的优化。进一步地，本章结合湘潭九华工业园的实际情况，探讨了该园区实施生态化改造、推进园区转型升级的特定措施。这一研究将对促进园区转型、提升园区生态效率水平具有重要理论价值和实践意义。

第十一章　总结与展望。简要总结全文所研究的重要内容以及在此基础上得出的关键性研究结论；且汇总了一些在现阶段研究中很难解决的问题及研究的不足，旨在从中找到未来进一步研究的切入点和基本构想。

1.4.2　研究方法

本书的研究对象是生态化转型中的工业园，主要研究园区的转型升级以及生态效率等问题。到底应该采用什么样的研究方法，这主要取决于以下几点：一是研究对象的性质，尤其是其复杂性程度；二是方法的实用性和先进性，方法的采取首先要讲求实用，一种不实用的方法再怎么先进或具有创新性都是不合适的，当然在满足实用的前提下有必要追求其先进性；三是研究所希望达到的目标。基于以上三方面的考虑，我们才有可能选择合适的研究方法或其组合来展开具体的研究工作。具体地，为了达到本书的研究目标，在结合生态化转型中的工业园区系统特征以及各种方法的适应性条件基础上，考虑选用如下研究方法：

（1）文献归纳法

文献归纳是最为基本的研究方法。到底应该对哪些方面的文献进行归纳，这取决于研究的内容构成。本书需要对工业园区的系统运行、生态效率及国外园区实践进行研究，故应该对与这些方面相关的国内外文献资料进行归纳和总结，并且还需要对目前的研究现状作出评述，旨在找到已有研究的不足以及本研究的着手点。同时，由于研究过程中需要相应理论的支撑，具体地本书的研究需要涉及工业生态学理论、循环经济理论、生态效率理论等，因此需要对其进行总结，并对一些关键性概念进行界定。

（2）比较分析法

生态工业园最早在丹麦诞生，欧美国家以及亚洲的日本在生态工业园建设和发展方面积累了很多宝贵的经验。在生态工业园的组织模式、管理模式、政府在其中的角色等方面，西方国家在实践中表现出了不同的特征。本书运用比较分析法，通过对欧美及日本在生态工业园建设中所表现出来的不同特征进行比较分析，能够从中得出一些有益于我国开展工业园生态化转型升级实践的启示。

（3）模糊聚类分析法

本书采用模糊聚类分析法对推动工业园实现生态化转型发展的若干动力因素按照重要性程度进行分层和归类。由于动力因素要素的重要性具有很强的模糊性，因此传统的聚类分析法变得不合适，在其基础上改进之后的模糊聚类分析法是很适合的。分析所得结果将为工业园区内部企业及参与园区发展的其他各方主体认清动力因素主从顺序，从而找准工作着力点提供理论依据。

（4）管理熵分析法与种群增长模型（Logistic 方程）

转型中的工业园具有物理结构系统和社会系统的双重属性。各类物料、能源、废弃物和副产品在园区这个物理结构系统中循环流动；同时园区又是一个社会系统，离不开人际间、企业间以及各方参与主体间的相互交往和接触。系统在运行过程中其内部总会出现各种矛盾和摩擦，导致系统运行受阻。那么，如何才能实现系统内外各种关系的协调，系统要具备什么样的条件才能成功实现转型升级？为了回答这些问题，本书采用管理熵分析方法，对系统内部有可能导致无序程度增加的各种正熵和有可能有效降低熵增的外部环境负熵进行系统的分析，并且给出试图成功完成生态化转型的园区系统有无朝着更加高级的结构状态升级的数理识别条件。

生物学有一个 Logistic 方程，它可以用来分析生物种群的增长规律，本书借用这一方程来分析工业园区内企业间的协同共生关系，以此揭示园区系统转型升级的实现机制。利用这一方法能够揭示出工业园内各主体间（尤其是企业间）建立相互协调、互利共生的产业链关系的重要性。

（5）灰色关联度分析法和超效率 DEA 法

为了进一步定量地测度园区的生态效率综合水平，在构建指标体系的基础上，选择灰色关联度分析法和超效率 DEA 法对具体的正处于生态化转型中的工业园区进行了生态效率的评价，并比较了两种方法的适用性。评价的结果有两点作用：一是可以直接为相关园区中的企业、园区管理方以及政府部门出台对策措施提供支持依据，提升园区生态效率水平和可持续竞争优势；二是为我国同类园区在今后的长远发展中提供战略性的生态效率思想导向。

（6）结构方程模型法

在研究工业园生态效率的影响因素时，会涉及很多难以直接测量的潜变量。本书采用结构方程模型方法来探讨若干潜变量之间的关系。运用结构方程模型能够定量化地获得变量之间或变量与指标之间的影响强度和显著性水平。通过研究为最后旨在促进园区生态化转型进而改善生态效率的政策措施出台提供铺垫。

1.5　研究思路与技术路线

1.5.1　研究思路

本书的概念性研究框架由三个前后相互连接的子模块构成，一是"推力"模块，即工业园生态化转型的动力；二是动力指向的对象工业园内部系统，重点针对"园区转型的内在机理"问题展开分析；三是"拉力"模块即生态效率，以它为导向引导前面两个模块，如图 1-1 所示。

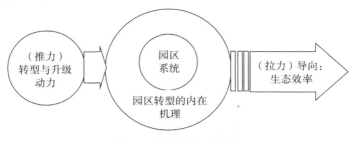

图 1-1　研究概念性框架

首先，对英国、美国、日本、新加坡在生态工业园建设和发展方面的实践进行了探讨，比较分析各国生态工业园实践特征的区别。并在此基础上，总结国内重点园区生态化成功转型的有益启示，为新兴工业园区生态化转型提供了基础性理论和实践经验支持。

然后，深入探究园区生态化转型的发展模式。从废弃物处理方式、建设实施、产业共生关系、区域位置四个角度对生态工业园区的发展模式进行了分类，厘清了不同分类角度下生态工业园区发展模式的特点。并以此为基础，分别从组织模式和管理模式两个角度对国内外生态工业园区进行比较分析，阐明了国内外生态工业园区发展模式的差异。

其次，对园区生态化转型的内在机理进行分析。强调应以追求"转型中主体或要素间关系的协调"为导向，并且从三个角度来分析确保园区实现转型的具体机制，一是分析园区系统实现转型的基础性过程机制，并构建识别耗散结构生成的临界条件；二是分析园区系统转型的实现机制——企业间协同共生；三是分析园区系统转型的保障机制，特别强调社会资本（包含信任、交流合作）营造的重要支撑作用。

再次，揭示我国工业园创业的历程及现状，指出两次创业中都忽略了资源的约束及环境承载力的限制条件。因此，在三次创业基础上实现工业园的生态化转型非常必要。进一步地，以生态效率思想为战略性导向，从企业、技术、市场、政府几个角度构建了工业园生态化转型的动因模型，并突出强调加快技术创新步伐、大力发展战略性新兴产业的要求对该模型构建的概念性指导作用；然后，对动力模型各类因素的重要性程度进行定量排序，并且探讨各类因素之间内在的相互作用关系。

此外，选择灰色关联度分析法和超效率 DEA 法对具体园区的生态效率进行定量化实证测度，并比较两种评价方法的适用性。进一步地，实证分析影响园区生态效率的若干因素。

最后，基于前述章节中各国在生态工业园建设实践中的经验与启示，结合具备的实证分析结果，提出旨在促进我国工业园成功实现生态化转型及绩效（或生态效率）改善的建议和对策。

总而言之，用简短的线路流程来描述本书的研究思路如下：理论分析—国外园区发展概况及经验借鉴—国内重点园区生态化转型典型案例—园区的发展模式分析—园区转型的内在机理分析—园区创业现状及转型动因探讨—园区生态效率评价—园区生态效率的影响因素分析—生态化改造策略设计。

1.5.2 技术路线

进一步对本书的具体研究思路展开分析。图 1-2 展示了本书研究的具体化技术路线。

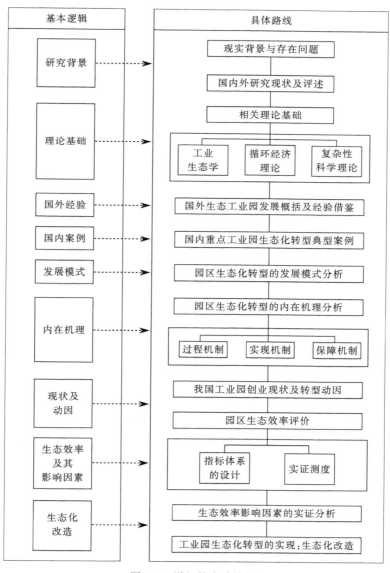

图 1-2 详细技术路线图

1.6 创新之处

本书研究过程中，在研究视角的突破、研究方法的创新、生态效率评价所依托理念的战略性改进等几个方面开展本书的创新工作：

第一，当前的研究主要针对国外生态工业园区发展背景和典型实践方面。本书积极开拓研究视角，从政府在园区建设中的职能定位比较、基于组织模式的园区实践特征比较、园区创新环境的比较分析、环境立法实践比较分析、思想战略导向的动力模型五个角度比较分析了各国生态工业园实践特征的差异，清晰直观地反映各国生态工业园实践的优劣之处。研究结论为后续研究工作提供了理论基础和实践经验。

第二，现有研究缺乏对国内重点工业园生态化转型典型案例的深入探究。本书从园区概况、运营状况、发展经验、招商政策、发展规划五个视角探讨了园区的建设发展经验，脉络清晰。研究结论为跨国园区和新园区的建设与发展提供理论指导价值和实践经验。

第三，当前研究主要依据工业园区特点对园区绿色化转型的发展模式进行分类探讨，缺乏从不同研究视角对国内外生态工业园区的发展模式的比较探究。本书从组织模式和管理模式两个视角深入比较研究国内外园区绿色转型的异同，为阐明国内外生态工业园区发展模式的差异提供新思路。

第四，工业园前期创业的动因局限于对经济利益的追求且侧重关注局部因素。本书从系统的新视角构建了以生态效率思想为战略导向的工业园生态化转型升级的动力模型，并着重强调自主式创新因素、环境因素、人文发展因素在动力体系中的地位。

特别地，在对工业园的已有研究中尚未发现利用定量化模型对各动力因素进行影响力程度的评价，本书运用定量化方法——模糊聚类分析方法对动力因素的影响力进行归类和分层，弥补了已有研究中的不足之处，增强了所得结论的说服力和可信度。进一步地，改变了已有研究中仅对动力因素进行简单罗列和堆积而缺乏对其内部相互作用关系进行分析的局限，本书对各类动力因素之间的相互作用关系也进行了比较深入的研究。

第五，当前的研究缺乏对工业园系统生态化转型升级内在机理的深入剖析。

本书利用耗散结构理论对园区系统实现生态化转型升级的基础性过程机制进行了研究，并确立了系统持续向更高级结构升级所需满足的数理条件。另外，从新的视角采用生物学中物种数量增长模型即 logistic 方程分析了园内企业间通过共生合作产生协同剩余从而推动园区生态化转型升级目标达成的实现机制。

第六，当前在生态效率评价中仅关注经济产出和环境成本两个维度，并且忽略从"创新引领""结构调整"角度来考察工业园的发展。本书增加人文发展指标对生态效率进行考察；另外，在实证测度园区生态效率时，结合生态文明建设的理念、突出企业或产业技术创新与产业结构调整对园区发展的重要性。这对工业园的发展具有深远指引作用。

在生态文明建设理念和生态效率导向下，所设置的评价指标体系将更富有现实引领价值，对园区的持续发展将会起到更加战略性的引导作用。这在以往相关的指标体系设计中是非常欠缺的。本书对园区生态效率的评价结果为园区内部相关主体面向未来从事管理改善工作能提供有力的决策支持。

第七，当前对园区系统生态效率影响因素的分析仅采用理论分析或最多采用传统回归分析方法。本书采用结构方程模型实证分析影响园区生态效率的若干因素，研究结论具有更强的可信度和科学性，能够为管理决策的改善提供更加有力的支持。

第 2 章　相关理论基础

在对本书的内容进行系统性研究之前，首先必须对研究所需的相关理论进行梳理、归纳和总结。之所以要开展这一项工作是因为研究的成果如同庄稼，而庄稼的种植需要土壤和环境。同样的道理，要想获得对生态化转型中工业园研究的相关成果，也就必须对基础的理论进行探讨。而本研究的具体对象是开展生态化改造的工业园，工业园的生态化转型升级离不开工业生态学理论；园区在运行过程中要秉承资源节约、环境友好的理念，具体的实施模式是通过循环经济模式来实现的，因此离不开循环经济理论的支持；进一步地工业园既是一个物理结构系统又是一个复杂的社会系统，从系统的视角对其转型升级加以研究是比较合适的，故需要复杂性科学理论（耗散结构理论）的支持。鉴于此，本章主要对工业生态学理论、循环经济理论、复杂性科学理论（如耗散结构理论）进行详细的分析和总结，为全书后续的研究工作铺垫起坚实的理论基础。

2.1　工业生态学理论

工业生态学是生态工业园实践的重要理论基础，它所涉及的研究内容相当广泛。本书主要对工业生态学的内涵、工业系统与自然生态系统之间的关系以及工业生态学的主要研究领域来展开探讨。

目前，国内外对工业生态学尚没有一个统一的定义，不同的学者从不同视角并基于自身的学术专业背景对其提出了表达方式各异的解释。首次提出工业生态学概念的是通用汽车公司研究部的福布什和发动机研究者加罗布劳斯，他们发表了一篇题为《可持续工业发展战略》的文章，在这篇文章中他们首次提出了工业生态学的概念。他们指出，要促进工业的持续发展就必须彻底改变传统的线性生产模式，使之转变为各种物料、能源、水、废弃物和副产品能够在系统中循环综合利用的生产运作模式。在这种模式下其实并没有废物的概念，全都是资源，上游企业在生产运作过程中所产生废弃物和副产品能够交由下游企业当作原材料使用，因此会大大提高物料和各种资源的利用效率，最终减少排向自然界的污染物。在他们看来，工业系统和自然生态系统之间不应该是相互排斥的，工业生产和环境保护两者之间并不存在不可调和的矛盾。在关于工业生态学的定义中，美国 Indigo 发展研究所的 Ernest lowe 教授对这一概念进行了比较系统全面的阐述，而且他的解释也得到了国内外学者比较一致的推崇。在他看来，支撑工业生态学研究的理论来源是系统科学理论，这种理论主张利用系统的观点来审视工业生产活动，他认为工业体系中的企业之间存在着相互作用的关系，因此在对工业系统进行设计和规划时应该考虑企业间的共生性，通过在企业之间建立起相互合作的关系来提高各种物料、能源、信息在工业系统里的流动效率与资源配置效率。他进一步指出，工业企业的决策不应该是孤立的，而应该将自身小范围内的决策置于企业之间甚至与周围社区之间的全局利益来考察。他认为，工业生态学理论本质上属于可持续发展理论的组成部分，通过对工业生产路径的优化能够促进工业生产和资源、环境、社会之间的相互协调发展，能够最大限度地减少工业经济对环境的负面影响效应。

工业生态学是连接工业系统和自然生态系统的桥梁与纽带。在自然生态系统中存在着生产者、消费者和分解者，生产者将各种无机物或有机物进行合成生产出有机营养物，这些有机营养物供系统中的各类消费者使用使其转变成为肌体利用的有机物同时将一些废弃物向外排泄，进一步地这些废弃物能被自然界中的分解者分解而重新转化为各种营养物。因此，在自然生态系统中不存在真正的废弃物，各类物质和能源在系统中都得到了循环和梯级利用。出于对自然生态系统的模仿，工业系统在规划和设计时也可以将多个具有产业关联的企业集聚在某一临近地理空间内，这些企业中也存在生产者、消费者和分解者。上游企业在生产中所产生的废弃物通过适当处理便可成为下游企业的原材料。这样在整个工业系统中，各类物料、能源和水等资源能够得到最大程度的循环利用。工业系统对自然生态系统的模仿是可行的，但是应该指出的是，自然生态系统是通过若干亿年的进化才有今时今日的状态，工业系统对自然生态系统的模仿必定是不完全的，而只能是一种简单的、近似的模仿。工业生态学在工业系统和自然系统之间架起了一座桥梁，根据工业生态学的观点，工业系统应该融入自然生态系统，把它当成自然系统的一个组成部分，才能最终实现工业系统和自然系统之间的协调发展。在模拟自然生态系统来对工业系统进行分析的过程中，一种典型的分析方法就是工业代谢分析法（IM，Industrial Metabolism），这种方法通过模拟自然界的生物新陈代谢过程来系统地分析工业生态系统中的物质输入输出、能量流动、系统运转机理。另外，还有一些分析方法如生命周期分析（LCA，Life Cycle Assessment）也是一种重要的系统分析方法，这种方法抓住从原材料进厂、制造、销售、运输、使用到废弃物回收的产品生命周期的全过程，力争做到在整个过程中实现各类污染物排放的最小化，以减少产品生产、使用至回收环节对自然环境可能产生的破坏。另外，也有一些评价指标如物料循环使用率等用来评价工业系统内部资源配置和使用的效率，并依据评价结果找到管理改善的策略，这种生态工业评价方法也是工业生态学的系统分析方法之一。

工业生态学的研究领域经历了一个持续拓展的过程。其次工业生态学将研究的重点置于技术层面，即关注工业系统内废弃物的处理与循环利用技术，通过技术的集成来支撑系统的运行。当然在这一研究阶段，专家学者已经意识到技术集成需要企业之间相互合作，联合起来促成废弃物、能源在上下游企业之间的顺利流动。但无论怎样，这一阶段的研究始终属于技术驱动型，是围绕技术而展开的系统设计。随着研究的深入，学者们开始关注工业系统中的网络关系或社会关系，因为工业体系的良性运行除了集成技术的支撑之外，还需要企业之间的相互合作、交流和沟通，只有这样才能增进信任从而降低企业间的交易成本，最终实现工业系统整体绩效远远大于系统内单个企业通过独立运作而产生的个体绩效之和。这个阶段的研究以重视社会网络关系为显著特点，探讨企业之间对各类资源的共享以及在彼此的沟通中增进相互理解从而促进系统的持续稳定发展。在第三个阶段的研究中，工业生态学将研究视野拓展到了工业系统与周边社区之间的关系领域，强调工业系统要获得可持续发展除了系统内部企业之间要构建起技术关联和合作网络关系之外，还应该重视系统与周边社区、政府部门、民间组织之间关系的协调。由此，工业生态学从以技术驱动型研究开始转向社会关系和技术研究并重的阶段。

值得注意的是，工业生态和生态工业两个学术性名词之间存在一定的差异性。工业生态强调的是工业系统通过模仿自然生态系统的结构特征，在其系统内部形成上下游企业间基于能量、副产品等物质交换的格局，来实现资源的充分利用和能量的循环、系统内废弃物最终排放的减少，从而产生资源节约和环境友好的效果。而生态工业其实就是生态化工业，主要强调工业经济行为本身对环境产生的影响，追求在经济产出一定的情况下实现环境代价的最小化，而它没有专门强调对自然生态系统的模仿。两者之间当然存在很多交集，就是都将环境成本的最小化当作所追求的状态目标。因此，工业生态学的研究基石就是实现工业系统对自然生态系统的模仿，或者将工业系统视同大的自然生态系统的一个组成部分。

2.2　循环经济理论

循环经济理论的提出经历了一个漫长的过程，它是理论与实践互动的结果。在工业革命以前，由于人类的工业经济活动并不活跃，对自然资源的消耗数量有限，那时自然界完全有能力为人类的生产活动提供足够数量的矿产、物料、能源及其他各类自然资源，而且那时由于环境的自净化能力还很强，人类在经济活动中所产生的各类废弃物能够被自然环境进行自净化而不会对生态造成致命危害。然而，随着工业革命的开展，人类的经济活动日益活跃，人们开始史无前例地向大自然攫取各类自然资源将其投入生产过程当中，在生产出产品的同时排放出大量的废弃物。废弃物排放的急速增加超过了自然环境的自净化和分解能力，生态环境的恶化趋势日益凸显。这种对资源的高强度开采并靠高强度投入在获得人类生存所需产品的同时排放大量污染物的经济增长模式就是传统的线性模式，这种模式以"资源—产品—废弃物"的线性过程关系为显著特征。事实证明，这种经济增长模式是不可持续的。为了缓解传统经济增长模式中所产生的大量污染物排放的问题，工业末端治理的方式被提上了议事日程。但是末端治理的模式只是治标而没有治本。它并没有从源头上改变经济增长过程对资源的大规模开采、投入、消耗以及大量废弃物的产生，反而大幅度增加了末端治理的成本，使得企业最终的经济效益和生态效益都大打折扣。

经过末端治理阶段，理论界和实践者都清楚地认知到要促进经济的可持续发展，就应该彻底从源头上改变对资源的过度依赖以及生产过程中大量废弃物产生的局面。20世纪90年代，循环经济模式便被学者和实践专家提上了议事日程。学术界对循环经济（Circular Economy，EC）的研究经历了一个快速发展的过程。尤其是我国的学者从循环经济的概念、内涵、层次、具体实现路径、发展循环经济对企业及区域经济的影响等各个角度展开了研究。关于循环经济的定义，国内外学者从不同的角度基于各自的知识专业背景对其做了不同的表述。但是，无论他们怎么解释循环经济，对其本质的理论还是比较一致的，他们都基本认同所谓循环经济就是要在经济运行过程中实现资源开发和投入的减量化、节约化，同时在生产及相关环境实现废弃物排放的最小化，并且促使各类废弃物能得到再次利用或资源化。我国在2008年颁布的《循环经济促进法》中对循环经济的定义是比较权威的，该法指出循环经济就是在经济运行过程中（包括产品或服务的生产、商品及服务的流通、消费等环节）实现资源减量化、再利用和资源化。用一个流程来刻画循环经济的内涵就是"资源—产品—再生资源"的反馈式模式。在这种反馈式流程中，不存在废物的观点，即运营各环节所产生的废弃物都可以得到资源化并被反复应用于再生产过程。循环经济模式具有传统线性模式或者末端治理模式无法比拟的优势，它实现了经济效益、生态效益和社会效益的多赢局面。

关于循环经济模式所遵循的基本原则学术界基本达成了一致，即一致认为"减量化（Reduce）、再利用（Reuse）、再循环（Recycle）"的"3R"原则是其最为根本的原则。减量化就是要做到在自然资源的开发以及投入生产的过程中秉持节约的原则，在保障产品生产需求的情况下实现尽可能减量。减量化原则在"3R"原则中具有核心关键的作用，也被排在了"3R"原则之首，其他两个原则都建立在减量化原则基础之上。减量化是从源头上来控制资源投入的数量，它体现的是生产运营的输入端管理思想，只有从源头上实现了资源投入的减量化才能实现生产过程中的废弃物排放减少。再利用原则是从内部生产过程的角度来考察的，它要求所生产的产品尽量得到更长周期的利用并用于多种用途和方式，或者是废弃物经过适当处理再投入生产过程使用以减少对环境的污染。再循环原则是从生产输出环节来得以体现的，它要求生产过程所输出的废弃物经过资源化处理重新用于生产过程以减少直接向环境所排放的废弃物或污染物，同时通过循环利用可以减少对新资源的源头性消耗。当然，随着对循环经济研究的深入，也有学者提出了"4R""5R""6R"原则，这些原则只不过是对"3R"原则的进一步拓展，"3R"原则的内核作用并没有受到动摇。

　　关于循环经济的研究与应用层次，学者们认为在经济活动中所体现的循环经济运作往往在三个层面上，一是微观企业层面、二是中观园区或区域层面、三是社区或社会层面。微观企业层面对循环经济的应用主要是通过实施企业内部清洁生产方式来实现的。清洁生产方式追求从企业的原材料采购、工艺设计、生产运作、产品营销、服务整个过程实现清洁的标准。具体地讲就是原料的采购环节就要把好关，杜绝对人体和环境有害的原材料进厂，在工艺设计的过程中就要通过设计使得产品在下一步的生产过程尽可能少产生废弃物和有害物质，实现工艺设计的绿色化，产品销售和运输途中也要注意对环境的保护，应该避免采用一些对环境不利的包装和运输方式。杜邦公司在清洁生产领域是全球跨国公司的典范。图 2-1 展示在微观企业层面实践循环经济活动的基本逻辑。

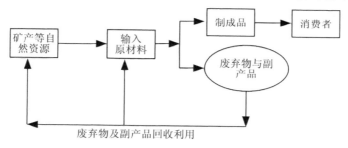

图 2-1　微观企业的循环经济实践逻辑

　　在中观层次，循环经济的应用主要体现在园区的运作方面。生态工业园区是将循环经济理论付诸实施的重要手段和载体。在生态工业园内部存在着生态工业链，链上的上下游企业通过副产品和废弃物的相互交换形成工业共生关系。这种特殊的企业间的合作关系能够实现园区系统内部所投入资源的充分有效利用。这个系统是对自然生态系统的模仿，模仿自然生态系统中的生产者、消费者、分解者之间的关系，采用相应的生态化连接技术将不同的企业链接起来，联合推动循环经济在园区内的实践。在生态工业园区的国内外实践中，丹麦的卡伦堡工业园是国外园区层面循环经济实践的典范。我国在园区层面的循环经济实践也越来越活跃，广西贵港生态工业园、天津泰达生态工业园、长沙经济技术开发区（生态工业园）等园区的生态和经济绩效运营证明了在园区层面循环经济实践的成功。图 2-2 展示了在中观园区层面循环经济实践的基本逻辑，从中可以看出上游企业生产中所产生的废弃物和副产品经过适当处理后，交付给了下游共生企业作为其生产原材料，在整个园区系统内理论上没有了最终的废弃物，实现了废弃物的资源化。

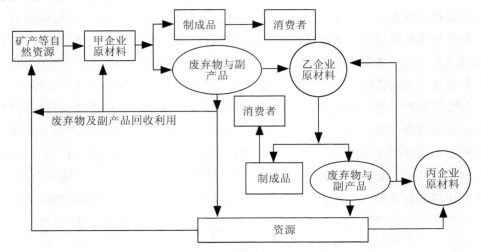

图 2-2　中观园区循环经济实践逻辑

　　然而，循环经济的实践层次还有待进一步提升，在全社会范围内实现循环经济运作模式是一种最为理想的状态。在社会范围内的这种实践需要国家法律法规的保障，同时需要政府、社会中介组织加大发展循环经济、创造生态文明的宣传力度。在推进全社会的循环经济实践中，政府和市场双重的力量都不可或缺。需要指出的是，对于广大消费者而言，应该将循环经济的思想融入日常的生活点滴，对商品的购买、使用、商品包装物的回收等细小方面都会体现出民众的素质和对循环经济的认同与理解程度。

2.3　清洁生产与共生理论

2.3.1　清洁生产理论

　　到目前为止，清洁生产（Cleaner Production，CP）尚没有一个统一的定义。总体说来，清洁生产属于一种生产模式，这种模式是对传统线性生产模式的否定。传统的线性生产模式可以描述为"资源—生产—产品—废弃物"过程，这种模式通过对自然界各类资源的大量攫取来满足生产过程的需要，同时在生产过程伴随着大量污染物的产生，更为突出的是这些污染物没有得到有效的处理就直接排入了环境当中，从而造成对资源的过度攫取与对环境的灾难性破坏。针对传统线性生产模式所具有的种种弊端，学术界和实践领域提出了若干理论和解决方案来加以应对。其实在清洁生产模式提出之前，就有一种针对污染物的治理模式即末端治理模式。末端治理并不能从根本上解决问题，因为在生产环节的末端对污染物进行处理的同时往往也伴随着新的污染物的产生，况且原有的污染物也并不能完全被处理掉，这些原有的污染物加上新产生的污染物使得末端治理模式的效果大打折扣。在这种情形下清洁生产被提上了议事日程，并被广泛认同和采纳。

目前，被理论界较为认同的关于清洁生产的定义就是联合国环境规划署的定义。该机构指出所谓清洁生产就是为了人类和环境的持续健康发展，在整个生产过程中采取综合性的、系统性环境问题预防和治理措施，这一过程跨越从原材料的提炼到产品使用寿命终了的整个阶段。联合国环境规划署对清洁生产内涵的理解是比较全面的，它改变了末端治理的片面性。与清洁生产相比，末端治理模式有头痛医头、脚痛医脚的弊病。

从生产流程和产品使用环节考察，清洁生产的内涵又可以从三个方面来理解。首先是对原材料和能源的使用要做到节约、环保，具体地分析就是指不要用有毒原材料，原材料和能源的使用要做减量化，提高原材料和能源的综合利用效率。其次，对于在生产过程中所产生的废弃物，在将其排放出去之前就要从源头上减少它们的数量和毒性，而不是等到产生之后再来末端处理。再次，在产品生产出来之后直至消费者使用的全过程中，产品消耗的各类资源要做到减量化以减少产品使用过程中对环境和消费者带来的负面影响。特别地，在提供服务过程中也应当注重对环境的保护。Evans and Stevenson（2000）和 Jackson（2003）分别从清洁生产的生产流程和产品使用环节角度进行了系统性的考察分析。他们还一致认为，清洁生产可以从宏观和微观两个层次来加以理解，从宏观层次考察，清洁生产属于一种战略思想，它可以对一个行业乃至一个区域的工业发展进行引导以避免行业或区域内部环境绩效的下降；从微观上考察，清洁生产属于企业具体的生产模式，它对微观企业从原材料采购、生产工艺设计、产品质量控制乃至售后服务的整个流程提出了更加严格的环境要求。

2.3.2　工业共生理论

工业共生本质上是指工业系统中企业之间的合作关系，这种合作关系从物理层面考察是基于废弃物的相互交换。工业共生的目标具有双重性甚至是多重性，首先任何企业之间的共生合作最为原始的动因始终离不开经济利益，因企业之间共生而导致交易费用、生产成本的降低，同时能因废弃物的买卖而产生可观的经济收益。另外，企业间的共生也是本着对环境绩效的追求，通过共生减少污染物的排放从而获得环境效应。工业共生这一词首先见于《工业共生》一书当中，该书是由丹麦卡伦堡公司出版的。在这本书中，工业共生被理解为若干工业企业出于对获利能力与自身竞争优势的考虑，才有彼此之间交换物料、能源、水、废弃物和副产品的行为，并在企业间产生一种相互合作共享相关资源的关系。由于淡水的缺乏和能源价格的提高，迫使丹麦的卡伦堡工业园内的几家大企业（如发电厂、炼油厂等）出于节约成本、增加经济收益的目的自发地走到一起形成了相互之间利用废气、废水及其他能量的共生关系。卡伦堡工业园内这种关系是自发形成的，起初并没有引起学术界与当地政府的重视，后来一个偶然的机会在学生开展学术课题研究时发现了卡伦堡现象。由此，这一工业共生现象才被媒体、学术界和当地政府所关注，并且该共生模式也进一步得到了推广，而且取得了可观的工业经济效益和环境绩效。

在对工业共生进行研究的过程中出现了两个不同的侧重层面。有些学者着重强调了企业之间存在的物理性的交换关系，强调工业系统内部物料、能源、资源化废弃物在不同企业之间的流动及其流动的效率，而忽略了企业之间这种社会合作关系。Sokka Laura（2011）指出工业共生的关键在于企业之间所建立的副产品交换，通过副产品的循环利用能够实现资源的节约以及达到对环境负面影响的最小化。后来，随着人们对工业共生内涵研究的进一步深入，才意识到工业共生的内涵除了企业之间基于物料流动的关系之外，更为重要的甚至可以说成本质性的特征就是工业系统中企业之间的合作关系。这种合作是基于彼此之间的信任而产生的在人才、技术、信息、创新性知识及各类公共资源方面的交流与共享。在这种合作关系的维持中，企业之间的地理相邻是一个很重要的因素。

然而归根溯源起来，工业共生的概念首先源于对自然界生物物种之间共生关系的理解和借鉴。德国真菌学家德贝里（Anton de Bary）首先提出了生物学角度的共生概念。他指出生物界物种间通过融合生活在一起，彼此间存在着物质和能量的联系，通过这种联系它们会长期共存下去。随着研究的深入，科勒瑞（Caullery）进一步提出了寄生、互惠共生等拓展性概念，使得对生物学中共生关系的研究更加深入。哈佛大学的威尔逊教授进一步深化了对共生关系的研究，他在通过对相关物种（如各类昆虫和鸟类）进行长期的观察后发现，自然界的物种之间所存在的共生关系大致可以被归纳为三大类：寄生关系、互惠共生关系和偏利共生关系。他指出寄生关系是共生关系中的一种极端情况，在这种关系当中存在着寄主和寄生者。寄主是能量的生产者，而寄生者直接从寄主处获得其所生产的能量来维持生命，这种关系对寄生者有利但对寄主往往是有害的。偏利共生也是一种能量的流动不对称的共生模式，它对处于这种共生模式的一方有利，不过对另外一方是无害的。而互惠共生关系是对共生双方皆有利的一种合作模式，这种模式也是工业共生中企业间定位彼此关系时最为值得借鉴的方式。

随着研究的拓展，对共生关系的研究再也不拘泥于生物学领域，而是拓展到了社会学、经济学、管理学甚至是政治学领域。共生关系在工业经济领域的拓展便有了工业共生的概念。时至今日，工业共生被认为是一种有效的解决目前工业园中资源消耗过量、环境污染过度现状，实现经济发展方式根本性转变的强有力的战略性模式。在对工业共生所进行的研究中，目前国内外学者们主要从工业共生的形成机理、工业生态链的构建、工业共生网络的完善和治理、工业共生网络的稳定性以及工业共生效率的评价等几个方面展开。在本书的研究中形成明显的工业共生关系是生态工业园形成的显著性标志。目前，国内外学者基本一致认为，工业共生的底层含义是基于废弃物和副产品的交换关系，上层关系是企业之间所形成的社会网络关系，在这种网络关系中企业之间既存在合作同时也存在竞争，不能因为强调共生中合作的重要性而忽视了企业之间的竞争。另外，工业共生关系的稳定发展除了企业之间的协同之外，外来力量的干预也是不可缺少的，比如政府的协调。

2.4　耗散结构理论

耗散结构理论是复杂性科学理论的一个分支理论，它连同协同学理论一起构成了复杂性科学理论最主要的核心内容。本书在研究生态工业园系统的演化与发展时会利用耗散结构理论来展开分析，故在本章对相关基础理论的探讨中有必要将耗散结构理论进行简要的研究。比利时的普利高津教授对耗散结构理论有很深入的研究。学者们认为一个系统要达到耗散结构状态，实现有序演化和发展，那么它必须具备一定的条件或具备某些特征，即系统必须处于开放状态，同时系统应当远离平衡态，进一步地系统内部各子系统或各因素之间应当存在复杂的非线性相互作用关系并且系统内部存在某种直接性的涨落，或者系统外部的涨落通过各种机制影响到系统内部间接造成系统内的涨落。以下重点对这四个特征或条件进行阐述。

第一，系统应当是处于开放的状态。这个条件是系统形成耗散结构的首要条件。为什么这么说呢？因为一个系统如果处于封闭状态，它就是一个死的系统，不能和外部环境之间进行物质、能量和信息等各类资源的相互交换。在这种情况下，即使内部各组成部分之间存在资源的交换，也会因为缺乏与外部的联系而导致这种内部的交换不能持续存在下去。系统只有处于开放的情况，才能从系统之外引入负熵流，当然系统之外的熵有正有负，但系统内的主体必须对其加以识别，尽量避免引入进一步导致系统内部混乱程度增加的正熵。然而，只有系统处于开放状态，引入负熵才变得有可能。而负熵的引入是促进系统内总熵减少从而使得系统向有序状态发展的关键性因素。故系统的开放性是系统成为耗散结构的首要条件。

第二，系统应当远离平衡区。远离平衡区是系统实现向更高级有序状态演化的又一重要条件，同时也是一个耗散结构系统具备的基本特征。只有远离平衡区，系统内部才会有势差的存在，进而才会导致涨落的出现，也只有这样才能通过系统内部的复杂非线性相互作用最终产生出巨涨落，超过推动系统演化所需的临界值，由此在非线性相互作用下推动系统向更高层次演化和发展。如果系统始终处于平衡区或接近平衡区，那么系统就会始终处于一种死的平衡状态，这种状态是不理想的。在这种死的平衡中系统将没办法实现向更高有序态演化。

第三，系统内部各子系统之间或各因素之间存在着非线性相互作用。非线性相互作用是推动系统演化的直接力量。系统处于开放状态下，因为处于非平衡状态而产生某种势差，从而导致某种随机涨落因素的出现。这种涨落往往是比较小的，但是只要它的涨落幅度超过了某一阈值（或临界值），就能通过系统内部的非线性相互作用产生放大的效果而造成巨涨落，最终推动系统的演化发展。由此看来，非线性相互作用是促使系统走向更高层次的最直接作用机制。

第四，系统存在涨落现象。涨落通俗地讲就是导致系统演化的一个导火索。

当然这一导火索可以来自系统内部，有时也产生于系统所处的环境。总之，必须有涨落才能最终通过各种作用机制促使系统持续演化和发展。在系统的演化和发展过程中，涨落的出现既是一种偶然也是一种必然。

需要特别指出的是，以上四个条件不是孤立存在的，它们之间存在着内在的联系。系统开放是前提，只有处于开放状态系统才能远离平衡态；只有远离平衡态才能产生势差和涨落；只有存在非线性交互作用，涨落才能被放大从而对系统演化产生足够的能量和推动力。

2.5　本章小结

本章对相关理论基础进行了分析和总结，为全文的研究提供了理论土壤与经验启示。根据本书的研究内容，需要涉及工业生态学理论、循环经济理论、复杂性科学理论（耗散结构理论）等。其中，工业园的生态转型需要紧密联系工业生态学理论，要充分发挥创新驱动作用，将生态技术创新贯穿工业园的生态化转型的一切工作中，构建和谐、绿色、可持续的生态工业系统；循环经济理论为工业园的生态化转型提供具体的现实路径，只有大力发展循环经济，实现资源节约化、废弃物再利用化和资源化，才能更好地实现工业园生态化转型经济效益、生态效益和社会效益的多赢局面；工业园是一个由特定数量的相互联系的要素组成的物理结构系统和社会系统，复杂性科学理论（耗散结构理论）为工业园的生态化转型提供科学支撑。

第 3 章　国外生态工业园区发展
概况及经验借鉴

　　欧洲和亚洲的部分国家在生态工业园建设方面处于较为领先的发展地位，有很多经验值得中国的大小工业园借鉴。本章主要介绍英国、美国、日本和新加坡四个国家的生态工业园发展概况，并对四个国家领先的生态工业园进行举例，来说明各国家生态工业园的特点。然后主要从以下五个方面——政府在园区建设中的职能定位比较、基于组织模式的园区实践特征比较、园区创新环境的比较分析、环境立法实践比较分析、思想战略导向的动力模型分析对各国的生态工业园的实践特征进行对比分析，得出各国生态园模式的优缺点并进行归纳总结，最终提出适合我国工业园生态化转型的发展建议。

3.1　国外生态工业园典型案例

3.1.1　英国

　　英国在生态工业项目的发展中走在世界的前列，它拥有世界上首个国家层面的生态工业项目，及国家工业共生项目 NISP（National Industrial Symbiosis Programme）。而且这一项目的建设也得到了英国政府（和当地政府）的大力支持。这个项目首先由一家公司（International Synergies Ltd）来负责运营，这家公司的运营得到了政府的经费支持。当地政府从垃圾处理税费中提取一部分资金供给该公司运作。这家公司同时也承担着该生态工业项目关键种企业的角色，通过向其他企业推介废弃物循环利用项目、清洁能源生产项目及其他一些生态化项目，国家工业共生项目得到了快速的发展。在该公司以及政府机构、当地各类社会组织的共同努力下，越来越多的优秀人才被吸引到国家工业共生项目的建设中来了。参与共生项目的企业数急剧增加，达到数千家之多。其中不乏一些跨国公司同时也包括一大批优秀的中小企业。由于该工业共生项目在节约资源消耗、减少二氧化碳排放、降低企业生产成本、增加经济效益方面所做的突出贡献，英国政府于 2005 年给予其 600 万英镑的特别资助。在国家工业共生项目的建设和发展中，大学的生态领域知名专家教授以及社会商业中介机构给予了其有力的智力支持，项目中的很多企业在发展的规划、企业间生态技术的链接以及工业园区层面信息网络系统的构建和各类基础设施的完善配套方面都离不开专家学者和商业性中介组织的大力推动。国家工业共生项目的实践中一个显著的特征就是得到了英国政府的支持，而且政府在关键的时刻直接给予项目发展的资金支持，这是推动项目快速发展的重要原因。

与英国曼彻斯特相邻的英国诺尔斯蒂工业园是英国比较典型的生态工业园区，对于新老工业园的建设与发展贡献了十分有借鉴意义的实践经验。但在二十世纪八十年代，诺尔斯蒂工业园的发展不容乐观，因为除了与曼彻斯特相邻，其与英国港口城市利物浦的距离也非常近，而利物浦集聚了投资区和工业区，一旦发生产业上的转移，诺尔斯蒂也会因连带效应受到影响。二十世纪九十年代开始，诺尔斯蒂当地的政府和私营企业合作兴建了工业园区，吸引了一大批企业加入，加强了企业与园区环境的联合。众多企业之间形成一定的竞争关系，反向为园区提供了内动力，而工业园的生态化改造的突出必要条件之一就是内动力。企业之间可以达成协作，一起为了长久的发展互利共赢，比如上下游的企业之间可以通过产品链或是废物利用链相互联系，使得彼此之间更多地理解、信任起来，一定程度上减少了协调困难等情况，也促进了废弃物之间的交换和能源上的高效利用。

2021 年 2 月 1 日，欧盟委员会主持召开了关于"工业论坛"的第一次视频会议，从不同的工业生态系统视角进行分析，对 2020 年 3 月提出的欧洲工业战略提供了可实施性的专家建议。其中，新工业战略提到要推进工业的低碳化发展，强化工业和战略上的自主性，秉持"创新、数字和低碳"的理念，向可持续性的绿色发展转变。通过政府直接颁布文件的方式，英国的生态环境在一定程度上得到了改善。这种相对强硬性的措施，如果不能使园区内部意识到可持续发展问题的必要性，就只会是政府单方面的愿景。企业如果只看到眼前的利益，不深谋远虑，不意识到自身行为对环境、社会、国家所产生的影响，不突破思维上的局限，其必难长远。政府也要将理念切实贯彻到企业的实践中，起到一个良好的带头引领作用，为企业今后的发展方向提供可持续性方面的战略。可持续发展观是对传统观念的继承与发展，不仅要看经济增长的浮动，更要看经济的发展对生态与环境的影响，不单单看个人效益，更要注重社会效益。政府要将科技与创新理念带入企业的文化建设中，使之认识到其作用并付诸实践，这将是加快企业更好更快发展的一种关键性力量。

3.1.2 美国

美国政府很重视生态工业的发展，为了促进工业共生体系的形成与完善，加快生态工业园区的建设步伐，特地成立了总统可持续发展委员会。在该委员会的指导之下，全美各种类型的生态工业项目正在加快发展。总的看来，美国的生态工业园在发展过程中体现出三种不同的模式，其中最为主要的模式就是对原有老工业园区进行改造，使其演化为生态工业园；二是全新规划建设一个新的生态工业园，这一新的生态工业园建设有很多是基于某一些废弃物资源化技术而实施的；三是通过对虚拟型生态工业园的构建来达到企业间废弃物循环利用、资源减量化的目的。

在第一类工业园区中以恰塔努加（Chattanooga）生态工业园区最为典型。Chattanooga 是一个老工业区，它原本污染严重，工业区内的各类废弃物、废水没有得到妥善的处理便直接向区内排放，给区内以及社区的生态环境造成了很严重的后果。为了根本改变这种局面，工业区积极寻求可以在企业内部推行的清洁生产方式，同时加强企业之间的工业共生合作。其中企业内部的清洁生产以杜邦公司对废弃物（尼龙线头）的回收和循环利用最为典型，通过杜邦公司的努力使得企业大大降低了废弃物的直接排放。除了微观企业层面的清洁生产实践之外，企业之间也积极寻求合作。例如，其中一家肥皂厂循环利用经过太阳能处理过的污水，同时肥皂厂所生产的副产品交给与其相邻的另外一个企业使用从而有效减少了整个工业区内废水和其他有害物质的直接排放。这种企业间合作的实践根本改变了老工业区的原貌，使得老工业区焕然一新，实现了经济效益和生态效益双赢的结果。第二种园区类型属于全新设计规划的，它以乔克托（Choctaw）生态工业园为典型，这个工业园在美国的俄克拉何马州。这个园区的显著特点就是将废弃物资源化，当然这需要依靠相关生态化技术的大力支撑。该园区内能够利用的一种资源丰富的废旧物品就是废旧轮胎，通过相应生态化技术（如高温分解技术）从中获得一系列产品，比如塑化剂和炭黑等；进一步地基于这些技术和产品又衍生出更多的新的产品从而组成了向纵深发展的产品链条，由此形成了生态工业网络。这类全新设计建设的新生态工业园以实现将园区的废弃物变废为宝为目的，为园区乃至地区经济的发展注入了新的活力。第三类生态工业园属于虚拟型园区，它以布朗斯维尔（Brownsville）生态工业园为代表。这种虚拟型园区内的企业事实上不在同一个地理空间范围内，它们处在不同的地方，通过便捷的交通网络、信息技术链接起来共同实现废弃物、副产品的相互交换和循环利用。通常地，布朗斯维尔（Brownsville）园区内的企业通过在园区之外找到一家企业来作为补链企业从而实现生态产业链的延伸和完善。虚拟型工业园能充分发挥运营过程中的灵活性优势，取得良好的经济和生态效益，其可以很大程度省掉建造园区所需要的土地租金或土地购买和设施置办等费用。在园区迁址时，其工作量也大大减少。美国三种不同的生态工业园的发展模式，体现了其有针对性地解决分散在不同园区的实际问题，从实际角度出发，由不同的部门解决不同的问题，对现有的老化园区进行改造，规划新的生态园区，虚拟管理不同地区的园区的行动。

美国的伊萨卡生态村是该国比较典型的案例，生态村的存在，旨在全系统地设计生态园区，将企业、人、环境等整体进行考虑，最大限度地降低对环境的负面影响。这种以系统性的角度考量某个行业、某个集群对环境、对社会的正负向影响的做法值得参考。比如当政府的监管开始实施时，往往会遇到很多方面的阻挠，导致最终实质上并不能达到想要的结果。但生态村的存在，可以深入基层群体当中，"村"的存在就是一个集群，彼此之间可以因为一定的空间环境加强了解，沟通交流也会更多，为之后出现制度的实施奠定内在基础，建立起信任机制。美国生态工业园的长远发展不仅要考虑经济、环境，更要考虑园区与人之间的联系。未来子孙的发展都基于一定的生态环境，这是根本，是责任，要强调生态工业园的发展和建设与人之间紧密相连起来。

3.1.3　日本

日本是一个岛国，它的矿产资源及各类自然资源非常匮乏，在这种资源的严重约束条件下，日本具有发展生态工业园区的强大驱动力。日本无论是对环境的立法还是生态工业园区的发展在亚洲都处于领先地位，有很多地方都值得我国学习借鉴。事实上，日本的生态工业实践主要通过两种具体途径来展开，一是政府大力支持生态城镇建设，通过这类城镇的建设实现城镇废弃物的零排放目标。日本的札幌市、千叶县、饭田市就是典型的生态城镇示范市。另外，日本政府还大力支持生态工业园的建设，试图通过其发展来实现资源的节约利用与污染物排放的最小化。

藤泽生态工业园和北九州生态工业园区是日本生态园区中的典型代表。藤泽生态工业园区是最早的生态工业园区。藤泽生态工业园的前身是日本民企荏原公司，经过一系列的改造才有了现在的藤泽生态工业园。现在的园区都是日本荏原公司以前的分公司，其主要由以下几个部分组成：焚化厂、污水处理厂、水净化厂等。在园区的投资和经营管理之中，政府并不会进行直接参与，而主要是由企业成员进行自发参与。藤泽生态工业园有效地通过"生态产业链"产生共生关联，运用一系列的绿色高新技术，不仅仅降低了自身的生产成本，而且离零排放的最终目标越来越近。这使得藤泽生态工业园在获得经济效益的同时也取得了较为明显的环境效益，实现了双赢。

北九州生态工业园区将振兴产业和保护环境紧密结合，利用其作为工业城市长时间积累的原始优势，其中包括高端技术、高科技人才、研究所、工业设施、企业、政府、市民等，建立起一个能够整合生产、学习和研究的网络，并逐渐发展成为一个独特的生态工业园区。北九州生态工业园的建设采用中央和地方政府联合的模式，并以地方政府为主导，在园区内通过"产学研官"合作模式实现工业共生，使得各环保企业在园区内得到了大力发展。园区主要设立验证研究区、综合环保联合企业群区和响（Hibiki）再生利用工厂群区三大区域。经过十几年的发展，北九州生态工业园已经取得了许多方面的效益，其中最为显著的是资源效益和环境效益。在资源效益方面，园区通过不断发展资源循环再利用的项目，大大提高了资源的回收和再利用率，形成了可观的资源效益，为节约资源作出了巨大贡献；在环境效益方面，北九州生态工业园彻底改变了重工业时期造成的严重环境污染状况，并不断向成为"亚洲低碳化中心"的目标努力。北九州生态工业园区已经成为日本的环境学习基地之一，与各国进行交流合作，传播多年来积累的环境技术经验。

日本在发展生态工业的过程中体现出一个最为显著的特点，那就是政府参与甚至是政府主导。很多生态项目都是在政府的直接推动下实施的，政府对于园区内的清洁能源项目、再生资源开发项目以及各类生态化技术的开发和推广给予了高度的重视，并采取了行之有效的政策措施。当然，另外一个显著的特点就是产学研合作的推动是日本生态工业项目快速发展的重要推动力量。日本发展生态工业园区的模式非常值得亚洲邻国尤其是我国参考和借鉴，特别是在政府推动园区建设方面的经验对于我国加快生态园区的建设具有非常积极的借鉴作用。

3.1.4　新加坡

新加坡位于马来半岛的南端，虽然国土面积小，人口相对密集，但它的发展非常迅速，是一个国际化的大都市，制造业、金融、海运、空运及电子工业等已发展成为世界中心之一。新加坡的工业发展经历了劳动密集型、技术密集型、资本密集型、科技密集型和知识密集型五个发展阶段，每个阶段大概经历十年。在每一个阶段，经济发展的新引擎和新动力都是以政府为主导的工业园区，这对我国大小工业园的发展都能提供一定程度的经验借鉴。

在 20 世纪 70 年代后期，新加坡政府提出了"向高技术、高增值工业升级"的发展战略。21 世纪以来，新加坡立法强制实施绿色建筑、工业园生态化和能源节约等必要措施，以达到全面建成可持续性城市的发展目标。新加坡科技园区一方面吸引优质的高科技企业加入并使其进行科学管理，另一方面从居民的角度出发，将生活、工作、教育、休闲娱乐等功能整合起来，打造生态宜居的科技园区。园区的经济可持续发展是前提，而生态环境可持续则是根本。

新加坡的生态工业园区一般成立专门的管理机构对园区实行整体管理。同时园区有一套严格的入园标准和审查标准，还会对土地密集型和产生污染的企业进行一票否决，以期尽最大可能保护生态环境免遭破坏。

新加坡裕廊工业园是亚洲最早开发的工业园之一，有很多成功的经验值得大多数国家的大小工业园借鉴。新加坡裕廊工业园主要有以下特点：（1）通过科学规划促进产业和城市一体化发展。新加坡裕廊工业园的规划基于对整体和人文等方面的考虑，合理利用工业用地。不仅将工业园的产业发展考虑在内，而且也综合考虑了人的生活、工作、学习、娱乐等各方面需求，进行在一定范围内超前的基础设施建设；（2）由政府主导开发，并在全球范围内招商。新加坡政府广泛领导了新加坡裕廊工业区的早期开发项目，为裕廊工业区制定发展计划，并开展大规模的工业基础设施建设和开荒填土工程。随后，新加坡政府又赋予了裕廊集团充分的权力，使其有能力运营和发展该国的工业园区。在早期的开发阶段，开发资源和组织管理等主要是由新加坡政府决定的。这样使得建设初期能够以较低成本获得开发土地，有效地推动了该项目的快速启动并达到规模经济；（3）政府联合公司模式的经营管理，提高了管理效率。裕廊工业区虽然是由新加坡政府进行最初的开发，但是政府并没有直接参与到具体的管理当中。裕廊集团采用企业自负盈亏的经营管理方式，但同时又是由政府投资与规划的法定机构，是企业和政府的有机结合体；（4）注重知识科技创新等元素。新加坡建立了逐步完善的国家创新体系，该体系适应全球化和知识经济的进程，为国家的可持续性发展做出了贡献，并且以任务为导向结成研究联盟，着力发展生物医药、清洁能源、数字媒体等产业，以创建新的支柱产业。

基于以上特点，裕廊工业园发展迅速，并形成"裕廊模式"。而"裕廊模式"也不断向国际输出，被应用于很多国家的生态工业园建设。我国的苏州工业园就是中新两国合建并将"裕廊模式"成功与中国的具体国情相结合的典例，值得我国其他工业园区借鉴。

3.2 国外生态工业园实践特征比较分析

3.2.1 政府在园区建设中的职能定位比较

在生态工业园及其工业共生网络的形成和发展过程中政府的介入是必要的，这已经被各国生态工业园的发展实践所证明。然而，政府介入的程度以及介入的阶段和时期是一个值得商榷的事情。按照政府在生态工业园发展中所介入的程度及职能的定位，可以将园区的发展模式分为政府服务型发展模式与政府主导型发展模式。所谓政府服务型发展模式指的是政府通常只是为园区的发展营造法律和政策环境，中央或地方政府对园区发展的参与程度主要依据市场失灵的情况而确定。因为这种模式中的政府能充分意识到"政府失灵"现象的存在，如果过分干预园区的发展将会起到过犹不及的负面作用。总体上，欧盟国家政府、加拿大、美国政府在对待园区的发展上基本秉承政府提供服务为主（虽然美国政府在参与生态工业园发展方面所取得的成绩被国内外学者认为不是很理想）。第二种模式即政府主导型发展模式，在这种模式中政府从园区的规划、建设甚至微观到园区的具体运营等环节都发挥主导作用。实行这种模式的典型代表就是日本和我国以及其他一些发展中国家。政府主导型模式也有其优点，那就是能够在比较短的时期内促进生态工业园在数量和规模上的快速发展。但是也必然具有不可忽视的种种弊端。在很多事情上政府都来包办，必定导致政府干预过度而产生政府失灵的现象。当然，在政府主导模式下政府的职能强化也是一门艺术，在有些国家政府既发挥主导功能又能比较成功地规避政府失灵，其中关键的一点就是要善于把握政府主导的阶段，并且同样是政府主导也有政府介入的程度差异之分。在政府主导发展模式方面，日本政府在推动其生态工业园的发展方面为其他国家树立了典范，尤其值得我国学习和借鉴。

在政府服务型园区发展模式方面，丹麦的卡伦堡工业园无疑是一个代表性典范。卡伦堡工业园首先是自发形成的，当初是几家大企业（主要是发电厂、炼油厂等）由于淡水资源的制约和能源价格的上扬等瓶颈性问题需要得到解决而相互之间形成一个废弃物和副产品的交换网络。一家企业在生产过程中所产生的废弃物或副产品通过适当处理之后交给另外一家企业当作原材料使用，而这种特殊的原材料通常是相当廉价的，这样一来一方面节约了下游企业大量的原材料采购成本，另一方面上游企业也减少了大量的处理废弃物与副产品的费用，从而两者之间实现了双赢而且对环境保护也产生了积极影响。卡伦堡的这种工业共生现象首先没有引起重视，直到一些学生在进行课题研究的时候偶然发现了这种有趣的现象。之后媒体、学术界、卡伦堡政府部门才纷纷关注这种共生关系。卡伦堡政府意识到了这种工业共生对地区经济、生态环境、社会就业等方面所带来的积极效应，因此便开始给予其支持。卡伦堡政府主要从两个方面为工业园的发展提供支持，一是从财政和税收政策上给予其扶持，甚至为资金困难的企业提供暂时的直接资金支持。这种支持在之后的其他生态工业园发展过程中也比较普遍。二是在政府的牵头下推动各种协会组织的成立比如成立了环境俱乐部，这个俱乐部为园区内各企业的管理人员进行密切的交流和沟通提供一个很好的平台从而增进了彼此之间的信任。而恰恰是这种信任机制的建立为进一步促进园区工业共生关系的稳定和拓展提供了催化剂和黏合剂。卡伦堡政府在工业园发展过程中起初并非为介入，只是在共生体成形之后才有所作为，实践证明了其服务型政府的职能模式是成功的。其成功的原因除了政府的政策和协调行为恰到好处之外，还有相当重要的一点就是企业共生体通过初期的自发式形成与演化在企业之间已经形成了相互的信任，这种信任机制的强化为日后政府的适当介入并取得成功提供了重要的条件。然而，同样是政府服务型发展模式，美国生态工业园的发展并没有预期中的理想，这一是由于美国政府介入的阶段比较早，政府往往在推动一个生态工业园发展初期就鼓励和引导一些企业加入其中，而这些企业间之前是没有什么来往的，被引进园区之后常常需要经历一个漫长的相互磨合过程，而且不是所有的企业进入园区都是为了发展生态工业，有些是为了获得政府的支持还有的甚至是为了通过政府的推动来提高自身的知名度。所以在这些工业园内要想建立起良好的、稳定的、持续的共生关系确实有难度。

在政府主导型园区发展模式方面，亚洲的日本政府在促进本国生态工业的发展方面所作出的努力值得其他国家借鉴和学习。由于日本是个资源贫乏的国家，政府相当重视资源的节约利用和环境的保护工作，并且注重从全社会范围内推动循环经济活动实践。具体地，日本政府一是直接推动生态工业园的发展，二是大力推动生态城市项目的实施，三是在全社会范围内加大生态意识和环境保护的宣传力度，使得循环经济的理论深入每个日本国民的心中，在民众的日常生活中就时刻体现出资源节约和环境保护的理念。当然，日本政府对生态工业园发展的主导也不是没有边界的，它主要集中在园区建立初期阶段。在园区建设初期，地方政府通过完善园区规划、设计、引导企业入园并通过完善园区基础设施建设甚至为一些资金困难的企业提供直接资金支持来推动园区的建设和发展。待园区各项事业步入正常轨道之后，政府对其直接的干预就会慢慢地减少。因此，日本的政府主导型园区发展模式是很成功的，关键就在于把握了主导的度即边界，尽量使得政府失灵的问题少产生。无论是政府主导型还是服务型模式，它本身并不是目的而仅仅是一种手段，具体应该采取哪种合作方式也不能一概而论，应当根据本国相关地区的实际情况（社会文化背景、经济发展基础等）来决定。当然，在学术研究中，大多数学者趋向于比较认同政府服务型园区发展模式，但无论采用何种模式都必须尊重市场机制作为优化配置各项资源的基础性手段。

3.2.2　基于组织模式的园区实践特征比较

第一，园区主观追求目标的差异。纵观世界范围内生态工业园或其中的工业共生体的形成过程，其组织模式大致分为两大类，一是自发形成的组织模式，二是人为设计的组织模式。基于这两类不同的组织模式便会产生两种不同的园区主观（侧重）追求目标。自发形成的园区组织模式通常是某一区域内几家大的企业出于节约成本、解决资源约束的瓶颈问题而形成副产品交换系统。在这一过程中企业的主观愿望主要是获得经济利益，至于对自然环境产生了积极的正效应，这只是一种客观的结果，并非企业主动追求的首要目标。就像丹麦卡伦堡工业园中企业共生体的自发形成初衷一样，它们起初只是出于节约淡水资源或应对能源成本的增加而采取构建工业共生链的措施。至于后来发展成为典型的生态工业园，那是伴随政府在后续阶段参与并有各种因素共同作用的结果。当然，随着这类自发形成的生态工业园的进一步发展，在后续的演化过程中也将环境绩效的追求提上了议事日程。另一方面，人为设计组织模式的生态工业园的形成之初往往是政府规划、设计、建设的结果。这类园区在一开始就在政府的主导下将获取环境绩效当作了突出目标，比如日本的生态工业园区。日本的生态工业园大多数在一开始就是由政府主导成立的，日本是一个国土面积小、矿产等自然资源相当贫乏的国家。日本政府在推动发展生态工业的过程中，首先将园区的生态效益摆在相当突出的位置。当然，这并不意味着就不追求园区的经济效益了，只是说经济效益是一个潜台词。一个园区如果不追求经济效益，那么它的存在意义将受到质疑。前面的探讨中分析到美国的生态工业园区总体上是按政府服务型模式发展的，然而也存在一部分基于人为设计组织模式的园区，这些园区在美国的发展往往并不是很理想，这可能与政府过于重视园区的生态绩效而对园内企业的经济利益激励不够有一定的关系。

第二，园内企业参与度的差异。自发形成的生态工业园中企业的参与共生合作的程度往往比较高。这类园区的形成其实也是由若干企业联合先成立一个协会组织，再在这一协会组织的协调下构建企业间的生产产业链从而发展成为链网结构，最后形成基于工业共生体的生态工业园。由于在形成的过程中，这些企业通过多方面沟通交流已经建立起了相互信任感，因此当共生网络构建起来之后，网络中的企业乐于与其所处生态产业链上的其他企业展开深度合作，从而有效降低了合作中的交易成本，企业参与度也就比较高，企业在生态网络运行中能主动为网络的优化出谋划策，对园区的整体宗旨和目标也会有很强的认同感。而在人为规划设计（通常是政府主导）的生态工业园中，很多企业被引进园区之后并没有表现出很高的共生合作参与度，因为这些企业在一开始并不相互熟悉，对彼此的工艺流程、生产特征、企业文化等情况都很陌生。企业间由于缺乏自发形成模式中的那种相互沟通，便不具备很强的信任感，故企业对于共生合作的参与度就没那么高。如前所述，欧洲的大多数国家其生态工业园的形成具有很强的自发性，而亚洲国家尤其是日本、韩国、泰国、菲律宾等其生态工业园的形成和发展以政府主导为主流。

第三，投资主体的差异。自发形成的生态工业园在园区形成初期主要是企业联合起来投资从而形成园区的相应设施。在这种模式中，企业承担了比较大的园区建设成本。在人为规划的生态工业园中，政府往往在园区形成初期给予大力的财政支持，因为这个阶段对于园区而言相当特殊，其运营所需的基础设施都不完善，如果要企业独自来承担该投资成本，那么对于企业方来说将是一笔巨额的支出。这样做的话很有可能会降低企业入园发展的积极性，从而阻碍园区的形成和发展。

3.2.3 园区创新环境的比较分析

生态工业园的发展有赖于园区创新环境的完善，创新的环境包括硬件环境与软件环境。硬件创新环境主要是指为园区工业共生体的创新活动提供支撑的道路、通讯、供电、供热设施以及生态技术创新直接所需的各类研发设备、仪器、实验场所等等；而软件创新环境主要是指各类激励创新的机制以及为创新活动的积极开展提供土壤的企业和园区文化，如果再进一步细分，各类创新激励制度又属于硬制度，而企业和园区文化属于软制度。

在创新环境的营造方面，欧洲、美国、加拿大等国的生态工业园创新环境总体上要超过亚洲大多数发展中国家如菲律宾、印尼等。西方发达国家的生态工业园发展尤为重视创新软环境的营造，经典案例中的卡伦堡工业园在创新文化的营造方面就是典型，这个工业园后来在政府牵头下成立了环境俱乐部，在这个俱乐部中汇集了来自园区内的众多企业家，他们通过各种活动交流着彼此的思想从而产生理念和观点的碰撞，进而汇集成园区发展的战略性智慧。园区中形成了浓厚的鼓励创新、宽容失败的良好氛围。一旦某一企业有了新的副产品产生，便会通过集思广益的方式创新出副产品新的用途，从而不断地拓展和完善生态产业链。副产品新用途的开发带动了一系列生态化链接技术的产生，这对于整个园区的技术创新水平和能力的提高将起到重要的促进作用。同样地，美国的生态工业园的创新环境营造也是比较成功的，其创新理念就是全方位、立体式创新。这种创新既表现在园区内企业间通过合作研发攻克各类清洁生产技术和生态化链接技术方面，也体现在园区管理者对园区的管理体制创新、地方政府为园区提供的政策创新方面，在税收、融资、保险等方面努力开展创新实践以为园区发展服务。

亚洲一些发展中国家在建设生态工业园过程中出现了注重硬件创新环境营造的现象，如菲律宾、印尼等国。这种重视硬件基础设施的建设而对创新文化的营造没有投入足够精力的做法并不可取，然而这种做法的背后也折射出相关国家或地区的经济发展水平比较低的现实。一个国家的市场经济越完善，经济发展水平越高，在生态工业的发展中越是更加重视软件设施的建设，尤其是对于创新文化的营造更加关注。但是这并不意味着这些国家就不关注园区硬件基础设施的建设，事实上硬件的建设已经是这些国家园区建设中的"潜台词"。

3.2.4　环境立法实践比较分析

循环经济与生态工业园的实践表明，实践的开展需要国家或地方层面各类法律法规的配套和完善。总体来看，法律和实践往往处于相互作用的螺旋式上升运动过程。德国在循环经济的实践与立法两个方面可以说是全球的典范。德国在工业化进程中也曾经遭受过严重的污染。在治理污染的模式上也经历了一个持续升级的过程，首先也是局限于末端治理，之后开始将治理的视野向生产过程中深入，强调从源头上以及生产过程中减少污染物的重要性，最后结合对废弃物的回收利用的措施逐步走向了循环经济之路。伴随着这一系列的实践，德国的环境立法也不断完善，首先在 1972 颁布了《废弃物处理法》，这部法律的出台迎合了最初热衷于末端治理模式的需求，只是就生产中所产生的废弃物如何进行末端处置以尽量减少直接排向自然界的数量作出具体的规定。在 1991年出台了《包装条例》，体现出开始重视生产过程中资源的节约以及物质的循环利用。1994 年颁布的《循环经济与废弃物管理法》标志着其治理模式从起初的末端治理走向了真正的循环经济之路。

与德国相比，日本的环境立法和实践的互动模式总体上以现有理念和立法来出台和宣传，后有基于法律法规基础上的大范围推广实施。日本在 2000 年通过了《循环型社会基本法》，并提出在 21 世纪实现环境立国的战略。在这一战略和相关国家层面法律法规的构建之下，日本全社会紧锣密鼓地开展了生态工业和循环经济的实践活动，微观的生态企业、中观的生态工业园、宏观的生态城市及生态社会建设步伐在日本正快速迈开。同样另外一些发达国家如美国、加拿大也在不断完善其环境立法。然而，无论各个国家的环境立法有什么差异，都总有较大的交集，那就是其立法的目的都是旨在推动社会范围内资源的节约、废弃物的循环利用，减少生产的发展对生态环境的破坏。表 3-1 列示了我国环境保护方面具有代表性的法律法规，我国的法律体系建设成就可观，但还是需要继续完善并且重在执行。

表 3-1   我国环境保护方面具代表性法律法规

序号	法律法规名称	制定机关	首次施行日期
1	环境保护法	全国人大常委会	1989 年 12 月
2	水污染防治法	全国人大常委会	1984 年 11 月
3	大气污染防治法	全国人大常委会	2000 年 9 月
4	环境噪声污染防治法	全国人大常委会	1997 年 3 月
5	固体废物污染环境防治法	全国人大常委会	2005 年 4 月
6	环境影响评价法	全国人大常委会	2003 年 9 月
7	放射性污染防治法	全国人大常委会	2003 年 10 月
8	清洁生产促进法	全国人大常委会	2012 年 7 月
9	可再生能源法	全国人大常委会	2006 年 1 月
10	废弃电器电子产品回收处理管理条例	国务院	2011 年 1 月
11	清洁生产审核暂行办法	国家发改委、环保部	2004 年 10 月
12	排污费征收使用管理条例	国务院	2003 年 7 月

3.2.5 思想战略导向的动力模型分析

本书创新点之一，就是从新视角系统构建了以生态效率思想为战略导向的工业园生态化转型升级的动力模型，并着重强调自主式创新因素、环境因素、人文发展因素在动力体系中的地位。当前生态效率评价中大多只关注经济产出和环境成本两个维度，并且忽略从"创新引领""结构调整"角度来考察工业园的发展。本书增加人文发展指标对生态效率进行考察。另外，在实证测度园区生态效率时，结合生态文明建设的理念、突出企业或产业技术创新与产业结构调整对园区发展的重要性。这对工业园的发展具有深远指引作用。

本书将自主式创新因素、环境因素、人文发展因素纳入研究范围，关注人与自然的可持续发展。大多数的实际情况是，一方面，政府积极主张园区企业承担相应的生态与社会责任；另一方面，园内企业追求利润最大化，对环境造成负面影响，最终导致生态效率的综合水平难以有效提升。在实践中，工业园生态化改造只是政府部门的愿望而缺乏足够的企业的内动力。生态工业园的内动力是行为活动的基本动力。丹麦的卡伦堡生态工业园就是一个典型的例子，该地区体现了园区与居民之间关系的紧密性，长期以来都对居民进行环保方面的责任培养，使人从自身的角度出发，意识到自身行为对当下以至于未来环境的影响。因此，居民们非常乐于参与到生态工业园的建设当中，如选择费用较高的环保型的发电方式替代管道天然气。对于生态工业园的可持续性发展，逐渐建立负责任的方式，出现了一种新的管理思维，即"负责任创新"，它有效地将企业、个人、政府等相关利益者联合在一起。

"负责任创新"与生态工业园区创新发展具有一致的多元主体，都是企业、政府、居民和高校等利益相关者，成功的关键在于参与者之间能否协调利益、能否有效地进行交流合作。"负责任创新"与生态工业园区创新发展皆期望所有利益相关者都能参与到研究和创新的整个过程中，构建企业、政府、居民等联合的责任链条，共担责任与风险，为实现创新发展和构建生态文明共同努力。在产品设计和服务开发过程中，利益相关者的参与是两者的共性，也只有当充分考虑利益相关者的需求，事前、事中征求他们的意见，事后及时反馈沟通时，才能发挥多元主体的集体智慧，促进不同知识体系和角色的碰撞，在创新过程中体现对利益相关者的社会责任。

3.3　国外经验对我国工业园生态化转型发展的启示

我国的生态工业进程较快但起步较晚。虽然目前有数十家工业园区得到生态环境部正式批准被命名为生态工业园，然而与国外一些发展成熟的生态工业园相比较，即使是被生态环境部正式命名的生态工业园，也仍然有很大一部分园区还处于雏形或形成阶段。通过对国外的生态工业园实践经验进行总结和归纳，可以为我国的工业园（也包括即使被正式命名的生态工业园）实现生态化改造、转型和升级（或者深化改造、完全意义上的转型）提供有益的启示。

第一，环境立法和生态工业发展互动。要在各个层面上发展生态工业就应当有与之配套的法律法规。无论是像日本那样环境战略和法规先行、随后在各层面落实，还是像德国那样先行实践、随之立法跟进，总体来看都需要法律和实践两者螺旋式互动和推进。在环境立法方面，虽然我国与西方经济发达国家相比起步较晚，但进程较快。到目前为止，我国已经出台了若干部环境法律法规，其中一个关键的工作就是如何在实践中认真执行的问题。西方发达国家在环境立法之后，通常能得到较好的贯彻执行，从而获得比较满意的预期效果。我国虽然确立了相关法律法规，但是执行力度还不够，公众对相关法律法规的了解程度不深，没能较好行使对违反环境类法律法规行为的监督权。因此，一方面要不断完善环境法律体系，避免疏漏，要采取有效措施维护环境执法的权威性，另一方面是要普及环境法律法规，增强公众的认知。

第二，政府在生态工业发展中职能定位应合理。政府主导和政府服务型模式并没有孰优孰劣之分。通过前述章节的比较分析可知，日本和新加坡推崇工业园发展的政府主导模式，欧洲国家大多推崇政府服务型模式，至于到底要采用什么模式要根据具体情况（经济发展阶段、市场机制完善程度、社会文化、园区特点等）来决定。就我国而言，在工业园生态化转型或生态工业园建设初期有必要政府主导，政府通过其拥有的强大公共资源来规划工业园生态化改造并在其改造或建设初期给予基础设施建设以及资金的大力支持。但待园区运营步入正常轨道之后，政府不能包办园区的一切事物，应当尽量少地干涉其日常经营活动，更多地为园区发展提供政策、协调服务。可以学习新加坡采取政府联合公司的经营管理模式，其工业园既是政府投资和规划的法定机构，又将市场制度引入经营管理之中。这样带来了租金的下降和园区公用设施成本的降低，优化了园区投资环境，提高了园区管理效率，并保证了较好的经济规模和充足的经济发展空间。

第三，科技创新是园区发展的灵魂。无论对于哪一个国家的生态工业园，创新始终是园区发展的灵魂。在园区创新方面，美国的生态工业园的创新工作卓有成效，其创新已经突破了技术的范围，除了在废弃物回收利用技术、清洁能源技术、资源再生技术以及共生体内生态化链接技术等方面开展持续的技术创新外，还注重园区管理体制的创新。这种全方位、多层次的立体式创新尤其值得我国工业园在采取生态化发展模式时予以借鉴。目前，我国大多数工业园的创新能力并不强，这种现状制约了园区内产业结构的调整以及园区系统的稳定发展。在科技创新方面，政府也应该给予园区内企业适当的政策甚至资金的支持，因为这些创新除了本身具有技术风险之外，还有创新成本较大、创新收益外溢的特征。只有政府给予支持才能充分调动企业的创新积极性。此外还应当设立严格的入园标准和审查制度，确保入园公司的科技创新水平和高水平人才的有效引入，这样才能从整体上提高园区的科技创新水平，并且这样公司之间能互相借鉴，互相推动科技创新的快速发展。

第四，全民生态意识的强化很有必要。工业园的生态化改造或生态工业园的建设不能局限于某一特定地理空间，它必须有一个良好的社会环境。而这个社会环境的显著特征应该是民众的生态意识和生态素质的改善。政府和民间组织应该积极宣传生态建设的意义，有效提高民众对生态文明建设的理解和认同度，将生态文明建设的实践落实到生活的点点滴滴，鼓励民众购买绿色产品。通过这些教育和宣传为我国工业园的生态化改造与转型升级及其更长远的发展营造良好的社会环境。

第五，全球招商对经济发展有很强的推动作用。可以学习新加坡的招商模式，在世界各地设立招商分支机构，根据本国工业园的实际情况，引进一些工业园所缺少的特色机构，如市场部门、财务部门、研发部门和先进生产技术部门等。通过对这些引进部门的有效把控将研发机构、先进技术引入园区，促进我国科技创新的发展和经营模式的改善。

3.4　本章小结

本章对国外生态工业园区发展概况及经验进行了借鉴，为接下来的工业园的现状及转型的内在机理分析奠定了基础，给出了一定的参考。本章从发展概况、主要特点、成功经验等方面对英国、美国、日本、新加坡在生态工业园建设和发展方面的实践进行了探讨，并由此比较分析各国生态工业园实践特征的区别，分别从：政府在园区建设中的职能定位比较、基于组织模式的园区实践特征比较、园区创新环境的比较分析、环境立法实践比较分析、思想战略导向的动力模型分析这五个角度进行阐述。从中得出了一些有益的经验启示如：环境立法和生态工业上的发展要互动起来，无论哪个层面上的生态工业发展都应当有与之相匹配的法律法规组成的立法体系，政府在生态工业发展中职能定位应当是合理的，可以是政府主导型或是政府服务型，两者没有优劣之分；科技上的创新是生态工业园区发展的灵魂，要注重发展园区的科技创新，使之有源源不断的动力更好地向前发展；由于创新成本比较大，政府也应该给予园区内企业适当的政策甚至资金的支持；在社会的更好更快发展中，全民生态意识的强化很有必要，人作为社会中的个体单位，对积极营造良好的社会环境至关重要；最后提到我们应该加强招商引资，当地政府和公民应当共同营造开放的投资环境。通过对国外典型实践的介绍和比较分析，给出对我国工业园生态化转型发展的启示，为本书后续的研究工作提供了实践经验支持。

第4章　国内重点工业园生态化转型典型案例

4.1　苏州工业园区

4.1.1　园区概况

苏州工业园区位于我国江苏省苏州市，在 1994 年 2 月就被国家允许建立规划，约五月中旬开始启建，苏州园区的总体面积规划大约为 278 平方公里（其中中新合作区域面积达 80 平方公里），中国与新加坡合作的园区是我国极为关键的一项合作项目，是当时我国在改革开放后与其他国家进行交流与合作的主要窗口，也是我国与国际接轨合作的典型范例。

据统计，2020 年苏州工业园区生产总值高达 2907.09 亿元，实现进出口总额约 941.77 亿美元，社会消费品零售总额达 934.81 亿元，城镇居民人均可支配收入超 7.7 万元，可见苏州工业园区发展十分迅速，是我国关键园区之一。苏州工业园区在近几年的国家级经济开发区的综合考核测评中取得了优异的成果，接连五年都是位列我国园区首位，并且在也在国家级工业园区评比中排名第四，甚至挤进了世界一流高科技园区行列。

自苏州工业园建立至今主要分为四个重要阶段：第一个阶段是园区基础奠定期（1994—2000）。我国在 1994 年 5 月中旬决定对园区正式进行规划建设，随后我国于 1999 年又与新加坡进行合作，签订了《关于苏州工业园区发展有关事宜的谅解备忘录》，在此合作协议签订期间，明确了从 2002 年以后中新两方未来的持有股份比例，在原来基础上做了部分调整，中新苏州工业园区中的股份占比中方增加了 30%，这意味着中国将会承担中新苏州工业园区的关键股东职责。第二个阶段是跨越发展阶段（2001—2005）。这一阶段主要就是苏州工业园区后续发展情况。

2001 年至 2003 年，江苏省政府、苏州市委在这期间不断开展动员大会动员全市工作人员以及群众，共同建设苏州园区，加速发展进程，后面开始实施二、三期的开发计划，苏州工业园区在当时开始进入园区的全面规划改造时期，面临着工地动迁、招商投资、开发发展等，园区进入了大动迁、大开发、大建设、大招商、大发展阶段。2003 年，苏州工业园区主要经济指标达到苏州市 1993 年的水平，相当于十年再造了一个新苏州。

2004 年和 2005 年苏州工业园区建设取得了瞩目的成就，制造业开始升级、服务也开始启动新的发展规划，并且重点强调科技的创新与跨越，也是为了后续工业园的发展奠定坚实的基础。第三个阶段为转型升级阶段（2006—2011）。2006 年，经过国务院文件批准，中新合作的苏州工业园可扩大面积，这一命令被批准后意味着苏州工业园区将会有更多的发展空间，有利于之后产业的发展转型升级。2009 年，苏州工业园区开发建设十五周年时，累计生产总值已经高达上千亿元了，再加上这期间缴纳的各类税费和实际利用的外商投资资金折合成人民币后也都超出上千亿，很多产业的分公司历年的注册资金总和也在上千亿水平。在此背景下，苏州工业园区管理委员会再次提出要对园区进行生态改造达到优化效果，并且还筹备了多项计划，包括金鸡湖双百人才、加强金融和文化建设，促进文化繁荣等，这一系列计划都将是加快产业结构升级转型的催化剂。最后一阶段便是指现在的高质量发展阶段（2012 年至今）。2013 年至 2015 年九月底，我国对苏州园区进行了各种升级改造计划，确定了其发展目标，并准备对一些老旧街道进行整改，推进高质量、高水平一体化发展。随后政府批准设立了苏州工业园区等 8 个高新技术产业开发区，并还批准其产业园开展相关行业的创新实验，增加园区科技投入以促进产业园区向生态化、科技化等方向转型升级，推动创新发展的模式改进。2016 年起至今，苏州工业园区在这一阶段取得了比之前更加惊人的成就。苏州工业园区准备用三至五年的时间来施行实验，并成立人工智能产业区，首先在国内立定人工智能产业的优势地位，将其打造成为跻身国际园区前列的人工智能产业集聚中心，建立完善人工智能的公共服务平台，并整合相关资源。之后苏州工业园区于 2017 年在全国产业园区的考核评比中位居第一，虽然在全国的高科技园区评比中位列第五，但也已经迈进了世界一流的高新技术园区的行列。到了 2018 年，苏州工业园区又在全国经济技术开发区的综合测评中稳居第一，连续三年排名未变，在江苏省举办的庆祝改革开放 40 周年评选活动中入围了先进集体，成为候选园区之一。到 2019 年 8 月，国务院又批准设立中国（江苏）自由贸易试验区，其中苏州片区（面积 60.15 平方公里）全部位于苏州工业园区。苏州园区在 2019 年考核中又拿下国家级经济开发区的冠军，实现了国家级经开区考评"四连冠"，在国家级高新技术产业园区评比中依旧稳居第五。

截至 2020 年底，苏州工业园区生产总值、社会消费商品零售总额、城镇居民可支配收入都较以前实现了重大突破，苏州工业园区的进出口总额也累计高达 1.2 万亿元以上，极大增加了国家进出口总值，且苏州工业园区的经济发展密度、创新的高度、开放程度等都排名在全国前列。2020 年，苏州工业园区实现工业总产值 5311.7 亿元，其中规模以上工业总产值 5106.2 亿元，并且实现高新技术产业产值 3695.5 亿元、新兴产业产值 3242.2 亿元，分别占规模以上工业总产值的 72.4% 和 63.5%，这个数据也是相当可观。

4.1.2　运营状况

在 2020 年，苏州工业园区服务业尤其是高端现代服务业得到了健康、迅猛的发展，其中该园区的服务行业的增加值将超过一千五百亿元，占地区生产总值的百分之五十以上，且我国法定公认的的服务行业总部约有一百家，具体包括苏州市级总部与跨国公司地区总部，前者占有 49 家，后者为 50 家，跨国公司及其功能性机构排名江苏省第一，所占比为 17%，且苏州市级总部位居全市第一，所占比为 26%。自苏州工业园区开始实施转型升级战略后，就提出要打造高科技产业园区，挤进世界前列。近几年园区在生物医药、纳米技术应用、人工智能产业能级等各方面不断提升，在 2020 年各产值约为 1022 亿元、1010 亿元、462 亿元，这三类行业在近些年来发展都较为迅速，产值在地区生产总值所占比重逐年上升，每年平均上升约百分之二十。

截至 2022 年底，苏州工业园区内已经有高新技术企业超 2480 家，万人高价值发明专利拥有量达 90 件；累计培育独角兽及独角兽（培育）企业 180 家，科技创新型企业超万家，再加上苏州工业园区成立的科技领军人才项目累计就将超过 2000 个，这说明苏州园区注重人才以及特色企业的培养，极大地促进了产业园区的人才引进以及科技创新发展，形成了"引进人力资本、建立创新型企业、打造高新产业园"的链式效应。据统计，园区内已建成的各类科技载体累计超 1000 万平方米、公共技术服务平台近 43 个，联合中科院设立的科研院所就有 15 家，引进大批中科院的研究人才，随后诸多国内国际顶尖高校参与其中进行科研创新，万人有效发明专利拥有量 174.4 件。同时园区与国际接轨，在美国等地区建立了海外基地进行园区的科技创新创业，建成了纳米真空互联实验站。这是世界前所未有的纳米科学技术装置，是首个按照国家的重大基础设施建设标准建设的集材料生长、器材加工、测量分析为一体的纳米领域重大科学装置。

4.1.3 发展经验

(1) 以政府为主导

首先要超前规划。苏州园区在当时开发之初，政府在园区基础设施建设规划中确立了"环保优先、生态立区"的理念，以及充分考虑到公共事业发展的需要，拟定了排污处理、供热供电等各项公共事业专项发展规划，并且将这一项纳入了园区基础设施建设的总体规划，在园区布局面积中给公用事业保留了部分使用空间；在规划布局上园区将污水处理等装置与热能电能产业等基础设施建设紧密结合起来，这有利于实现产能循环利用，实现污水处理等与热能行业领域的资源共享，为之后实施发展绿色循环经济创造了基础设施条件。

第二就是以高标准、高质量建设。我国政府针对园区树立了多项计划目标，提出园区要朝高质量高水平的方向发展建设；与此同时，苏州工业园区还需要根据其公共事业建设规划来制定对应的实施原则和建设标准，对每一项项目都必须严格把关，提高每个项目批准的审验标准，建设高标准通过门槛，从而实现高标准、高质量的建设目标。

第三是规范园区的监管运营。苏州园区政府给予园区内相关企业一定特许经营权，明确规定了园内企业在公共事业发展方面需要承担的职责，并要求对该行业进行监管，明确其权限。园区国有投资主体中新苏州工业园区市政公用发展集团有限公司对附属以及下一层级公用事业公司进行股权调整管理，将公用事业单位业务分类对口进行管理，这在一定程度上对苏州园区的公用事业公司起到了较强的监管作用，也在一定程度上保障了公用事业基础设施的建设规划，有利于园区的安全稳定发展。同时政府也加强了在产品价格制定、建设标准、服务水平等方面的监督管理，这一系列监管措施加速了政府与公民实现共同利益的步伐。

（2）高效集中运营

第一个方面是统一集中运营。苏州园区政府将主导中新合作的公用事业建设规划，将相关的环境污染整治、污水处理等公用事业项目都整合集中到全区内的规划建设中并加强对园区公用事业建设的监督整改。其中污水处理和污泥干化项目将由中新园区的两个公用事业子公司来投资建设与运营，分别是清源华衍和中法环境两个实施主体，这种统一集中运营的发展模式有利于产业协同效应的充分发挥并实现全区的高效集中运营。

第二为各国互相交流合作、达成共识。要建设新型园区需要借鉴其他国家或地区的发展理念以及管理经验，苏州工业园区政府通过与香港中华煤气公司、法国环境集团等国际一流的企业合作，签订了一系列合作项目，包括污水处理厂的重新规划建设以及调整园区运营模式等重要项目。这些项目的成立促使园区进一步加快转型的步伐，且国际合作伙伴不仅为园区带来了投资资金，而且还带来了先进的公用事业技术与管理经验，使得苏州园区的公用事业项目如污水处理、污泥处置等朝着国际一流的水平靠拢。

第三是政府与市场力量结合。园区在不损害公共利益的前提下，授予公用事业企业污水处理基础设施特许经营权以解决污泥处置费用不足的问题，全区将会借用市场的力量与行政手段相结合，在能保持对公用事业企业的有效监管下完善污水、污泥处置等基础设施，实现苏州工业园区的可持续发展。的确，现阶段最严重的问题就是污水、污泥等处置费极高，处理成本远超出预期支出，因此政府将会通过经济手段、财政手段来解决费用不足难题。

4.1.4　发展规划

（1）规划先行，产城融合发展

摒弃之前单一的工业发展模式，立足于"产城融合、以人为本"的基本定位，自苏州工业园区建立 20 多年来，它一直按照"先规划、后建设""先地下、后地上"的原则，实现"一张蓝图干到底"，保证并维持了城市规划发展建设的高质量、高水平和高标准。以绿色为主要脉络、以水为灵魂的苏州园区，绿化覆盖率达 45％以上。专业人士精心设计安排的雨水收集和地下排水系统，使园区从未发生过内涝，这是苏州工业园区的一大建设特点。根据政府提出的交通建设标准，规划建设了完善的城市地下管网以及密度极高的地面城市路网，并且建设了多层次、多枢纽以及立体的交通网络，将其主要枢纽与周围的高速公路、铁路、城市轨道之间相衔接，形成了快速便捷又有效的城市综合公共交通结构，并根据城市功能不同将园区划分为不同的类型区域以及对相对应的功能型园区配备商业服务体系，促进苏州园区的协调统一发展。

另外苏州全区将会把金鸡湖作为主要建设核心，在金鸡湖以及周边区域计划构建一个中心商务区，以此作为苏州工业园区的城市级中心；并环绕 80 平方公里"中新合作区"，规划商务、科学技术创新教育、旅游服务、高端制造产业与国际贸易合作四大功能板块，形成"产城融合、区域一体"的城市化发展框架。

（2）文化与旅游业深度融合发展

在 2019 年，园区北部市民中心完工、南部市民中心开工，累计建成 161 个标准化社区综合性文化服务中心和 8 家 24 小时智能图书馆，成功举办金鸡湖双年展、中超联赛等重大活动。在推进文旅产业融合方面，园区积极推动阿里文娱和赖声川、蔡志松名家工作室等重大文化项目顺利落地，多个文化产业总部项目加速推进。

2020 年，园区继续大力宣传发展推进思想文化战略、文化文明、思想教育等各方面，团结力量集中打好疫情防控"阻击战"和服务业发展的"主动仗"，园区各项工作都呈现出新成果和新特点。其中，园区党工委宣传部和新时代文体会展集团获评"苏州市 2020 年度'激励干事创业、奉献火红年代'先进集体"荣誉称号。与此同时，极力促进园区的精神文化教育建设，朝着全面覆盖新时代文明实践站点的目标进军，"一站一品"效应初显。通过对文明城市实施长期有效的严格管理，园区构建了"条线""板块""社区"这三个级别共建网络，加强闭环管理，文明指数综合测评再次排名全市第一。此外，还获得了"全国开发区融媒体工作杰出单位"的光荣称号。另外在群众性精神文明建设方面，园区在 2019 年收获颇多，诞生了 1 名"中国好人"、2名"江苏好人"；在新冠肺炎疫情高度爆发期间，园区共有 15000 多名志愿者投入疫情防控，坚持以人为本的理念，坚持发展为民，服务为民，园区在公共文化建设领域也取得一系列优秀成果。苏州园区创立的这些先进文化理念，精神文明建设的成果，与旅游业深度融合又会产生不一样的效果，园区的建设发展又会更进一步。

4.2 天津经济技术开发区

4.2.1 园区概况

天津经济技术开发区在 1984 年 12 月上旬由专家评定审核通过，简称泰达，是国家级工业园区，天津经济技术开发区也是由其开发区管委会和天津津南区人民政府共同合作规划、建设、运营的，与政府合作规划，利用相关企业作为运营平台以及借助市场力量来推动开发区发展。其中，天津的津南区属于天津市经济商业发展的中心轴，作为滨海新区的重要组成部分，是拥有中心城区城市功能的关键区域。天津经济技术开发区位于天津市东 60 公里左右，与塘沽区相邻，总计开发区面积约为 33 平方公里。另外，天津经济技术开发区在武清区、汉沽区等地建立了区外小工业园区，其中包括逸仙科学工业园、微电子工业区和化学工业区。起初还未成立开发区时，泰达主要以晒盐业为主，到处可见的卤水池即是最初的面貌，逐渐地园区开始实施规划改造，完善各类基础设施，引进外资，制定相关招商策略等一系列措施，并依赖天津经济技术开发区所处的优越的地理区位优势，倚靠北京、天津，辐射"三北"，开发区处在人口密集、商业繁荣、交通便利、购买力强、各项基础设施较完善的环渤海区域，环渤海区域属于黄金地带，充分满足发展工商业的各项基本条件。近年来开发区为了向国际化、现代化方向进军以及实现建设 21 世纪国际工业新城的目标，一直着重关注国内外的投资环境，并根据实际制定政策来为开发区创造一个与国际市场衔接的优良的投资招商环境。开发区经过政府的规划调整，其投资环境逐渐改善并吸引了国内外诸多企业投资建设，经济增长十分迅速，目前已经是国内外投资环境最优和最有投资吸引力的地区。另一方面，开发区与国外的交流合作也离不开物流海关，很多利用航空公司空运的商品等可以直接报关，在这之前天津经济技术开发区就已经与当地的航空公司、海关等签订了转关合同，与北京机场海关也达成转关协议。对于进出口交易量较大的公司，可以考虑为其开通一条"绿色便捷"的通道，随后 2001 年 8 月天津海关的主要部门迁到开发区，这更加方便了企业的海关作业等。近年来开发区内的基础设施建设也较其他园区来说比较完善，开发区内在已有的一座净水厂基础上又开始扩建，原来园区供水能力总计为每日 32.5 万吨，随后规划建设的净水厂三期工厂在原来的基础上扩大了 15 吨，当时每天开发区的日供水能力达到了 42.5 万吨。在供电方面，天津经济技术开发区利用的是双回路环网供电模式，开发区根据用电量大小为耗电量大户以及存在特殊原因需要用电的企业开辟新专线供电。截至 2022 年，天津经济技术开发区东区西区共计拥有 220KV 变电站 1 座、110KV 变电站 3 座，35KV 变电站 11 座。天津开发区已形成了 110KV、35KV、10KV 三个电压等级的电网结构，电网供电能力达到 55 万 KVA，年供电量达 20 亿千瓦时。天津经济技术开发区的供气供热能力也很强，开发区供气供热的来源渠道比较多，覆盖面较广，每天开发区内的供气能力就超过了六十万立方米。开发区供热厂现有五座，采取集中供热模式。可见天津经济技术开发区的规划建设是较有成效的，根据资料显示，天津经济技术开发区在 2018 年的经济技术开发区综合测评审验中荣获第三名，其中，在开发区产业的基础设施水平测评中名列第二，在科学技术发展水平审核评比中位居第十，在外商投资水平考核中跻身首位，以及在对外开放程度评比中排名第 3 名，成为全国重点开发区之一。

据统计，天津经济技术开发区总计外商投资数额已经超出 150 亿美元，并且据园区介绍，现阶段已经落户了三千多家外商投资公司。目前已在园区内形成了四项支柱性产业（电子信息、食品、机械、生物医药），具体是由摩托罗拉、雀巢、SEW、诺和诺德等相关跨国公司为园区支柱性产业的代表，在这几项产业的推动下，园区各方面得到较快进展，且其人均 GDP 已达中等发达国家水平，综合实力远超过其他园区，稳居第一，成为了天津市重点关注的产业园区，为经济等各方面带来了发展动力，也成为了"滨海新区"的龙头。随后在世界范围进行的开发区评比中也被推选成为工业发展最迅速的地区之一。天津经济技术开发区近年来获奖无数，取得了辉煌的成绩，不仅在国内位居开发区发展前列，而且还成为世界范围内的优秀典范。2019 年推动的"双创"活动也取得了明显的成效，获得了国务院办公厅通报。

4.2.2 运营状况

（1）产业结构转型与产业链的完善

近年来开发区内的产业结构不断升级优化，支柱产业的优势地位不断提高，由原来的高能耗、低产出逐步转变为低能耗、高产出。天津经济技术开发区内服务业与高新技术产业等都保持稳定的增长速度，形成了生物机电、医药、新能源、新材料等领头产业，产业链无缝衔接，有力地推动了开发区各类产业的发展进程。并不断推动企业升级，鼓励企业融合电子商务，实行线上线下的融合，创新经营模式，提高运营效率，增加收益。开发区管委会为此加大了对开发区的补贴资助力度，以确保企业成功转型升级。

（2）招商投资及人才引进

开发区对于不同类型的企业征收不同的税率，并制定各类不同的招商优惠政策。在原则上对一般生产性企业确定 15％所得税税率，但对于在开发区落户扎根十年以上的企业实行在创建前两年时免征税费、在后三年税费减半的优惠政策；开发区内的高新技术企业以及对外开放性企业则享受更长优惠期，减免五年税费后再重新确定企业所得税税率，即高新技术企业将会在享受前 5 年优惠期后继续享受 3 年按 10％所得税率征收的优惠政策，对外开放性企业则按照该年实际出口产品产值占当年产品总产值的比例是否达百分之七十以上来确定具体税费。政府为鼓励科技创新，对高新技术型企业、制造业、第三产业也都制定了优惠政策，加大了对科技创新的研发投入力度，减少税费，落实福利保障以及员工激励等。政府除了这些优惠政策外，还对其他房地产企业、商业、物流企业等实施不同程度的鼓励政策来带动天津经济技术开发区的发展。同时开发区对人力资本的投入高度重视，建立了以市场为主要方向、以企业为实施主体的人才培养机制，更好地发挥人才作用。主要规定引进高级人才（科学院院士）、高级管理人才、高级技术人才、技术人才等等，并对这几类人才实施补贴资助政策，留住人力资源。

4.2.3　发展经验

（1）政府放权、自主发展

开发区成立之初，市场经济虽在实行但实际上还是未完全摆脱计划经济的体制干扰，各级政府都在一定程度上控制着开发区各项发展项目。处在这种大环境下，政府提出市级、县级领导人员放权给开发区，不再干预开发区的建设，任其自由发展、放手去干，但前提是要遵循市场经济发展规律以及遵守市场监管规则。当时，国家本来给天津市的项目审批权是 3000 万美元以内，但是市政府给开发区近一半以上的项目批准权，超出了很多省市一级的权力。有了市级政府如此大的授权，开发区开始自主建立了一个有效干练的机构，对外资实行集中统一管理，之后有需要解决的难题都将由开发区解决，无须再一级一级通报，这无疑提高了政府工作效率，缩减了政策执行周期，减轻了政府各层级的压力。成立初期，市里改革都还未完全贯彻实施到位，要想拿到市里批准项目同意书还得经过几十个部门，几个月时间，但在开发区，最快的一天就能定下来。开发区创造的经济收益，政府也不收一分，全留给开发区进行建设，并对其给予补贴。可见园区的健康发展需要有正确的指导方向、完善的发展机制和政府领导人员以及人民群众的智慧。

(2) 现代化有效管理，建立服务平台

天津经济技术开发区在改革开放中脱颖而出，离不开其现代化管理模式，改革开放初期，中国提倡建设特色社区，建立完善新型的具有自身特色的社区管理服务体系，开发区当时即建立健全了社区管理服务新体系，主要是以社区居委会为管理主体，将党组织作为社区的领导中心以及以业主委员会等社会组织为开发区建设特色社区的支撑，其中还设立网格责任制以及运营互联网，促进了开发区的现代化管理建设。开发区坚持为人民服务的宗旨，做到发展为了人民，另一方面积极带动人民群众参与到开发区建设中来，从开发区的客观实际出发，解决开发区的疑难问题，加强宣传教育，培养开发区主人翁意识。这种泰达工业园区式的有效管理极大地提高了工作效率，群众也参与其中。其实很多园区要借鉴的就是需要转变治理园区的方式，实施更为精准细致的治理方式，开发区现阶段第一需要重视经济发展的方式以及管理模式是否需要适当转变，还要充分考虑到异质性问题，各开发区都具有自身特殊性，政府以及开发区管委会需因地制宜，根据各园区具体情况来对其采取特殊化、精准化的现代化治理模式，并利用我国强大的互联网信息技术，构建互联网服务和多元化园区治理平台，形成互联网以及大数据思维，为开发区提供完善的现代化服务。

(3) 绿色发展是主旋律

近年来提倡的发展理念一直强调"绿色发展"，天津泰达开发区的目标规划便是将园区打造成为科学、高效、节能、环保的现代化产业园，后面泰达园区顺应绿色潮流注重各类资源的共享，建设了能源一体化供应系统，并且还建立了生态信息资源共享平台，主要是产业共生信息网、泰达低碳经济信息网等，另一方面比较注重资源的循环综合利用，本着节约能源资源的原则，陆续建立了一系列污水处理厂、再生水厂、固废气处理厂等资源化设施，这些措施对园区的绿色发展起到了关键性作用，改善了园区的生态环境，提高了水资源利用率，这也为园区的生产节约了成本。同时天津经济技术开发区也推出了一系列鼓励政策，目的是推动企业遵循绿色发展的理念发展节能环保的绿色经济。并在人文环境、社会责任等多方面积极组织各类活动，推动园区的整体绿色发展。近年来这些绿色举措的实施颇有成效，引来诸多海外园区借鉴和学习。中方泰达园区负责人也表示要筹划一个园区首先就得有长远的目光与科学的规划，今后的绿色发展将是主旋律。

4.2.4　发展规划

（1）打造平台经济创新发展新高地

据滨海新区相关工作人员了解，天津经济技术开发区给予了天津市元合利科技有限公司"网络货运道路运输经营许可证"。元合利科技有限公司的加入使开发区的货运产业实力再度增强。目前，天津经济技术开发区利用其自身独特的优势地理区位、雄厚的资本实力以及优良的投资招商环境，不断加强对开发区互联网服务平台经济的管控，吸引了大批企业家在此集聚入资。

近年来，互联网现代化信息平台经济开始加速崛起，为开发区的经济发展增添了新的活力。天津经济技术开发区利用互联网平台开展新型经济发展模式，利用开发区、海关口等相关政策来形成新的自身竞争优势，探索适合开发区迅速转型升级的新型发展方式，极力为平台经济参与者营造一个优良的发展环境，使得平台经济以及开发区都获得较快发展，其中平台的主要负责人表示近年来最流行的就是互联网搭建起来的网络货运体系，但是由于这类经济才刚刚起步，需要解决发展过程中的各种难题，此时就需要政府支撑平台经济的平稳运行，加大宏观调控力度，营造一个健康稳定、开放的发展环境，从而为相关行业的迅速发展、改革创新提供有力保障。

除此之外，天津经济技术开发区抓住数字经济这一发展机遇搭建数字经济发展服务平台，并制定相关政策维护服务平台秩序，支持那些已经被开发区纳入数字经济体系的企业以及相关项目，增加资金投入，提供贸易关检、金融等服务，为数字服务经济出口奠定坚实的发展基础，有利于带动数字经济"走出去"，并在国外构建数字服务建设基地，搭建一个完整的数字服务平台体系。

（2）继续发展开放经济，走出去和引进来相结合

天津经济技术开发区作为我国目前经济发展速度最快、对外开放水平最高、市场运营以及招商投资环境最优的国家级开发区之一，其对外开放的关键就是

引进外资，吸引外商企业。近年来天津自贸试验区不断尝试改革，使外商投资以及对外贸易更加便利，国内外大量资金、科技创新技术等要素都不断集聚于此。到 2019 年末，天津自贸试验区增加了外商投资企业累计约 2700 家，实际利用外资近一百亿美元。天津市滨海新区是改革开放的先锋，一直坚持全球化视野，抓住全球化发展新机遇，一方面为了创造优良的投资环境以吸引世界范围内知名投资企业的各项资源，与诸多实力较强的跨国公司合作交流；另一方面为了更好地带动开发区龙头企业的发展，不断与国外产业价值链相融合，并始终坚持"走出去、引进来"的发展战略，充分利用天津经济技术开发区的产业发展优势，提升产业链价值，使开发区的龙头优势企业迈出国门、走向世界。在我国政府提出"一带一路"政策后，整个滨海新区开始加速发展对外开放型经济。

（3）发展智能经济

随着人工智能、5G、大数据等一系列新型信息技术的改革与发展，制造业与信息技术相融合推动产业升级成为开发区的新趋势，将会转变部分传统制造业的生产方式。天津市滨海新区为促进产业升级，在人工智能制造等项目投入资金约 8 亿元，同时还带动其他企业的发展，目前已经建成了若干国家级智能工厂与数字型车间，最著名的就是一汽－大众汽车整车生产数字化车间以及美国国际家私（天津）家具智能制造示范厂等，2023 年共计有 19 家，其数字经济的发展水平以及数字化智能工具的普及率已领先我国其他地区。据悉滨海新区为了鼓励支持智能经济的发展正积极筹备人工智能实验区的试点项目，这将会成为国家新一轮的智能创新革命，并在高质量发展趋势中占据高位。随着智能创新项目的持续推进，开发区产业结构不断优化，整个滨海新区进一步彰显了高质量发展趋势。天津经济技术开发区决定在 2020 年重点建设现代化产业结构，推动全球范围的产业结构创新建设。

4.3 无锡新区

4.3.1 园区概况

1992 年，无锡高新技术开发区经政府批准成立，到 1995 年进一步发展成为无锡新区。从成立至今已有 31 年的发展历程，无锡新区作为我国现阶段国家级高新技术开发区的领头羊，其产业区以及行政地区面积范围已经扩展到两百多平方公里，目前无锡新区有六大主要功能区和六条街道，主要是无锡高新技术产业开发区、中国工业博览园等，街道包括旺庄、江溪、硕放、梅村、鸿山、新安，管辖范围极广，且其居住人口也超过六十万人。近些年来无锡新区在政府以及当地居民的共同努力下，获得了飞速发展，迈上了新的阶梯，新区内的产业经济等都实现了质的飞跃，各方面都取得了惊人的成就。根据数据显示，无锡新区在 2020 年前三个季度的生产总值为 580 亿元，同比增长了近 13%，全区的财政收入共计 128.1 亿元，同比增长约 7%，增长速度十分之快。无锡新区在江苏省高新技术开发区的综合评比中位列第二，之后几年也一直稳居不下。此外，无锡新区在 2006 年获批建立国家火炬计划无锡高新区汽车电子及部件产业基地，同时作为由中央政府命名的海外高技术创新人才培养基地，目前在不断引进国内外先进科技以及高层次人才，并不断推动科学技术创新，建设国家级创新型开发区，实现开发区产业结构现代化。

无锡新区逐渐发展成为无锡市经济增长最重要的部分，现如今也是江苏省最有国际竞争优势的产业园区之一。据调查统计，无锡新区的常住人口与占地面积仅为全市的百分之六，却为全市生产总值以及地区政府财政收入做出了百分之十五以上的贡献。无锡新区在高新技术产业、服务外包、进出口贸易等方面较其他开发区都表现出较强的优势。一直以来无锡新区都着重加强生态环境保护，不断扩大城市绿化面积，截止到 2020 年底覆盖率约 43.43%，成为了全国首批 ISO14000 环保示范区。另外无锡新区每平方公里生产总值超过 1.5 亿元。

4.3.2 运营状况

面对疫情的冲击再加上严峻又复杂的世界经济形势，无锡新区不得不加强上下级联合行动、部门间协调合作贯彻实施"六稳""六保"任务，实际使用外资高位运行，外资产业链供应链保持稳定发展，实现了新区规模领先、结构优化的发展目标。据统计，2020 年新区实际使用外资为 12.82 亿美元，持续五年都是位列全市第一名；随着新区的各类项目的建设与发展，新增外商投资企业116 家，也位列全省城区第一。

无锡高新区是我国科学技术与经济发展相结合的试验地和示范区域之一，

作为全市至关重要的经济增长极和对外开放交流的窗口，由于高新区近年来实际利用外资始终保持高位运行的状态，引进外资水平成为新区的"金字招牌"，所以才出现了如今的欧美组团、日韩集资板块等。从数据来看，该区 2020 年主要外资来源地始终保持稳定，来自日本、韩国的实际使用外资分别为 2.2 亿美元、4.2 亿美元，分别占全区到位外资总量的 17％、32.8％。从引入投资的结构来看，开发区制造业实际利用外资约七亿美元，占整个园区的 50％以上，比全市高出 9.9 个百分点并领先全省 15.5 个百分点；现代服务业成为吸引外资的最新焦点，投资类、管理咨询类、技术服务类等外资企业发展迅猛，累计使用外资达 1 亿美元，同比增长约 44％。

更值得一提的是重大外资项目，增长速度十分之快，2019 年全区新批下来协议注册 3000 万美元重大项目 17 个，超出原始目标 4 个，随后又增加了 3 个全球范围内的投资项目，全年实际投资资金约 3000 万美元。乐友新能源、海辰半导体、博世汽车柴油、迪哲医药等一批项目累计到资超过上亿美元，这对稳定新区的重点产业链发挥了支柱性作用。台湾上海商业储蓄银行成为去年全市首签的外资项目，日本养乐多二工厂成为疫情防控期间全市首签的外资项目，最重要的是普华永道的签约，这标志着无锡新区咨询业开始迈入国际，这一系列项目合作都彰显出在极度不平凡、面临疫情巨大冲击的 2020 年该区稳外资工作所取得的显著成果。此外，外资总部加速集聚，无锡新区最新认定了两个省级跨国公司及功能性机构，全区共计有 17 家，占无锡市总数约 43％。

4.3.3　发展经验

(1) 建立完善有效激励机制，引进科技人才

作为国家级高新技术产业开发区，无锡高新区自 1992 年成立以来，着力推进理念创新、机制创新，以创新激发活力，以创新促进发展。截至 2020 年，无锡高新区地区生产总值从 2.7 亿元上升到 1845 亿元，增长 680 余倍。仅 2019 年一年，全区新增注册工商企业 6505 家，其中科技企业 850 家，新招引各类人才 1 万余人，新增重大产业创新平台 3 家、新型研发机构 7 家、院士工作站 3 家、省级以上企业工程技术研究中心 22 家。其中，华进半导体封装先导技术研发中心入围国家级制造业创新中心。新区吸引了大量海归科技创新人才，是第一批高层次科技人才创新创业基地，与此同时还吸引了多位高水平院士来新区参与规划建设，为新区更好地建设又提供了有力的人力资源保障。另一方面，

无锡新区为留住科技人才与国内知名高校进行各类科研合作，实施产学研结合的政策，打造了一个高科技人才"根据地"。

（2）创新与产业融合

无锡新区发展为全国性高新产业园区，离不开一直强调的创新，创新的成功与否关键就在于是否能和产业高度融合，近年来新区的规划建设都体现了科技人才的创新理念，这些创新都被市场所接受，从而新区实现了创新转型。2005 年以来，无锡新区不断地接手完善各类重大发展项目、重要的融资项目，这些项目让无锡新区又增加了自身的竞争优势，在全国各类园区排名中又有所进步，这为我国其他地区创新型经济的增长提供了相关借鉴经验。

（3）明确职责、科学考评政府人员工作，落实政府政策

针对政府提出的狠抓资源、生产力等政策，要求各级政府工作领导人员要认真贯彻落实。为了加快政策实施的脚步，对政府工作人员实施了一系列工作考评制度：制定新型考核方式、调整评价体系、强化结果运用等。这些举措极大地调动了政府领导人员的工作积极性以及人才的创新活力，提高干部人员的执行力，有力地加快了新区创新发展建设的步伐，形成了一套促进科技创新的激励机制。无锡政府就新区的规划发展再次在相关文件中提到要明确职责以及发展目标，一步一步落实、确定好执行时间和地点，提出发展要求、下放职权，以身作则，切实发展新区，达到规划目标。

4.3.4　发展规划

（1）继承发扬优势产业，实施配套保障措施

在十四五规划中提到产业规划是在尊重高新区产业发展的基础上，注重传承发扬产业优势领域，坚持"一张蓝图绘到底"。"我们对准国际最高标准、最高水平、最高质量的产业园区，集中于发展一批具有可持续发展动力的产业集群，计划打造一个面向未来的'6 ＋2 ＋X'现代产业高地。"无锡高新区相关部门负责人说，"6＋ 2 ＋X"中的"6"是指合力打造 6 大地标性先进产业，包括以物联网及数字产业、集成电路、生物医药、智能装备、汽车零部件、新能源为核心的六大先进制造业集群；"2"是指加速发展两大现代服务业，包括高端软件及数字创意、高端商贸及临空服务两大现代服务业；"X"是指前瞻布局若干个未来产业，包括人工智能产业、氢燃料电池产业、第三代半导体产业等。

更值得我们了解关注的是，无锡高新区还实施了一系列配套保障政策，全

方位提供产业"生态土壤",用大招、实招"精、准、狠"地助推各个产业高质量、高标准发展。这些保障政策"干货"十足,比如对新引进的集成电路关键装备及核心零部件企业,经认定后,按照三年内固定资产投资给予不超过10%、最高1亿元补贴;针对制造企业为区内企业封测和代工流片形成新增产能的,分别给以封测费用5%和流片100元/片的资金支持,从而助力全产业链协同发展。而针对研发投入大、缺人才这两个困扰企业发展的痛点,也"狠"下力度,比如针对集成电路重大项目建设和人才支持方面,分别给予最高4亿元补贴和1亿元人才补贴;在生物医药产业方面,对新引入的生物医药领域人才项目,参照"飞凤人才计划"升级版政策,支持比例再提升50%;对新招聘的生物医药人才,按不同类别给予2万元、5万元、8万元安家费,顶尖人才最高支持300万元;对境内外高端人才和紧缺人才,比照粤港澳大湾区政策给予补贴等等。

新吴区的发展路径非常明确,一方面快速做优科创新城,以太湖湾科创城为引领,带动形成"一城、一带、五组团、多点"的全域创新格局。另一方面引进各类创新主体,2023年引进各类科技企业2000家以上,新增国家高新技术企业300家以上,新增雏鹰企业、瞪羚企业、准独角兽培育入库企业300家,有研发创新活动的规模以上工业企业占比提升至75%,全社会研发投入占比提升至4.25%,年内有效发明专利突破9000件、万人发明专利拥有量达到155件,引进各类人才1万人以上,其中高层次人才、高技能人才分别不低于570人、2300人。

(2) 优化城市设计,实现美丽新吴

产城融合,依旧任重道远。坚持系统思维,科学统筹规划、建设、管理等重点环节,新区将快速打造更具国际化、现代化的城市主城区。首先就是优化城市设计,提高设计水平,建设更高水平、更高品位的科创城、站前商贸以及临空枢纽等组合中心,深化鸿山旅游度假区详细规划,加快构建"一心三轴五板块"空间架构体系。同时提升城市功能,高标准推进太湖湾科创城、鸿山新市镇建设,以空港北大门片区、旺庄外下甸片区等重点片区为突破口,以点带面推动城市更新。还将织密完善路网体系,加快推进菱湖大桥、叙康路东延等重点道桥工程,实施6条重要道路提升改造、5条园区道路包装出新;优化地铁周边公交配套接驳,深度对接苏州轨道交通规划和路网体系,服务推动4号线二期、5号线一期建设。更大力度加快房屋征收清点清障,确保完成征收拆迁 170 万平方米。尤其要深化城市精细化管理长效机制，开展环境卫生、市容市貌、街景出新、城市亮化等专项行动，打造"最干净城区"。以智慧社区建设为切入点，力争提升安置房以及老旧小区物业管理服务水平；以市场化为导向，支持推动老旧商业区进行整改升级，建设新商业区。

"美丽新吴"是值得期待的。城市规划中将推进伯渎河公园二期、慧海湾二期、新洲生态园和大溪港省级湿地公园建设，新增公共绿地 15 万平方米，打造城市园林生态。以鸿山旅游度假区为主阵营地，大力推动乡村振兴，放大"鸿山秋收节"、七房桥"农房改造"、大坊桥"康养宜居"等示范效应，深入开展美丽乡村建设和农村居民环境治理，创建省市特色田园村庄，打造文旅融合美丽乡村。并依托物联网高地优势，建成覆盖全区的"智慧农业云"平台。

（3）提升对外开放水平，融入国际环境

十四五计划的重要任务之一就是努力实现更大范围、更宽领域、更深层次的高水平对外开放。高新区商务局人士表示，2023 年将进一步拓宽招商引资渠道、织密项目信息网络，如面向全球知名招商引资专业咨询机构遴选"招商合伙人"，积极探索推行外籍招商代表聘用制，强化招商一线开拓"内外联动"。三年内，高新区拟在全球选址，建设"10＋X"个全球离岸创新中心。2022—2023 年，建设目标为 10 个，其中，已建成国内 3 个，分别以北京、上海、深圳为中心；拟建设国（境）外 7 个。以产业链招商为牵引，围绕 8 大产业集聚区定位，加快招大引强、招链成群，着力打造具有高新特色的产业生态圈。开拓驻点招商版图，锚定"10＋X"全球离岸创新中心建设，着力构建覆盖全国、链接全球的目标资源库。聚焦"产业—科技—金融"良性循环，健全"一园一基金、一街一基金、一产业一基金"体系。

4.4　昆山经济技术开发区

4.4.1　园区概况

昆山经济技术开发区成立于 1985 年，1991 年 1 月被江苏省人民政府列为省级重点开发区。1992 年 8 月，被国务院批准为国家级开发区。经过多年的开发建设，昆山开发区已基本形成现代化综合园区。

区内的主干道和支线总长超过 200 公里，全部是混凝土路面，与沪宁高速公路、沪宁铁路、312 国道、虹桥国际机场公路接壤，交通非常便利。供热、供气统一集中，开发区无烟囱，气化率为 87％，绿化覆盖率为 41.6％，饮用水达到了国家二级水标准。还建立了一所国际学校、一所友谊医院、一所涉外商务公寓。同时，建立了完备的配套服务机构，设立了外商投资企业服务中心，开放了陆上通关点，创造了一个良好的投资环境。

近年来，昆山开发区以工业转型为背景，以产城融合为契机，在实施生态宜居绿化工程方面始终按照精细化管理原则，从根本上提升开发区域的生态环境，打造一个宜居城市空间。同时，为了提高绿化覆盖率，维护生态环境，开发区制定了绿地系统规划方案，以"绿水相生"作为建设的基本理念，以产城融合为基本布局模式，全力推进"四轴、三廊、多园、串联"的绿地系统建设，着重打造核心公园体系、沿水轴线型滨水景观慢行体系、沿交通干线生物廊道体系的建设等，重新创造生态安全格局，推进美丽昆山建设。这项绿地建设方案第一点就是打通滨河绿色廊道系统，加大慢行系统部署。加快推进青阳港—太仓塘—夏驾河—白士浦滨河绿色廊道建设，在轴廊等线性布局上以及在沿全区 55.47 公里长的区域内规划布局 500 万平方米景观绿化，目前已经完成约 16.7 公里建设，绿化面积约 180 万平方米，在建约 10 公里，绿化面积约 85 万平方米。同时制定慢行系统专项规划，规划 93 公里慢行系统，已完成约 40 公里慢行系统建设布局，正在实施约 18 公里慢行系统建设。第二点是不断完善公园体系，打造各类精品公园。目前已完成黄浦公园、和兴公园、陈家浜公园等城市公园建设，完成晨曦园小游园、夏驾园小游园等多处口袋公园建设，正在稳步推进体育公园、夏驾河湿地公园等大型主题公园建设。三是加强基础绿化建设，不断优化生态环境。2015 年至 2019 年完成新增改造绿化面积 400 万平方米，完成闲置地块覆绿 300 万平方米。2020 年计划新增面积 30 万平方米，闲置地块覆绿 30 万平方米。规划至 2030 年，绿地总面积达到 4426 公顷，绿地率达到 41％，最终达到生态园林城市标准。

4.4.2 运营状况

(1) 城镇建设以及教育发展

开发区内正在进行蓬朗老镇更新改造二期工程，这一建设将成为未来昆山东部地区生活和产业服务的重要节点，也是昆山实现产业升级转型和空间扩张的基地。

为了使老镇区的整改与产业的发展相融合，工程在修旧如旧的同时注重古今的继承与结合，将现代化配套设施"镶嵌"进传统建筑，在此基础上还引进咖啡小镇等产业布局，以项目建设带动老镇整体提升。另外一项是中华北村改造项目，它的总建筑面积为 11.47 万平方米，通过设计人员的创新规划，优化了之前的交通网络架构，对一些烂尾楼以及老化严重的房屋进行修缮，再在此基础上完善相应的基础设施建设，增加绿地面积，提高绿化覆盖率，对环境进行美化整治，重新对中华北村的公共空间架构进行改造规划。

"昆山华二"的设计和建设秉承"全人教育"的理念，充分体现了国际办学的特色，是开发区建设一流园区和现代宜居工业城市的生动缩影。昆山经济技术开发区对"昆山华二"运营发展十分关注，一直强调要推动学校与其他发达城市的学校的交流与学习，进一步发展完善自身教育建设，落地昆山、服务昆山，为教育事业均衡优质发展贡献力量，为昆山学生健康成长创造优质环境。

（2）生态建设

截至 2020 年 9 月，昆山开发区绿色建筑示范区 16 项示范任务全部完成，超额完成绿色建筑发展、绿色施工管理、建筑行业现代化、住宅全装修、海绵城市建设这 5 项任务。其中新增绿色建筑示范项目 22 个，总建筑面积 194.16 万平方米。二星级及以上绿色建筑面积 184.49 万平方米，占项目总量的 95.02%；已建成示范工程 15 项，总建筑面积 164.15 万平方米；所有项目均获得绿色建筑标识，其中 13 个项目获得运营标识，总建筑面积 153.2 万平方米。樾河小学项目获得三星级运营标志，友达光电项目和奇美一期新建厂房项目获得工业建筑三星级运营标识；多个项目获得江苏省绿色建筑创新奖。其中有几项代表性项目，首先是友达光电项目，它的总建筑面积达 66.29 万平方米，是由 3 栋洁净厂房建筑及多栋辅助生产建筑共同组成，综合运用太阳能光伏、高效设备、中水回用等节能措施，单位面积产品能耗指标为 79.92 吨标煤，达到同行业领先水平。第二个重要建设项目即东部医疗中心项目总占地 23.7 万平方米，它将 BIM 技术与绿色施工、智慧工地等管理手段相互结合，极大地提升了此项项目的设计建造质量水平。樾河小学项目利用雨水回收系统、屋顶绿化、"可开启外窗＋可调节外遮阳"、光伏发电、"地源热泵热水系统＋空调系统"、照明节能控制、分项计量及能耗监测等技术，降低空调能耗，单位面积耗电量 29.52kWh，降低幅度为 12.21%。而白士浦公园项目建设则以提升昆山开发区城市各项功能和改善生态环境为主要出发点，对不同的场地设定了不同的主题，以每个场地不同的主题展示来呈现昆山与自然相和谐的美丽城市风光；并在重要的节点建设标志性景观，充分体现昆山经济技术开发区的特色；在绿化建设方面把慢行系统以及河岸线纳入海绵城市技术，一定程度上修复了城市生态环境。

4.4.3 发展经验

(1) 打造了完整的光电产业链

昆山经济技术开发区以高新技术发展为导向，注重资本的积累与人才的引进，通过培育发展光电产业，打破了传统制造业的运营方式，开辟了一条新型工业化道路，为后面园区的规划建设奠定了发展基调。截止到 2023 年，园区内已经落户的各类光电企业公司园区已落户光电产业企业 43 家，总投资超 152 亿美元。产业的核心项目包括友达光电、龙腾光电、东京电子、日本旭硝子玻璃等。园区以电子信息产业集聚的竞争优势为基础，从专业化的角度引导园区向高新技术方面发展，带动了园区产业链的延伸，不仅为园区内电子信息制造业降低了生产成本，提高了劳动生产率水平，还进一步巩固了昆山经济技术开发区"智能终端产业基地"的光荣称号，并且园区也为全国各地园区的电子信息制造业提供了配套的服务保障，提升了产业链价值，使国内许多厂家节约了生产成本，进一步提高了产品竞争力，促使国内电子信息产业资源整合发展。在国内外竞争形势日益严峻的情况下，昆山开辟这样一条有别于传统制造业的光电产业链，值得其他园区借鉴。

(2) 独具一格的开放型经济发展战略

最初，昆山是一个名不见经传的落后农业县，现如今却成为了华夏第一县，跟随着改革开放的脚步，开创了一条适合自己的外向型经济发展道路。昆山具备良好的区位优势，再综合深厚的人文教育基础，劳动力素质普遍较高，充分满足外商对劳动力标准的要求。昆山周围地区紧挨上海，但地价、劳动力工资等都远低于上海，凸显了成本优势，符合外商企业追求的利益最大化目标，昆山开始靠着外商投资与技术逐渐发展壮大，成为现在知名经济技术开发区之一。根据自身特色优势，选择适合自己的发展道路、确定自身发展目标，是昆山经济技术开发区总结出来的发展经验，值得国内外产业园学习借鉴。当然，在发展过程中还得有清晰明确的思想决策体系，政府要根据园区发展思路做好全方位的政策保障，并遵循经济发展的客观规律，把握好国际分工，明确自身竞争优势，全身心投入园区的建设，不断开拓开发区发展思路。另一方面还需要有执行力，有思路后的关键一步就是执行力，需要相关工作人员敢做敢当，以身作则，有承担风险的能力并不断进行开拓创新，为园区的发展建设奋进，最后就是要完善配套服务体系，不能做"硬件充足、软件不匹"的园区，要做到二者兼顾，有良好的服务体系，也是为外商投资营造了一个良好环境，进一步提升了国际竞争力。

4.4.4　发展规划

（1）调整发展模式，建立综合型园区

为了逐步适应经济发展新要求以及昆山经济技术开发区当前面临的新形势新变化，开发区将要对原始单一园区发展模式进行调整，成为城市综合型园区。规划范围大约是昆山经济技术开发区的行政区域，北至昆太路，东至昆山东部市界，南至陆家镇界，西至小虞河—沪宁铁路—司徒下塘—东环城河，总面积是 115 平方公里。开发区总体规划以功能定位为基础，划分"三区一圈"。这三个区域分别是东部新城区、中央商务区和中华商务区。"一圈"是指由前进路、景王路、长江路、东城大道所围成的繁荣的井字商圈。在空间结构规划方面，根据产业集聚要求和主导产业类型，分为光电子产业园、新能源产业园、精密仪器产业园和综合保税区等。这几类产业园区将严格提高准入门槛。加快产业结构优化，推动开发区整体转型升级，培育新能源、新材料产业。在基础设施规划方面对水电、燃气、环卫等都进行了重新规划，开发区内的工业用水将由光电产业园区的水厂供水，冰溪增压泵站将扩建，占地 1.0 公顷，保留陆家增压站；改造排水系统，采用雨污分流系统，废除昆山城市污水处理厂与铁南污水处理厂，重新建设污水泵站，但仍保留港东、蓬朗和机械片区污水处理厂；依旧以"西气东输""西气东输二线"和"川气东送"天然气作为主要供应源；变电站在原来的基础上新增 2 座 220KV 变电站，5 座 110KV 变电站；环卫方面规划新建几个垃圾转运站，开发区内的公共厕所根据所处的区域实施不同的环境标准，商务区、重要的交通设施等区域按一类标准，其余按二类标准。

（2）加快生态文明建设的步伐，加速打造高质量发展园区

政府工作人员表示园区将继续响应号召"绿色发展"的理念，加快生态文

明建设，做好"发展环境"的文章。深入贯彻"绿水青山就是金山银山"理念，认真开展"两减六治三提升"专项行动，重点狠抓污染治理，建立常态化机制以保障生态的安全与稳定，增强主人翁意识，加强生态保护。面对现阶段日益严重的生态环境问题，我们必须要贯彻实施生态保护政策，打好防治污染的攻坚战，不断提高园区以及周围地区的生态环境质量。与人民群众共同努力实现高质量的生活水准。目前已经有517家企业完成了雨污管网的改造，大气污染防治工程持续推进，空气质量日益提高，园区还将全面提升河道水质，筛选出效益低且污染严重的落后企业以及整治零散、杂乱企业，有序推进垃圾分类处置工作，加速园区的绿化进程。

（3）注重民生事业，深入实施乡村振兴战略

昆山经济技术开发区紧跟国家政策目标，针对高水平全面建成小康社会、实现共同富裕的目标，园区将努力做好各项有关民生的工作，充分发挥园区的各项职能作用，保障民生生活的稳定，推进各项公共基础设施的完善以提高公共服务的水平，加强对网络市场的监管，营造一个安全的线上服务平台环境，让更多的人民群众享受到改革开放的发展成果。最值得园区帮扶的群众就是落后农村的农民，要实现全面建成小康社会，农村就是改革重中之重，因此园区也全面发力，扶持落后农村农民，出资建设学校、改造农贸市场等重大民生事项将会逐步落实，并持续推进实施文体惠民工程，举办各类文体活动。逐步开展发达地区对落后地区的对口支援以及南北地区挂钩合作。

4.5　本章小结

本章列举了我国四个典型的工业园区，包括苏州工业园区、天津经济技术开发区、无锡新区和昆山经济技术开发区，描述了它们近年来的发展概况、运营情况以及未来的发展规划，并且对这四个园区的建设发展经验进行了总结，这四个工业园区有各自不同的特色、不同的发展方向以及不同的借鉴经验。通过分析这四个园区的发展规划，发现生态循环经济成为发展趋势，建立网络共享服务平台是发展高质量园区的重要基础。扩大对外开放、激励机制，与人民群众共建美好园区。本章通过对这四个典型园区的分析为之后新园区的规划建设提供了一定的经验教训，对跨国园区的建设也会起到极大的促进作用。加强

国际合作交流成为必然要求。各个园区的发展经验都提到政府适当的管理决定了园区的生态效率和发展质量，既不能过度管控，也不能放任不管，建立有效的激励机制，推动产业聚集和产业配套，形成产业生态圈。同时，政府还需要加强对产业的引导和孵化，推动产业结构的优化和升级。

第5章 生态工业园区发展模式分析

生态工业园是依据清洁生产要求、循环经济理论和工业生态学原理设计而成的一种新型工业园区。它运用物流、产品流、能量流和信息流等方式把处在生产链条上的不同企业连接起来，将一家企业的副产品转化为另一家企业的生产原料，建立起"生产者—消费者—分解者"的循环路径，追求废弃物产生最小化和能量多级利用。在卡伦堡生态工业园建设成功后，国际上纷纷对生态工业园的发展模式展开探索，其中日本、美国、英国、新加坡等建设力度最大，而我国工业园区的生态化建设则起步较晚。基于国内外生态工业园在建设起步阶段与发展完善程度等方面存在的差异，对两者的发展模式进行比较分析具有一定现实意义，能够为我国生态工业园区的建设与发展提供借鉴参考。本章将对生态工业园区的发展模式进行分类，介绍发展模式的基本形态，探讨国内外生态工业园组织模式和管理模式的类型、特征与差异。

5.1 生态工业园区发展模式的分类

由于分类依据各不相同，生态工业园区的发展模式并没有形成统一的分类标准。本书在参考其他学者划分标准的基础之上，依据国内外生态工业园区的典型特点，分别从废弃物处理方式、建设实施、产业共生关系、区域位置四个角度对生态工业园区的发展模式进行分类。

5.1.1 以废弃物处理方式划分

从生态工业园区对于废弃物的处理方式上看，按照废弃物排放与利用的特点可以将生态工业园区的发展模式划分为零排放型和资源节约型。其中零排放型侧重于废弃物的循环处理与再利用，而资源节约型则侧重于在源头上减少废弃物的产生。

（1）零排放型

零排放型发展模式通过在生态工业园区内部构建闭环物质流动系统，促成上下游企业间的物质交换与能量循环，实现废弃物的再利用以及对外界环境的"零排放"。零排放型发展模式对生态工业园区内企业间的关联合作提出了更高要求，各企业不仅要协调好自身的生产发展，还要兼顾与其他企业的协作生产，实现废弃物的交互利用。此外，零排放型发展模式下的生态工业园区往往呈现出产业结构多元化、生产网络复杂化的特点，园区为实现废弃物"零排放"的目标通常需要持续完善产业结构，适时补足缺失环节。

（2）资源节约型

资源节约型发展模式以废弃物资源化为首要原则，在生产过程中以科学理论为指导，尽可能按照资源的最优配比组合进行投入，避免在某一生产环节投入过多的原料，最大限度减少资源的浪费。资源节约型生态工业园区的成员不仅仅包括进行生产的工业企业，还包括研发工业技术的科技部门和监督、落实环境保护的政府部门。各部门通过与各大高校开展合作，产学互助，高校以生态工业园区作为科技实践基地，生态工业园区借助高校的技术研发进一步减少生产过程中的资源消耗，实现废物资源化的目的，减轻工业生产对环境的污染。

与零排放型发展模式相比，资源节约型发展模式并不侧重对废弃物的循环再利用，而是从根源出发，以降低生产原料的投入来减少消耗，避免因为生产配比不佳产生冗余。因此，从产业结构的复杂性来看，资源节约型发展模式下的生态工业园区内未必形成了庞大的产业共生系统，对于各企业之间的配合与交流相对而言也要求更低，各企业都是按照自身生产和发展的需要，从技术层面减少产料投入，避免浪费。

5.1.2　以建设实施方式划分

从生态工业园建设实施的角度考量，按照是否以原有工业园区为基础进行改造可以划分为改造型和新建型两种发展模式。其中改造型是通过对园区内现有企业进行技术性更新改造，建立起企业之间的废弃物与能量转换关系，进而完成对旧工业园区的生态化改造；新建型则是基于良好的规划与设计，吸引具有绿色生产技术的工业企业进入，从无到有建设新园区。

（1）改造型

改造型发展模式以原有的工业园区为基础，通过对已有设施和技术进行更新改造，拓展新的产业空间，使得老旧工业企业的废弃物能够被重新利用，在减少生态污染的同时降低了生态工业园的建设成本。这种以老工业企业为主导，新引入技术和产业链为辅助的改造型发展模式主要适用于对污染严重的资源型工业园区进行生态化改造，既能够实现老企业内部的清洁生产，又能够最大限度利用已有的资源。

美国的查塔努加（Chattanoga）生态工业园是改造型发展模式的典型代表。它以原有污染严重的老旧工业园区为基础，不断拓宽产业空间，围绕杜邦公司的尼龙线头回收业务实现了资源的有效利用，不仅减少了环境污染，更提升了企业的经济效益。

（2）新建型

新建型发展模式由于缺乏老工业园区作为建设基础，在整体设施建设上更加依赖于全新的规划和部署。因此在建设成本上相对于改造型而言更高，但是其在布局上更具灵活性，能够根据生态工业园区的建设需求进行适当的调整。此外，由于建设成本较高，此类园区往往对进入企业的绿色生产技术水平提出了更高的要求，进入门槛的提高也显著提升了新建型生态工业园区的整体质量。

在新建型模式下，各企业通过园区规划之初建设的基础设施实现废水、废热等资源的交换与重复利用。同时，由于在园区建设之时即有良好的发展规划，新建型生态工业园内部更容易形成系统化的产业片区。以南海国家生态工业示范园区为例，园区内部分设工业核心区、科教产业区、旅游度假区、五金产业区和综合服务区，形成了"一园五区"的整体布局，各区内部实行专区规划与专区管理，充分提升了工业园区的运转效率。

5.1.3　以产业共生关系划分

在生态工业园区中，由于地理位置相近，产业结构相似，各企业之间往往存在一定的勾连关系。园区内的工业企业或集团公司能够通过废弃物或副产品的交换形成相互依存的产业共生关系，构建资源高效利用的循环系统。这一循环系统一方面降低了生产过程中的运输和采购成本，提升了经济效益，另一方面能够通过企业间的产业共生关系提升资源利用的效率，减少对生态环境的污染。以企业间的产业共生关系作为划分依据，可将生态工业园区的发展模式分为自主共生模式和复合共生模式。

（1）自主共生模式

在自主共生模式下，生态工业园区中的企业出于利益考量自发进行废弃物交换或者副产品转销，各企业间的产业共生关系通过合作协商的方式形成，彼此在所有权上不存在隶属关系。对于每一个企业而言，这种自主共生关系只是经济意义上的一对一交易。

结合自主共生模式的特点来看，交易双方的合作始于彼此对利润最大化的追逐，每一个合作项目对参与各方而言都有利可图，两者的交易是在自发的协商合作下形成的。因此在自主共生模式下，企业能够通过谈判尽可能实现利益最大化的目标。此外，自主共生模式也对生态工业园区中各企业所属产业之间的适配性提出了更高的要求，只有当某一企业产生的废弃物或副产品恰好为另一企业生产所需，且双方在市场上对这些废弃物或副产品进行交易所得到的收益低于在自主共生模式下直接交易得到的收益时，各企业才会在利益驱动下自发形成产业共生关系。丹麦的卡伦堡生态工业园就是典型的自主共生发展模式，园区中的核心企业以能源、水和物资流动为纽带连接在一起，彼此之间通过自发的废弃物交换形成了举世瞩目的产业共生网络。

（2）复合共生模式

与自主共生模式不同，复合共生模式下的生态工业园区中各企业大多受控于同一集团公司，在所有权上存在隶属关系。集团公司对各企业之间是否进行生产交换活动起决定性作用，受控企业通常无权自由决定是否与其他企业进行合作或是中断原有的合作关系。

由于受控于同一集团企业，复合共生模式下各企业的产业共生并不都是以盈利为主要目的，而是基于集团企业发展规划的需要形成。广西贵港生态工业园就是复合共生模式的典例，园区中的制糖厂、酿酒厂、造纸厂、蔗田等都属于贵糖集团的下属企业。在园区建设之初，贵糖集团就依据自身的发展规划不断引入生产过程中所需的产业，弥补其生态工业链条上的缺口，通过集团公司的部署调配，各分公司能够通过废弃物或副产品形成高效的有机结合，实现资源的内部整合。

5.1.4　以区域位置划分

考虑到资源传递和信息交流的便利性，以往生态工业园区的成员大都集中在同一片区，彼此之间地理位置相近，能够通过基础设施构建直接在企业之间形成物质和能量的交换网络。伴随着信息技术的不断发展和交通运输的日益便利，区域位置已经不再成为生态工业园的成员之间信息交流和物质交换的制约因素。以区域位置划分，可以将生态工业园区的发展模式分为实体型和虚拟型。

（1）实体型

实体型发展模式要求生态工业园区中各企业区域位置相邻或相近，通过管道设施和运输系统在园区内部建立起废弃物、能源、信息等互换交易与循环利用的生态产业网络，各种资源的交换多集中在同一片区。大部分的生态工业园区都属于实体型发展模式，园区成员之间由于区域位置相近，能够直接进行各种物质和能源的交换，尤其是对于需要进行废热、废水交换的企业而言，相近的地理位置能够极大降低管道铺设的成本，提升企业的经济效益。

（2）虚拟型

虚拟型发展模式并不要求生态工业园中的企业集中在同一地理范围，只要各企业之间能够遵循减量化、再利用、再循环的"3R"原则构建生态产业链即可。虚拟型生态工业园的成员借助网络信息平台共享物质、能源、技术的有关信息，通过交通运输系统完成各企业之间的废弃资源交换，建立起更加庞大的废弃物资源使用和能量交换网络，实现资源的有效利用。

虚拟型发展模式打破了实体型生态工业园固有的空间限制，不仅实现了资源在各地区之间的灵活流动，而且降低了一般建园所需的高昂购地费用和基础设施建设成本。尽管虚拟型生态工业园没有在实体上形成统一的工业生产园区，各企业之间的区域位置也有所差异，但通过共享化的资源信息平台能够最大限度地优化资源调度，实现废弃资源的跨地区流动，形成事实意义上的生态工业园区。

5.2 生态工业园区发展模式的基本形态

尽管生态工业园区发展模式的分类并不具备统一的标准，但依据其基本形态的不同，可以按照产业多元化程度的差异将其划分为主导产业链型、多产业关联共生型和全新混合型三种基本形态。

5.2.1　主导产业链型

在主导产业链型形态下，生态工业园区内部已经形成了核心产业链，主导企业所生产的废弃物或副产品占据较大的规模，以其废弃物或副产品为生产原料的附属型企业所构建的生态产业链也具有一定的规模经济性。各企业之间在投入和产出上相互依赖，同时也相互制约。核心主导企业的生产规模对附属企业的生产规模影响显著，附属企业对废弃物和副产品的消耗与使用情况也会显著影响核心主导企业的生产效率。

从基本设施建设上看，配套的基础设施大都围绕核心主导企业运转，附属企业依据自身的需要在核心主导企业周边进行相应的设施建设。例如德国的瓦利生态工业园区就是由美国陶氏化学公司主导形成的工业园区，园内的主导产业为化工业，其产业链主要围绕陶氏化学公司所经营的化学品和塑料制造展开。通过引进与生产链条相关的企业，补足生产经营的上下游企业，形成了高效集合的产业系统。

从资源集聚的情况上看，呈现主导产业链型形态的生态工业园区大都集中在某一产业或资源的集聚发展地，借助区域性资源优势，围绕已具备一定发展规模的产业进行建设。例如江西新余的光伏特色产业园，就是以原有光伏产业为基础，赛维 LDK 公司为核心，其他光伏企业围绕赛维公司成立，在园内形成了"硅料—铸锭—硅片—电池—组件—太阳能应用产品"的完整光伏产业链。这些光伏企业所产生的多晶硅和其他副产品、废弃物又能够与园内的其他企业联合形成生态产业链，一方面实现了废弃物资源的有效利用，另一方面减轻了对生态环境的破坏和污染。

从产业链的延展特征来看，园区内的产业链均以主导产业为核心向外拓展，而园区内的主导产业有时并不唯一，比如内蒙古包头的铝业产业园内就形成了以铝业为主体，电厂为基础的"铝电合营"结构。与单一主导产业不同，包头的铝业产业园内有铝业与电业两个主导产业，彼此之间通过工业废水的冷却循环系统形成联系，其他企业依附于铝业和电业进行运作，电业系统产生的粉煤灰能被建材生产企业利用作为其生产所需的原料，电厂蒸汽为加气混凝土提供了高压蒸汽养护。园区在充分利用现有产业关联与资源优势的基础上，通过系统间的废弃物交换与能量循环形成了生态产业链，实现了资源整合与环境保护的双目标。

5.2.2　多产业关联共生型

呈现多产业关联共生型形态的生态工业园区内通常有多条生态产业链，产业结构更加多元化。园区内各企业之间的关系不存在明显的主次之分，而是通过废弃物、副产品、能量的交换形成了相对稳定的生态循环网络，互利共生关系较主导产业链型更为紧密。

国内外大部分生态工业园区的发展模式都呈现出多产业关联共生的形态，园区内部依靠多产业链条形成生态互补关系，最终实现企业内的纵向闭合与产业间的相互耦合，如丹麦卡伦堡生态工业园、加拿大伯恩赛德（Burnside）清洁生产中心等。与主导产业链型相比，多产业关联共生模式能够建立起更为庞大的生态循环网络，补足产业结构单一带来的生态产业链延展面窄的缺陷，通过多产业的共同协作运转，在提升经济效益的同时不断完善生态循环体系，提升环境保护的效用。

在我国，此类的生态工业园区多由高新技术产业开发区、经济技术开发区等改造而来，借助原有工业园区的产业结构，在其基础上进行产业拓展与生态化改造，例如烟台经济技术开发区、大连经济技术开发区等。以山东省日照市经济开发区为例，随着产业结构的不断优化，日照市经济开发区形成了包括高新技术产业、化工产业、浆纸制造和印刷业、海洋装备制造业、汽车零配件制造业、纺织服装业等在内的多产业关联共生形态的生态工业园区。结合园区内部的产业关联共生网络看，各企业自身通过实施清洁生产和产品的生命周期管理，极大减少了废弃污染物的排放；各产业之间则以园内的污水处理厂和热电厂为媒介，形成了以资源交换为依托，中水回用为媒介的能源高效利用、水资源梯度利用和减量排放的生态循环系统。但是从我国多产业关联共生模式的生态工业园区发展现状来看，目前仍然存在着产业链结构不完善，产业间联系架构较为单一的情况，需要进一步补足生态产业链中的缺位环节，加强对缺失产业的引入，不断优化联合共生的网络结构。

5.2.3　全新混合型

全新混合型是指在科学规划、设计的基础上，以绿色环保企业为主导，集环保技术产业的研发、生产、孵化于一体，同时以自身为媒介核心推动技术扩散与技术创新的生态工业园区发展形态。呈现此种形态的生态工业园区通常不以原有工业园区为基础进行生态化改造，而是"另起炉灶"重新开发而成。

从整体特点来看，全新混合型是在主导产业链型和多产业关联共生型发展形态上进化而来的，与两者相比既有联系，又有差别。与主导产业链型相比，全新混合型虽然以环保产业作为主导进行发展，但围绕环保产业进行发展的产业更加多元化，形成的产业链也不单单是围绕环保产业而产生，非环保产业之间通过关联共生，彼此之间也能够形成生态循环的网络；与多产业关联共生型相比，全新混合型对绿色环保技术的要求更高，整体发展态势上更像是绿色环保产业的孵化基地，在应用新型环保技术对原有生产技术进行更新改造的同时，也将新技术的研发创新和使用推广融为一体。

无论是在建设成本还是在技术水平上，全新混合型模式都对生态工业园区的建设提出了更高的要求。从国内外生态工业园区的现状来看，呈现全新混合型发展形态的生态工业园区占比并不是很大，主要原因在于其兼具投入成本高和技术性强的特点。由于缺乏原始工业园区作为建设基础，全新混合型发展模式主要依赖于良好的园区规划和招商政策吸引绿色环保企业进入，再以这些企业为基础进行产业链拓展。

呈现全新混合型形态的生态工业园区多依托于科研所或者研发水平较高的大学建设而成，例如日本的北九州生态工业园区、美国的明尼苏达州生态工业园区等。我国的南海国家生态工业园也是全新混合型形态的典例，它是我国的八大环保产业园之一，建设之初即通过绿色招商提升入园门槛，吸引了一大批具有绿色创新技术的企业入园，带动园区内生态产业链的构建。在园区内，各企业推行清洁生产，借助绿色生产技术降低资源耗用，实现物料的循环利用，使得企业在生产过程中产生的废料垃圾能够实现资源化利用或无害化处理，减少了环境污染；在园区外，通过示范宣传和技术扩散逐步影响、带动周边地区循环经济的发展。

5.3　中外生态工业园区组织模式的比较

生态工业园区按组织模式可以分为：自下而上的自组织模式和自上而下的有意设计组织模式。自组织模式是某一区域内几家大的企业出于节约成本、解决资源约束瓶颈问题而形成副产品交换系统。企业的主观愿望是获得经济利益，对自然环境产生积极的影响是一种客观的结果，并非企业主动追求的目标。就像丹麦卡伦堡工业园中的企业共生体，当初采取构建工业共生链的措施，是为了节约淡水资源和应对能源成本的增加。随着生态工业园的进一步发展，后续将环境绩效提上了议事日程。有意设计模式是个人、组织或政府指导和控制其运作而确立的人造秩序。比如：日本的生态工业园区，在设立之初，就把环境效益作为主要目标。作为一个国土面积小，自然资源贫乏的国家，日本在推动生态工业的过程中，首先将生态效益摆在相当突出的位置。

5.3.1　国外生态工业园区的组织模式

如表 5-1 所示，将国外典型的生态工业园区按照组织模式类型划分，可以发现自组织模式和有意设计模式的生态工业园各占一半。

表 5-1　国外生态工业园区组织模式类型

地区名称	国家名称	生态工业园名	组织模式类型
欧洲	丹麦	卡伦堡生态工业园区	自组织模式
	芬兰	约恩苏生态工业园区	自组织模式
	英国	诺尔斯蒂生态工业园区	有意设计模式
	德国	瓦利生态工业园区	自组织模式
北美洲	美国	开普查尔斯生态工业园区	自组织模式
		乔克托生态工业园区	自组织模式
		布朗斯维尔生态工业园区	有意设计模式
	加拿大	艾伯塔生态工业园	自组织模式
亚洲	日本	北九州生态工业园区	有意设计模式
	韩国	釜山生态工业园区	有意设计模式
	印度	纳罗达生态工业园区	自组织模式
	泰国	罗勇府玛达浦工业区、北标府农开工业区、北榄府亚洲工业区、春武里府宾彤工业区	有意设计模式
	菲律宾	Prime Infra 项目	有意设计模式

5.3.2　国外不同组织模式的实践特点

国外的两种组织模式的生态工业园区在发展导向、启动者、公共参与度、投资主体和风险大小上具有不同的特点。

（1）发展导向

自组织模式生态工业园始终把经济效益摆在首位，企业集聚是为了共享资源和基础设施。欧洲作为自组织模式生态工业园发展的代表，在实践中获得了成功。有意设计模式生态工业园是政府为控制污染、提升环境质量和增加就业设立的。以改造企业原有生产方式来改善生态环境的方法，不仅会增加企业的生产成本，而且难以达到生态工业园的合作和共生的目标。20 世纪 20 年代中期美国一系列生态工业园的失败是因为没有重视对相关利益群体的激励。

（2）启动者

自主组织管理模式的生态工业园启动主体是地区企业协会。在协会组织的协调下，园区企业会首先构建生产链，并逐步发展成为链网结构，最后形成工业共生体的生态工业园。该模式能有效地减少交易成本，调动企业参与的积极性。而有意设计模式的生态工业园，则是由政府启动，为了实现区域可持续性发展，人为规划建立的。因为企业对彼此的工艺流程、生产特征、企业文化不熟悉，缺乏信任感，因此参与的企业数目很少。

（3）公共参与度

前者公众参与较少，大多数参与方是园内企业的利益相关者和科研机构；相比而言，后者的社区公众和非政府机构参与较多，他们对园区的整体宗旨和目标有很强的认同感，并能主动为生态工业园的网络建设优化出谋划策。在美国生态工业园管理实践中，通过定期举办"规划与设计座谈会"，鼓励社区居民参与生态工业园治理，表达想法，提出一些可行的建议。

（4）投资主体

在自主组织模式下园区形成主要依靠企业自主投资，承担相应的规划成本和实施成本。有意设计组织模式中，地方政府在园区形成的初期提供财政支持，此时运营所需的基础设施不完善，如果要企业独自承担投资成本，很有可能会降低企业入园发展的积极性，阻碍园区的形成和发展。而有意设计的生态工业园区建设的后期是成员企业共同承担规划成本和实施成本。

（5）风险大小

前者的生态系统往往以核心企业为中心进行能量流和信息流交换，构建相应的平台来支持生态工业园建设和发展，综合考虑项目经济效益和环境效益，将短期利润最大化目标和长期可持续发展规划充分结合，风险较小。后者在发展初期，就把环境效益放在重要位置，忽略了经济效益，难以实现企业资源的最优配置；同时，园内企业大多是政府招商引资进来的，业务相关性较弱，风险较大。

5.3.3　我国生态工业园区的组织模式

在我国的自组织模式类型的生态工业园中，生态链及生态系统构建通常以某一个企业或者企业集群为核心，以某一资源密集型产业为主导，如煤炭业、铝业、磷业等。例如：包头生态工业园区将铝业作为主导产业，在电力企业基础上，成功发展了铝电联营产业。

而有意设计的组织模式，生态工业园是在高新技术产业园区的基础上改造而成，以电子信息产业、机械制造和精密仪器等高科技产业为主导，将高新技术产业与生态工业有机融合。如北京经开区的诺基亚星网工业园区和浙江嘉兴平湖以日本电子产业为核心的光机电产业集群。

5.3.4　我国不同组织模式的实践特点

我国两种不同组织模式的生态工业园区在形成机制、产业特点和地域特色等特点上存在一定的差异。

（1）形成机制

自组织模式生态工业区最初是由几十家生产同类或相关产品的企业，在产品销售过程中为了减少交易成本自发形成市场。随着市场的不断扩大和法律法规的设立，企业聚集产生的知识外溢和技术创新，进一步推动了产业发展。有意设计模式的生态工业园区是在外力作用下形成的，政府作为发起者，主导经济开发区的规划、设计和招商引资，采用补贴和税收减免等政策吸引企业的加入。

（2）产业特点

自组织模式生态工业园以劳动密集型和资源密集型的产业为主。企业基于各自的比较优势进行分工，产生规模经济和范围经济的效应，在市场机制的作用下淘汰一些不合适者。而有意设计模式的生态工业园区以技术密集型的产业为主，创新能力强，组织网络化程度高。因为科技研发需要大量的资金，并具有高度的不确定性和正外部性，仅仅依靠企业是难以实现的，需要政府财政的大力支持。

（3）地域特色

自组织模式生态工业园中具有鼓励创新、允许失败的良好氛围，与当地文化、原有产业和专业人才紧密相连，通过各种活动交流思想，进行理念和观点的碰撞，汇集成园区发展的战略性智慧。而有意设计模式生态工业园区具有外向型特征，基于工业园的区位优势和政府的优惠政策，吸引了许多优秀的外地企业，形成高科技的企业集群，但企业地域根植性较弱。

5.4　中外生态工业园区的管理模式比较分析

按照生态工业园建设主体的不同，可将其管理模式分为：政府主导型、关键企业主导型、政企合一型、政企分离型和自组织管理型，我国的生态工业园大多是政府主导型的，而国外的生态工业园以自组织管理型为主。本小节将介绍不同的管理模式的特征、优点和缺点，并比较国内外生态工业园区在行业分布、建设驱动力、环境保护以及建设方式等方面的差异。

5.4.1　模式分类

（1）政府主导型管理模式

政府从园区的规划、建设甚至微观到园区的组织、运营和发展等环节上都发挥着主导作用，对生态工业园的发展进行全面、直接的管理。政府主导型模式的优点在于能够在短时期内促进生态工业园区在数量和规模上的快速发展。然而，存在一些弊端，很多事情由政府包办，过度干预，产生政府失灵的现象。

政府主导型管理模式可以细分为"纵向协调型"模式和"集中管理型"模式。"纵向协调型"模式是政府通过宏观调控，将园区的发展与地区的规划保持一致。缺点是园区管委会权力较小，管理职能分散于具体职能部门中，容易造成互相推诿的现象。"集中管理型"模式是地方政府授权组建专门机构——园区管理委员会，对园区进行运营管理，其职能独立于政府部门。

（2）关键企业主导型管理模式

关键企业对园区实施全面管理，负责园区的规划设计、建设管理和企业管理等。政府部门则提供工商、税收和公共基础设施建设等公共服务，同时对园区关键企业进行监督和指导。其优点在于企业间的合作是建立在平等的产权关系之上，能依据市场规律进行生产运营，但对信息共享的管理系统和激励约束机制的要求较高。

（3）政企合一型管理模式

在园区管理委员会下设立一个发展总公司。作为经济实体，需要负责筹集资金、规划设计和开发建设等具体经营性事务；作为行政性的机构，需要负责区内的基础设施建设和企业间的协调。在初期，设立发展总公司对园区的发展有着较强的推动作用。但是，随着生态工业园区的进一步发展，其既要负责宏观的决策，又要负责具体微观管理。权力过分集中降低了管理的效率，造成政企不分问题。

（4）政企分离型管理模式

政府和企业通过清晰界定园区管理部门的职能，将行政管理和公共服务职能与经济开发区经济功能进行合理划分。管委会集中提供公共服务，有利于提高工作效率。经济管理工作由独立总公司负责，有利于按照市场经济规律解决经济发展中存在的问题。然而，总公司可能会为了追求利润最大化，偏离开发区原有的定位和职能。

（5）自组织型管理模式

原先处于无序竞争状态的企业，通过物质、能量和信息交换，自发形成互利共生的工业园。企业之间相互独立，没有产权联系，没有行政上的隶属关系；各企业通过定期或临时的会议来对园区中的问题进行协调和管理。有利于园区企业形成良好的合作关系，但由于缺乏统一的园区管理机构，组织较为松散，很难避免企业的机会主义行为。

如表 5-2 所示的我国的生态工业园区大多数是政府主导型的，而国外生态工业园则采用自组织型的管理模式。

表 5-2 中外生态工业园区的管理模式分类

管理模式	生态工业园名称
政府主导型	天津经济技术开发区、广州开发区、昆山经济技术开发区、扬州经济技术开发区
关键企业主导型	山东阳谷祥光生态工业园
政企合一型	天津经济技术开发区
政企分离型	中芬生态谷
自组织型	丹麦的卡伦堡生态工业园、美国硅谷的斯坦福科技园区、英国的剑桥科技园区、北卡罗来纳三角研究园

5.4.2　国外特点

（1）行业集中在化工、能源和农业等领域

这些产业具有所需的原材料较多，耗能多，废物多，而产品数量和体积较小等特点。企业集聚有利于其他行业和部门对该体系"排泄物"的再次利用，形成稳定的工业生态链。

（2）经济利益是推动生态工业园区建设的动力

以卡伦堡为例，制药厂选择使用电厂的蒸汽，石膏厂选择使用电厂的工业石膏，是为了节约生产成本，实现企业利润最大化。经济利益将处于生态链上的不同企业联系在一起，大大提高了参与企业的积极性。但受上下游产品的质量和市场需求的影响，这种关系并不稳定。

（3）完善的环保法规及严格的强制执行措施形成了生态工业园区建设的强大压力

国外生态工业的出现和发展同国外严格的环保法律法规的实施有着必然的联系。在卡伦堡生态工业园中，当地法律规定：禁止医药废水、废渣填海，因此制药厂将其处理加工用于生产有机肥，向当地农民出售，成为解决残渣的有效途径之一。

（4）生态工业链网的形成具有自发、自组织的特点

企业间的合作是建立在相互依赖和信任的基础之上，企业的产权明确，有利于减少交易费用；在合同契约关系下，企业能严格地保证副产品的供货质量。和自然界的生物群落的形成相似，具有稳定、有效的优点，但企业对未来利益和全局利益的认识缺乏整体把握，自组织的发展过程较缓慢。

5.4.3　国内特征

（1）核心生态产业链复杂多样

既有一般的以工业为主线的生态产业链条，也有融合了农业和环保产业的生态产业链条。产业链有利于资源整合，实现团体间的联合与协作，实现企业间资源的差异互补，充分利用企业的比较优势，提高了生态园区的生产效率和有效应对外部风险的能力。

（2）政府在园区建设中的主导作用

政府运用宏观经济政策调节工业生态系统，综合考虑整个园区的经济和环

境效益，体现了政府在园区建设中的主导作用，然而市场机制在资源配置中的决定性作用未能得以充分发挥。由于政府对生态工业园的宣传不充分，部分企业入园时积极性不高，对园区的运行机制表示怀疑。

（3）环境管理存在一些不足之处

许多企业并未如实报告其资源的消耗量和排放物的种类，资源利用率透明度不高，影响生态工业园区的运行效率。此外，我国不同地区的资源税存在较大差异，促进企业生态化改造的能源税体系也不完善。

（4）大多园区离城市中心较远

大多生态工业园区是由传统开发区改造而来，距离城市中心较远。与城市相比，这些地方的教育、科研和金融服务水平较差，而生态园区的物质循环利用、废弃物处理、垃圾分解等多个环节对技术、科研能力有着较高的要求，辅助条件的落后一定程度上阻碍着生态工业园区的发展。

5.4.4 差异分析

中外生态园管理模式在形成时期、建设方式和运行特征三方面存在一定的差异。

（1）形成时期

西方国家在完成了工业化之后，具有一定的技术基础的条件下才进行生态工业园的建设。而我国在工业化过程中就进行生态工业园试点与建设工作，依次经历了经济技术开发区和高新技术开发区两个阶段，实现了从追求工业发展"量"的扩张到追求"质"的提升的转变。生态工业园示范区的启动，为探索经济与环境"双赢"的工业发展道路提供可行的路径。

（2）建设方式

对欧美等发达国家而言，生态工业园区建设主要通过改造现有的工业园，发掘环境改善的机会，增强园区的竞争力，重振制造业。而我国，政府在指导工业园区的规划和建设中发挥主导作用。我国工业园区大多处于产业生命周期的初始阶段，产业类型单一，企业数量少且规模小，管理水平不高，因此实现生态工业园的可持续发展需要相关的理论指导。

（3）运行特征

我国的生态工业园区的建设具有政府引导、科学规划和市场运作的特点；而在国外的生态工业园发展实践中，企业之间的合作和协调以市场为导向，政府的宏观调控较弱。后者以经济利益为驱动力，不能保证整个园区系统的利益最大化。比如，某些企业会在利润降低时，退出生态工业园区，造成整个工业体系的不稳定，影响生态工业园的合作收益。

5.5 本章小结

　　本章重点分析了生态工业园区的发展模式。首先，在参考其他学者分类方式的基础上，综合国内外各生态工业园区的特点，分别以废弃物处理方式、建设实施方式、产业共生关系、区域位置为分类标准对生态工业园区的发展模式进行划分，比较了不同分类角度下生态工业园区发展模式的特点。然后，结合国内外生态工业园区的发展现状对生态工业园区发展模式的基本形态进行了进一步的划分，按照产业多元化程度的由浅入深可分为主导产业链型、多产业关联共生型和全新混合型。其次，比较分析了国内外生态工业园区在组织模式和管理模式上的差异。在组织模式上，国内外的生态工业园区均采用自组织模式或有意设计模式，但国外生态工业园区组织架构大多是在经济利益的驱动之下形成的，而国内的生态工业园区大多是在政策导向和政府的牵头之下形成；在管理模式上，国外的生态工业园区多以企业作为管理主体，企业兼具生产者与管理者的双重属性，而国内的生态工业园区中政府扮演着更加重要的角色，管理模式多为政企合一型或政府主导型。

第6章　工业园生态化转型的内在机理分析

工业园一旦具备了生态化转型的足够动力，则会在动力作用的驱使下步入转型的轨道。然而转型的实质是从一种系统结构状态向另外一种结构状态转变。由于转型期内各种不确定因素众多，转型过程中已经积累的一些成果容易受一些不确定因素的冲击而不能持续发展。处于生态化转型期的工业园正是带有这些特征，转型中园内企业或已逐步进行清洁生产技术的应用或正准备从事这项工作；园内或已开始着手构建生态产业链，或正试图增强产业关联性；园区层面或已开始从事管理体系的优化。总之，这些尝试性工作或多或少已经取得了一些进展和成果，但要促使工业园最终转型成功、达到国家颁布的生态工业园标准却还有很长的路要走。在这一并非一蹴而就的转型过程中，工业园内部各参与主体及要素间关系的协调和匹配问题变得十分重要，比如初具雏形的生态产业链上下游企业间物料供需的匹配及合作关系的发展。而要促使工业园系统的生态化转型升级，则必须要有相应的机制支持。机制指的是一系列的行为过程或规则方式。转型升级强调系统的发展性以及系统从较为低级的结构向更为高级的结构转化的过程。本章主要从园区系统实现转型升级（本质上就是一种向更高级系统状态特征的演化）的过程机制、实现机制和保障机制三个方面展开研究。特别地，通过对过程机制的分析试图使园区各主体明确哪些因素对园区的转型升级是利好的，哪些因素是非利好的以及要满足怎样的条件才能实现系统持续向更加高级状况升级的目标，便于为园区的管理工作提供实践指导。

6.1　转型的基石：主体或要素间关系的协调

工业园实现生态化转型升级之后最终的要达到的系统结构性质是"生态工业园"。因此，要实现这个目标就需要对现有工业园进行生态化改造，从而使之稳步转型最终向一种新的更为高级的结构转化（即符合生态工业园标准的系统结构和性质）。故在转型过程中就要努力构建起园内的生态产业链，搭建企业间基于废弃物和副产品的相互交换关系，努力培育园内企业间在信息、技术、管理等方面的相互合作与交流，实现园内企业、企业间共生体、园区管理方以及地方政府之间的协同配合。然而，正在经历生态化改造和转型中的工业园只是在通往符合国家标准的生态工业园的路上，有些甚至还刚迈出第一步。上述所列的种种需要努力的工作或许已经取得了一些进展，比如生态产业链条形成雏形、废弃物交换系统正在构建，园内企业间的合作交流也在逐步培育和强化。然而，处于转型中的园区系统其内部各主体或要素间关系的协调融洽性值得关注。园区实现成功转型是各方主体所共同追求的，对于正在经历生态化改造且已积累了一定成果的工业园而言，其园区系统内各主体或要素间所存在的物质或合作关系应该具备的状态特征可以从以下几个方面来表述：

第一，从园区系统的物理层面分析，园区的主体结构要合理。这些主体包括生产者企业、消费者企业、分解者企业以及各类支撑性中介机构。尤其是产业要多样化，因为产业单一化难以形成生态共生网络，由此会影响园区的生态化转型。合理的主体结构还表现在园区要具备足够数量和规模的关键企业。图6-1 列示了一个理论上符合标准的生态工业园系统的基本主体结构。

第二，物料供需的匹配性。园区系统中对于某一下游企业而言，其所需要的资源化"废弃物"可以从多家上游企业中寻找到，同时对于某一家上游企业而言，其废弃物和副产品也可以同时销往下游的多家企业，这样就不至于导致某两家特定的上下游企业之间形成过分依赖的关系。物料供需的匹配性还表现在提供同种废弃物或副产品的上游企业和需要此废弃物或副产品的若干下游企业之间在原材料供给与需求方面要匹配，整体上满足各方需求，避免上游废弃物（原材料）因为下游企业需求过小或过大而要么需要另寻销路，要么无法满足需求。

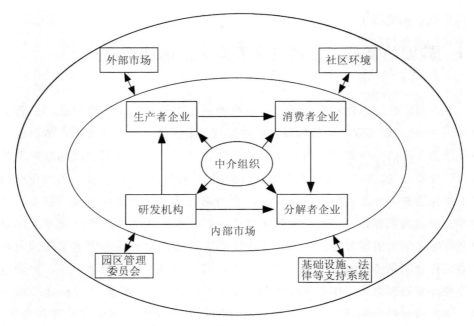

图 6-1　符合标准的生态工业园系统的基本主体结构

第三，企业间合作关系的融洽性。传统的工业生态学将工业生态系统内的关系协调性突出从物质关系角度来理解，着重强调物料、能源在工业共生企业之间流动的匹配性。然而，从管理学的角度来考察关系的协调性，尤其要将企业之间的合作关系这种社会属性关系的融洽性加以重点分析。物料、能源要得到充分有效的循环或综合利用就离不开企业间的充分合作。这种合作表现在对新的知识和信息的共享与学习，表现在相互之间的宽容与理解，更表现在稳固信任机制的建立等方面。园区内部的社会网络关系越发达，社会资本积累越充分，就越能有效促进企业之间以及企业与各类中介组织之间的沟通与交流，从而加强对园区统一目标的认同和理解，促使园区实现内部协同效应与园区整体绩效的提升。

第四，园区公共关系的良性发展。这里的公共关系指的是园区与地方政府、社区、外部市场之间的稳定、协调的关系。水可载舟，亦可覆舟，学者们研究认为园区的外部环境对于园区转型的作用不容小视。具体来说，园区的成功转型需要政府的政策支持，需要社区居民的认同和参与，需要包括社区在内的外部市场为园区的发展提供最终产品的有效购买力。

以上便是工业园实现生态化转型升级所应该具备的各主体或要素间关系状

态的特征，而实际上处于转型中的工业园很难呈现出这些状态。因此实践中只能为之创造条件以实现园区的成功转型。

6.2 转型的基本路径及机制界定

6.2.1 生态化转型的基本路径："点—线—面"三步骤

并不是所有的工业园最终都需要升级为严格意义上的生态工业园。生态化转型是指工业园经改造之后由以前某种系统结构状态转变为另外一个新的系统结构状态，且这种新的结构状态一个显著的特征就是资源利用率得到提高、系统内所产生的废弃物减少。当然，从状态的高级程度考察，生态工业园这一级别的系统状态可被认为达到了相对最高级的系统状态阶段。

对于一些适合通过转型升级为最高级类型即标准意义上的生态工业园的园区而言，其生态化转型的路径选择可言简意赅地归纳为"点—线—面"三部曲。"点"就是要首先在园区重点企业或项目层面推广清洁生产技术，做足园内微观企业层面的功夫。只有微观企业层面的生态化工作得到了加强，才能为产业链层面的生态化改造和转型奠定基础。"线"指的就是整条产业链的生态化改造与转型，通过产业链的层面的转型升级使得上下游企业的副产品和废弃物交换系统得到不断构建和完善。"面"指的就是园区内多条生态产业链的形成和发展，由此构成一个复杂的生态产业链网络。

然而，有些园区基于自身实际和发展战略，可能仅适合将生态化转型升级的目标定位在"点"这一阶段。而本书侧重研究的是那些将生态化转型升级目标确定在"面"这一层次的工业园，这些工业园往往已经积累了一些生态化改造的基础，但需要进一步深入生态化改造和转型工作。

6.2.2 转型机制的内涵界定

以上对园区实现生态化转型所需要达到的各主体或要素间关系状态的特征进行了较为深入的探讨，而要最终完成转型则还需要一个特定的行为过程，或者也可以称之为机制。所谓机制就是体现系统运行过程的某种规则、方式。而转型机制指的是为了确保转型的成功所需的一系列行为机制。有的学者认为信任机制是构成转型机制的重要内容，企业间只有建立起信任机制才能促进彼此的交流与合作从而降低交易费用。当然，也有学者认为，除了信任机制外，还应该构建一些可操作性强的规范机制用来规范企业的行为，从而增进彼此的行为预期进而促进企业间的有效合作。也有学者从治理机制的角度来分析转型机制的构建，认为应该针对园区内部资产专用性的程度和交易的频率适时地采取灵活多样的治理范式，包括市场治理、双边治理、三边治理和一体化治理。这实际上是要为不同类型的交易寻求一种能促使交易费用最小化的合理组织形式。

　　本书认为，所谓园区的生态化转型机制就是指一系列确保转型期园区各个层面有序运行的各种条件、规则、方式和程序的集合。转型机制由若干子机制构成，这些子机制的有机集成只为了一个最终目的，那就是持续促进园区转型目标的达成，避免一些已积累的成果付诸东流。转型机制的分类有很多种，本书侧重从过程机制、实现机制和保障机制三个方面来探讨确保园区成功实现生态化转型的具体机制。

6.3 园区系统生态化转型的过程机制

6.3.1 基础性过程子机制

　　工业园从本质上看就是一个工业组织系统，这个系统演化和发展（具体地讲就是转型升级）的目标就是从相对无序的状态向相对有序或从一个有序状态向更高级的有序状态发展。那么要实现工业园系统向更高级层次结构（即符合标准的生态工业园结构）演化的目标，系统就必须具备一定的前提。具体地讲，必须通过四个过程子机制才能促使系统达到耗散结构状态，从而为实现转型升级提供支持，这四个过程子机制分别是系统开放机制、非平衡机制、非线性机制及涨落机制。一言概之，就是系统要处于开放状态并且远离平衡态，同时系统内部要存在涨落，另外还应该有将这种涨落进一步放大的非线性作用机制。

　　第一，开放机制。自然界和社会中各类系统要想获得持续的发展就必须与外界保持密切的接触，这是系统具有生命力的最为关键的条件之一。工业园属于一个社会和自然的混合系统，要想实现有序转型升级的目标，也毫无例外地必须处于开放状态。只有处于开放状态，工业园才能够从园区之外获得转型发展所需的各种营养，比如原材料、信息、人才、资金和技术等。需要指出的是，从外界获得这些营养物并不与工业园进行生态化改造、实现内部循环经济、将各类废弃物和副产品进行循环利用相矛盾。前者是为了通过与外界进行物质和能量的交换以缓解系统内部种种矛盾和瓶颈，而后者是为了实现经济效益和生态效益的双赢，使系统的运行给自然环境带来的负面影响最小化。在系统与外界的开放式交流中最为典型的就是工业园的生态化转型发展必须有当地政府的参与，尤其是在园区生态化改造初期，政府的支持与参与显得非常重要，政府往往通过在资金、政策、基础设施建设方面给予处于改造初期阶段的园区扶持来实现其目标。虽然国外的一些生态工业园的形成表现出很明显的自发性，但是实践证明后续发展中政府的参与也是必要的。在我国，工业园生态化改造和转型更是离不开当地政府的支持。园区管理委员会往往就是具有行政色彩的地方政府的专设机构。即使这种政府专设的园区管理委员会被视作园区内部的主体，园区也是处于开放状态之中的。园区的转型发展需要得到地方政府的支持，必然会受到所处社区的市场和文化以及社会当前技术水平的影响。

　　第二，非平衡机制。一个系统只有处于远离非平衡状态的区间才能在系统内形成某种势差，而这种势差的存在正是推动系统演化（转型升级）的重要条件。在势差存在的情况下一旦系统又与外部环境之间存在能量的交换，比如工业园和外部环境之间进行资金、信息、技术、人才等营养物的交换，那么系统往往能得到向前发展的推动力量。本书在前述分析中已经指出，推动工业园生态化改造的一种引致性力量就是区域经济在发展过程中出现了资源过度消耗、环境污染程度超过了其承载能力这样的一种资源和环境的压力，这正是园区处在非平衡区间的显著体现。而资源和环境的压力（或资源利用与环境维持的现实状态与理想状态的差距）正是推动工业园生态化转型或向更高层次状态转化的根本性力量。如果工业园系统处于近似平衡态或平衡态区间，那么就不会产生势差，因而不能提供促使系统转型升级的内驱性力量，系统只会处于绝对的静止状态。

　　第三，非线性机制。工业园系统中所存在的非线性作用关系指的是园区中的各类主体之间、各种资源之间存在的互为因果的一种反馈式关系。经历生态化改造中的工业园系统包含众多利益主体，如员工、企业、工业共生体、园区管理方，同时地方政府和园区之外的一些利益主体也和园内主体产生不同类型和程度各异的联系。另外，就园区运行所需的资源而言，其包括各种物料、能源、废弃物与副产品、资金、信息和各类所需人才等。各类资源在工业园运营过程中往往表现出相互影响的关系。进一步地从某一角度考察，园区系统还可以分为若干个相互联系的子系统，比如将园区系统分为推力子系统、生产运营子系统和拉力子系统，而这三个子系统各自内部以及子系统之间都存在着相互影响的复杂关系，而且它们之间的作用力并不是线性的。园区系统内部只有存在着非线性作用机制，超过临界值的涨落才能通过这种机制产生放大效应，进而推动系统演化和发展（或转型升级）。假设一个改造中的园区已具备生态产业链的雏形时，当其园内某一上游企业的生产工艺或技术参数发生改变或者是在废弃物处理技术上获得了某种改进，这便形成了改造中的工业园系统内的一个涨落。这个涨落通过上下游企业间甚至是整个产业链条内部各个企业间的非线性相互作用，最终会产生工业共生体系内部技术层面较大的创新和变革。因此生态产业链中的各个企业只有形成技术上的协调发展才能确保生态产业链的更新和升级。正是通过各种非线性相互作用才使得整个工业园系统向更高层次演化（即向符合标准的生态工业园系统迈进）成为可能。

第四，涨落机制。工业园要实现转型升级需要系统内出现某种涨落现象。这种涨落有时是偶然的，但有时也是刻意安排的。只有存在涨落才能促使园区系统存在某种势差，这种势差会产生一种能量，促使系统发生变化，直至向另外一种状态演化。然而涨落要对系统最终产生实质性的影响也是有条件的，就是涨落的幅度必须超过某一临界值（或称为阈值）。如果涨落没有超过阈值，那么它最终将会被系统消化或耗散掉，这样不会对系统产生实质性作用。涨落一旦超过临界值，就会在系统内部所存在的非线性相互作用机制的推动下形成一个巨涨落，进一步地在这个巨涨落的推动下系统会向一种新的状态演化。当然，系统要向更高级的状态演化，还必须保证起初的涨落是积极的，那种本身就对系统有危害的涨落最终会导致系统向更加无序的状态演化甚至导致系统崩溃。在正经历生态化改造的工业园系统中，比如某两个企业间为了更好地在废弃物、副产品的合作中实现互利共赢而修改或进一步完善了原有的契约安排，这种契约安排的改善就是一个涨落。这种涨落通过园区初步形成的工业共生体中诸多企业的仿效（非线性相互作用）之后会产生一个扩大的影响效果，最终有可能导致整个园区企业间契约安排制度的改善乃至促使园区系统向更加高级的层次演化。

总之，工业园系统只有通过以上四个过程子机制功能的发挥才能使得耗散结构状态的形成成为可能，从而为工业园系统实现生态化转型创造前提。

6.3.2　临界条件机制

通过对工业园系统转型升级的四个过程子机制的分析，我们已经明确了系统实现演化（或转型升级）所需要的基础性的机制。但需要指出的是仅具备这几个基础性的机制也只能意味着园区系统实现转型的目标有了可能。园区系统到底能否持续地向更加高级的系统状态（即所期望的生态化系统状态）演化，还需要满足一个临界条件，即需要具备一个临界条件机制。而验证临界条件的满足与否需要通过对园区系统的熵流进行分析并且构造出识别系统是否达成耗散结构的标尺。

经历生态化改造的工业园内部存在着多种主体和资源，园区在运行过程中会不可避免地产生各种矛盾和摩擦从而使得园区系统无序程度增加。在园区系统中，由于各企业存在不同的私人利益，同时各企业对园区整体战略意图的理解也是各不相同。进一步地，各企业在技术水平、人员素质、资金实力、企业文化等方面都存在差异，在合作中难免会产生各种各样的矛盾和冲突。即使是在同一个企业内部，各个职能部门之间以及生产运营环节之间都有可能因为资源分配的不合理等问题而产生矛盾和摩擦。另外，园区的运行始终处于相应的环境之中，环境中也存在着多种与园区内部发生联系的主体，它们可以为园区的发展提供必需的"营养物"从而降低园内的摩擦程度。矛盾和摩擦会产生系统熵增效应，我们通常称其为正熵；而外部为园区提供的"营养物"却可以降低熵增，称为负熵。本书将系统内部产生的正熵和来自外部的负熵统称为工业生态熵（如果从管理的角度来考察也可以称其为管理熵）。

从本质考察，熵是对系统无序程度的度量，因此我们总是希望系统的总熵规模最小化，那也就意味着系统的有序程度最大化。具体到本书的研究，我们则是期望工业生态熵的总规模最小化。特别地，用 mS 表示工业生态熵的总量，用 m_iS 代表园区内部各主体或资源在相互作用关系中所产生的正熵，也就是对内部矛盾或摩擦程度的度量；m_eS 表示从外部引入的旨在减少系统内部熵增效应的熵。然而需要指出的是从外部引入的不一定都是有利于减少内部熵增的负熵，也有可能因为决策不科学而引进了导致系统更加无序的正熵，但是我们的主观愿望应该是引进尽可能多的负熵。那么，园区系统中工业生态熵的总规模可以用式（6-1）表达：

$$mS = m_iS + m_eS \tag{6-1}$$

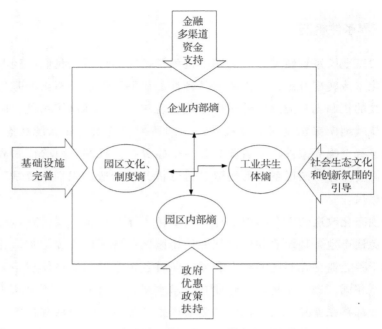

图 6-2　生态化转型中工业园系统内外熵流关系图

　　进一步地，有必要对工业园系统中产生正熵的主要来源及组成和从外部环境中可以引入的负熵来源及其组成进行具体探讨。为了研究的需要，本书将园区中的主体分为了微观企业、企业联合体（或工业共生体）、园区管理方。系统内部所产生的矛盾和摩擦也主要就来自这三个方面，故将企业内部熵、工业共生熵、园区管理熵视作系统正熵的最主要来源或组成。另外，除了实体组织可能产生正熵外，一些软性因素若运行不当也会产生正熵，比如园区的文化和制度因素若存在某些缺陷也会导致系统内部的熵增，因此将园区文化与制度熵也作为系统正熵的重要组成部分。而就系统外部可引入的负熵而言，可从以下几个方面展开工作：一是政府采取有效措施为园区的转型发展提供优惠的税收条件，并且在园区开展生态化改造初期直接加大对基础设施的投入力度，通过政府的引导和推动在全社会范围内促使生态意识深入人心，借助政府"看得见的手"鼓励创新；二是引导社会资金支持园区内企业的循环经济活动，同时扶持园区内具有企业孵化功能的机构的发展，如此等等。这些举措能有效化解园区内基础设施缺乏、企业资金紧张、工业共生的信息不对称等各类矛盾和问题。故本书将转型中工业园系统负熵的来源和组成确定为硬环境熵和软环境熵两类，硬环境熵主要来自基础设施和金融环境,软环境熵主要来自社会文化、政府政策、市场环境等。图 6-2 体现了园区系统中的正熵与负熵来源及组成。需要进一步说明的是系统内部只会产生正熵,减少系统内部的熵增效应有两条途经,其一是通过系统内部的管理改善(如主体关系的协调、资源的持续优化配置等)来减少正熵的产生规模,二是从系统外部引入负熵。然而系统外部存在的因素不完全都是有利于减少内部熵增效应的负熵,也有可能存在激化内部矛盾的正熵因素,但我们需要的只是外部负熵。

为了进一步对转型中工业园的正负熵流进行深入的分析,特从理论层面构建了熵流指标体系,如表 6-1 和表 6-2 所示。这一指标体系的构建对于准确把握熵流的明细来源具有较大参考价值,同时对园区内的企业、工业共生体以及园区管理机构乃至地方政府进行旨在化解园区系统中的矛盾和冲突的管理决策可以起到理论引导作用。

表 6-1　生态化转型中工业园系统的正熵流指标

熵的分类	具体来源	状况描述
主体熵	企业层面	企业内部面向循环经济模式的组织构架的合理性
		企业管理者和员工的生态意识
		企业治理污染的模式水平(末端治理或过程治理)
		企业生态化技术的创新能力
		生态化技术在企业内部的经济适用性及与生产流程的兼容性
		企业内部物料、能源、信息流动的顺畅性
	工业共生体层面(企业间)	企业间集体学习的能力和水平
		共生体企业联合攻关共生技术的能力
		企业间的物理和文化距离
		企业间的契约安排的合理性和完备性
		企业间信任机制的完善度
		企业间物料供需的平衡性
	园区层面	园区管理方协调工业共生体关系的能力
		园区管理方对信息网络平台的构建力度
		园区管理方对企业进行生态理念引导与教育方面的力度
		入园标准及环境管理体系的完善度
		企业孵化器服务平台的完善度

熵的分类	具体来源	状况描述
非主体熵	文化	园区文化的创新倾向
		园区文化促进企业间相互合作和信任的程度
	制度	园区各项管理制度的执行力
		园区管理制度的人性化和适应性程度

表 6-2　生态化转型中工业园系统的负熵流指标

熵的分类	具体来源	状况描述
硬环境熵	基础设施	水、电、热、通讯、道路等基础设施完善度
		园区废弃物和生活垃圾等实行社会化服务处理的程度
	金融环境	园内企业可从周围金融机构获得宽松融资贷款的便利性
		金融信贷在园区企业各个发展阶段可融资金的充足性
		风险投资基金等社会资本对园区的支持力度
软环境熵	市场环境	市场对工业生态化的经济效益驱使
		市场机制在配置生态化技术、信息、资源过程中的有效性
		社会消费者对生态绿色产品的需求和认同程度
	社会文化	社会创新氛围尤其是生态化技术创新气氛的成熟度
		地方各界对企业生态化创新的支持力度
	社会资本	园内企业在园外的社会关系网络发达程度
		园内企业与园外各合作主体间的信任度
		对其他园区甚至是国外典型成功园区经验的学习和共享
	政府政策	政府对园区工业共生体建设初期给予的资金支持力度
		政府对园区企业在发展循环经济方面给予的税收、基金政策的支持力度
		政府给予园区管理方环保考核的压力
		环保法规体系的完善与执行力度

　　为了从数理上获得园区能持续向所期望的生态化系统状况演化（转型升级）所需要具备的临界条件，我们在此借用并阐述由普里高津提出的 Brusselator 三分子模型，其具体表达式如式（6-2）所示：

$$\begin{cases} G \xrightarrow{\;k_1\;} V \\[4pt] H + V \xrightarrow{\;k_2\;} W + D \\[4pt] W + 2V \xrightarrow{\;k_3\;} 3V \\[4pt] V \xrightarrow{\;k_4\;} E \end{cases} \tag{6-2}$$

式中：G、H 为初始反应物；D、E 为反应产物，它们维持不变的状态；V、W 为中间组分，它们可以存在随时间的改变而变化的浓度。

Brusselator 动力学模型的反应—扩散动力学方程可写成式（6-3）：

$$\begin{cases} \dfrac{\mathrm{d}V}{\mathrm{d}W} = G + V^2 W - HW - V \\[6pt] \dfrac{\mathrm{d}W}{\mathrm{d}t} = HV - V^2 W \end{cases} \tag{6-3}$$

在这个方程中，存在着唯一的均匀定态解，如式（6-4）所示：

$$\begin{cases} V_0 = G \\[6pt] W_0 = \dfrac{H}{G} \end{cases} \tag{6-4}$$

从 Brusselator 模型出发，我们可以确立一个动力学临界条件，也就是说一个物理系统只有符合这样一个条件才能够步入耗散结构状态，或者说才能朝着有序的方向发展和演化。这个条件对于具有社会属性的系统也是有适用性和解释力的。式（6-5）就是对这一条件的表达：

$$H > 1 + G^2 \tag{6-5}$$

（6-5）这个不等式虽然源自于物理学领域，但其拥有丰富的含义，这一含义或逻辑也能被移植到社会科学研究领域。在本研究中我们将工业园视作一个具有社会与自然双重属性的复杂系统。如果工业园在生态化转型过程中能够从外部引入足够的负熵流（负熵往往来自地方政府的利好政策、园区生态化转型发展所需的资金支持、与园区之外及时而充分的信息交流与共享、先进适用的技术的引进和优秀人才的流入等），而且负熵的引入与园内系统所产生的熵增之间符合式（6-5）中大于 0 的条件时，则代表着负熵的流入足够多已经多到能够有效降低园区熵增、促使园区系统转型的程度了；否则，如果出现了式（6-5）中小于 0 的状况，则意味着园区内企业、工业共生体、园区管理者这些主体要素之间的相互关系没有协调好以及各类资源的配置没有得到优化，导致各种矛盾和摩擦的产生，同时又未能从园区外部引入足够的有利于化解园内矛盾的利好因素，使得园区的运行发展处于无序状态而无法实现转型升级。

$$|E_H| - (1 + E_G{}^2) \begin{cases} < 0 \\ = 0 \\ > 0 \end{cases} \qquad (6\text{-}6)$$

以上对形成耗散结构的识别条件进行了较为深入的分析，这个条件最大的意义在于为工业园生态化转型发展提供战略性指引。它可以为园区内部各主体以及与园区有密切联系的外部参与主体提供一种思想向导，即各方主体应该协同配合，加强合作与交流，应当本着"合作创造机会，交流提升价值"的理念尽最大的诚意化解系统内部所产生的或可能产生的种种摩擦和冲突，从而从管理中挖掘减低系统内部正熵的增加幅度的潜能，同时积极参与园区外部各方主体的交流，尽量引入有利于园区转型升级的负熵流（如争取到政府的优惠政策，鼓励社区居民共同参与到园区的循环经济建设过程中来，增强社区居民对生态工业的理解和认同等），最终使园区系统向着更加高级的结构演化（即成功完成生态化转型，最终升级发展为符合标准的生态工业园），避免系统处在静止的状态或步入无序混乱的局面。

图 6-3 揭示了耗散结构视角下工业园生态化转型（本质上就是系统向更加高级的状态特征演化）的内在机理，从中可以看出上述所讨论的四个过程子机制及临界条件机制在园区系统转型升级中所发挥的功能。

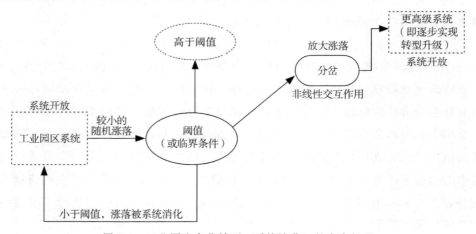

图 6-3　工业园生态化转型（系统演化）的内在机理

6.4　园区系统生态化转型的实现机制：基于 Logistic 方程

　　以上对工业园实现生态化转型升级的内在机理所进行的分析只是指出了园区系统要从相对低级向高级结构状态演化或者从一种有序结构向更高级的有序结构演化所必须具备的条件，并且从管理熵的角度指出了从系统外部引入有利于系统有序发展的负熵流以及尽量化解系统内部各种矛盾和冲突对于系统转型升级的重要性。但是具体的转型升级的实现机制到底是什么，以及这种机制可以通过什么形式加以分析和描述，就需要进一步探索。本节旨在利用协同的理念和思想并结合生物学中用来分析生物种群增长规律的 Logistic 方程来分析工业园区内企业间通过相互合作从而实现协同效应并促使企业间、产业链乃至整个园区系统的转型升级。事实上，利用 Logistic 方程来分析是比较合适的，因为生态化改造中工业园内的企业间的关系类似于自然生态系统中物种之间的关系。当然，物种之间的关系既包括相互之间对某种资源的竞争，也包括彼此之间的共生，这种共生关系在管理学中集中体现为相互之间的合作。同样地，园区内企业之间的关系既有彼此对同一种资源的争夺与竞争，但很多时候也表现出相互之间的合作。基于本书研究的目的，在此我们重点对企业之间的合作共生关系进行探讨，而不去关注它们事实上也存在的某种竞争关系。

　　企业之间只有彼此协同共生才能实现协同效应，所谓协同效应就是要产生一种协同剩余，也就是说两家企业相互之间合作时产生的经济与环境绩效之和超过相互独立而不存在合作共生关系时各自所产生的经济与环境绩效之和的部分。特别地，经济与环境绩效是身处工业园中的企业无论在单独运营还是彼此合作共生情况下都要追求的利益目标。本书将这种绩效用一种综合的概念来刻画，那就是生态效率。因此，可以采用生态效率随时间的变化情况来体现企业间协同共生乃至整个园区系统向更加有序状态（或更高级状态）转型的实现程度或进程。

　　以下借用 Logistic 方程来刻画企业单独发展以及企业间存在合作关系时相应生态效率的变化规律，特别地该方程能刻画出企业之间通过协同合作所产生的生态效率超额增长情况。描绘单个企业生态效率变化规律的 Logistic 方程如式（6-7）所示：

$$\frac{\mathrm{d}X}{\mathrm{d}t} = rX\left(1 - \frac{X}{Y}\right) \tag{6-7}$$

在式（6-7）中，Y 可以理解为一种潜在生态效率。所谓潜在生态效率就是指假如企业在某段时间能充分利用到各种资源，在其内部真正实现清洁生产，各种物料和能源能充分有效利用，各种废弃物得到最大程度的有效处理，在这些情况下企业所能达到的最大生态效率值。当然这个值往往是潜在的，也就是说事实上很难实现，仅是一个理想的目标。X 代表现实的生态效率水平，也就是在现实的时刻 t 企业利用现有的技术和管理水平所实际达到的生态效率状态。X/Y 则表示企业在现有的技术和管理条件下实际达到的生态效率占潜在生态效率水平的比重，这个比重也被称为生态效率饱和度。这种比重越大，则意味着企业仅凭自身的能力再进一步提升生态效率的空间越小，这个进一步可能提升的空间就是（1-X/Y），（1-X/Y）被定义为 Logistic 系数，从这个系数可以考察到企业自身生态效率能进一步提升的空间大小。如果出现一种特殊的情况，就是企业独自实现了潜在的生态效率水平，即出现 $X=Y$ 的情况。那么 Logistic 系数变为了 0，也即意味着企业此时的生态效率已经达到了基于独自能力的最大值，很难再有改进和提升了，这便产生了明显的"天花板"现象。需要指出的是，方程中的 r 为园区内某企业所在产业的生态效率平均增长率，可被称为企业无风险生态效率增长率。由此可以看出企业在时刻 t 的生态效率水平也受到整个行业或产业生态效率整体水平的影响。

以下考察工业园中的企业不是独自发展而是采用协同合作（或共生）发展模式的情况下企业所追求的生态效率的增长变化规律，以便从中对协同剩余进行考察和分析，进而对园区系统转型升级的实现机制有更好的把握。

当进行生态化改造的工业园中的两个企业（通常是上下游企业）通过某种适当的契约安排将上游企业的废弃物或副产品变为下游企业的原材料输入时，企业间的协同共生关系由此产生。将第一个企业和第二个企业分别用 E_1、E_2 表示，按照上述对企业独自发展时生态效率的增长规律分析，可以将企业 E_1 的生态效率变化趋势和规律表达为式（6-8）：

$$\frac{\mathrm{d}X_1}{\mathrm{d}t} = r_1 X_1\left(1 - \frac{X_1}{Y_1}\right) \tag{6-8}$$

但是，如果企业 E_1 和 E_2 在园区内形成了物料和能源的循环利用合作关系，那么在这种关系的作用下企业 E_1 生态效率的变化趋势将发生改变。具体地，企业 E_1 的生态效率变化趋势可以用式（6-9）表达：

$$\frac{\mathrm{d}X_1}{\mathrm{d}t} = r_1 X_1 \left(1 - \frac{X_1}{Y_1} + \theta_1 \frac{X_2}{Y_2} \right) \tag{6-9}$$

从式（6-9）可以看出，对于企业 E_1 而言其生态效率水平值加上了 $\theta_1 \dfrac{X_2}{Y_2}$ 一项，这一项表示由于与企业 E_2 形成了共生合作关系，促进了企业 E_1 的生态效率水平的提升，这就是协同剩余。θ_1 表示企业 E_2 在生态工业园区系统中对企业 E_1 生态效率的正向影响，这种影响正是通过协同合作而产生的。之所以产生这种生态效率溢出效应，是因为通过共生关系的确立，物料、废弃物和副产品得到了更加有效的利用，废弃物被下游的企业所利用，已经变废为宝，因此最终直接排放入自然环境中的各种废弃物的数量就非常少了（当然也并非为零）。通过企业间持续的协同合作，单位经济产出所付出的环境成本下降。另一方面，上游企业只需将产生的废弃物和副产品进行简单的处理就能交给下游企业利用，这样大大降低了上游企业治理污染物的成本，由此增加了上游企业的经济利润；而对于下游企业而言，从上游企业处可获得比利用传统原材料成本低得多的资源化废弃物，这就极大地降低了下游企业的生产成本，从而提升了其经济利润额。进一步地，通过分工协作促进了企业生产效率的提升，同时在园区内部通过企业集聚与合作会产生规模经济效应、集聚效应和范围经济效应。这些效应的产生将进一步降低企业的运营成本，提高企业的经济效益。总之，通过企业间的协同合作，单个企业将会达到比自身独自发展更高的生态效率水平。同样的道理，对于企业 E_2 而言也会有以下体现生态效率变化特征的式子，并且式（6-10）中字符的含义可以得到类似的解释。θ_2 表示企业 E_1 在工业园区系统中对企业 E_2 生态效率的正向影响，这种影响也是通过协同合作而产生的。

$$\frac{\mathrm{d}X_2}{\mathrm{d}t} = r_2 X_2 \left(1 - \frac{X_2}{Y_2} + \theta_2 \frac{X_1}{Y_1} \right) \tag{6-10}$$

通过将存在协同共生或合作关系的企业 E_1 和企业 E_2 各自的生态效率方程联立之后求解，可以获得两个企业生态效率各自的均衡点，式（6-11）中 $\theta_1 \theta_2 < 1$。

$$\begin{cases} X_1^* = \dfrac{(1 + \theta_1)}{1 - \theta_1 \theta_2} Y_1 \\[2ex] X_2^* = \dfrac{(1 + \theta_2)}{1 - \theta_1 \theta_2} Y_2 \end{cases} \tag{6-11}$$

以上通过 Logistic 方程揭示了两个企业协同共生时所产生的协同效应，也就是带来了彼此生态效率的额外增长量。虽然实践中共生合作的企业数往往超过了两个，但是这种基于两个企业的简单数理模型可以被拓展应用于对更加复杂的纵横交错的多企业合作情形的解释。进一步地，不同企业间共生关系的强度也有所差异，我们一方面要理解因企业共生而产生协同效应的逻辑，另一方面又要在实践中根据具体的共生关系的强度有选择性地采取不同的管理应对措施以获得尽可能多的协同剩余。从关系强度来考察，园区内的企业可能存在三种强度不同的协同共生关系，一是互不相关，这是一种特殊的共生关系，即共生程度为 0；二是存在一定的协同共生关系，但强度很小；三是园区中有核心企业也有卫星企业，核心企业对卫星企业的作用力很强，而后者对前者的贡献度相对小些。对于第一种类型，园区管理机构要严格把关，在审核企业入园时全面考察拟入园企业之间在物料、能源、信息方面的链接关系，若彼此毫不相关，则没有入园的必要。对于第二种类型关系的企业，彼此间应该进一步加强合作，协同开发出先进适用的生态技术，以此进一步加强彼此之间的产业共生关系，同时政府也应当采取适当措施如税收减免和出台旨在加强园区企业合作的政府绿色采购政策，为园区企业带来更多的经济利益以促进其合作。对于第三类关系的企业，政府要加大对园区核心企业的支持力度，这些核心企业属于关键种企业，它们的发展会带动卫星企业乃至整个园区经济的发展，从而有力增强园区的可持续竞争力。

6.5 园区系统生态化转型的保障机制

从组织结构的网络化发展来看，在进行生态化改造的工业园系统内部往往存在着生产者企业、消费者企业、分解者企业及中介机构等组织。要促使园区系统实现转型升级的目标，就必须加强产业培育机制的建设，以便实现系统网状结构的形成和完善，这对于园区系统的转型具有重要的意义。

网络化发展的具体手段就是产业的培育。通过纵向产业培育和横向产业培育能增加系统内企业的数量和所处行业的种类，促使生态产业链的完善。具体地，纵向产业培育主要涉及对某些断链环节实施补链，引进补链企业来解决这一问题。有时这种潜在的补链企业已经在园内存在，只是没有通过某种合作方式参与到具体的共生产业链中来，这时只需通过适当的契约安排来完成补链工作。进一步地，纵向的产业培育还包括生态产业链的延伸。具体是指向产业的更上游（比如生态技术的研发）或更下游（比如生态产品的营销）进行拓展。通过纵向的产业培育能够完善和拓展产业链，增加系统内的企业数量和行业种类，从而丰富工业园的系统结构，促使其功能更加完善与合理。需要指出的是，纵向产业培育机制的构建离不开系统内的核心企业，核心企业通过自身在系统中所拥有的独特优势可以在延伸产业链的过程中起到主导作用。至于横向产业培育是为了解决规模不经济问题，在同一行业中适当地增加同类企业的数量能够有效减低上下游企业特定的依赖关系。

通过横向和纵向的产业培育，工业园系统内的产业多样性目标会得到实现，通过从单个企业到企业间再到生态产业链，最后发展成为生态产业网络，各个参与主体共享着网络所带来的各类资源，从而实现规模经济效应和范围经济效应，并获得相应的生态绩效。

从信任机制的构建与完善来看，信任在工业园系统的转型和长久运行中是一种特殊而宝贵的要素。只有园区内上下游企业间存在信任，合作才能持续开展，否则将会产生机会主义行为。这是因为系统内部总存在信息不对称的问题，这个问题即使采用信息平台建设的方式来试图克服，也始终是不能完全解决的。在信息存在某种程度不对称的情况下，信任机制一旦建立，就能有效降低交易费用，提高企业间合作的效率和效果。那么，如何来建立信任机制呢？这需要硬制度和软措施的双管齐下。所谓硬制度就是指合理安排契约，契约安排的完善度直接影响着企业之间的合作效率，也对彼此之间的信任度产生影响。所谓软措施就是促进企业间的交流与沟通，交流提升价值，合作创造机会，企业之间只有加强交流和沟通才能增进理解和友情，这种相互之间的包容和理解可以有效化解可能出现或已经产生的各类矛盾和冲突。在促进企业间的合作与交流过程中，中介组织（比如企业家协会或行业协会）应该承担重要职责。通过创办各种企业沙龙活动、茶话会或座谈会的形式来有效促进企业家之间及各类组织之间的沟通。通过沟通来提升彼此的信任感是一种被国内外学者普遍认同的方式。

另外，信任的产生也离不开技术手段的支持，比如园区系统信息平台的建设就能有效解决（虽不能完全解决）信息的不对称问题。信息越是接近充分和对称，企业之间的信任度越是会增加。当然，为了增进企业之间彼此的信任还有一些手段也值得借鉴和参考，比如上下游企业之间相互参股，通过股权联系来促进彼此的关系从而增进信任。

从园区文化的培育和完善来看，文化的力量是巨大的。园区系统通过建设园区层面的文化，能够有效黏合企业之间的关系。在园区内有企业文化和园区文化两个层次的文化形式。园内企业因为所处的行业不同、成立的背景和发展经历各有差异，因此在行为规范、价值观念、做事风格、企业传统习惯方面存在很大差别。也正是因为企业间在文化方面存在差异，其对彼此之间的信任乃至合作的效率都会或多或少产生一定的影响。就单个企业而言，强化自身的独特企业文化固然重要，因为它能够凝聚企业内的人心，充分调动企业内员工的工作积极性。然而，作为园区管理者，应该突出其主导园区文化建设的功能。要通过各种形式比如奖励和表彰优秀园内企业、树立典型，通过各种庆典或园区层面的活动来强化园区文化，并通过各种园区层面制度的确定来规范园内企业的行为，比如出台统一的环境管理措施来减少企业非环境友好行为的发生，通过各种制度体现园区追求生态绩效和社会绩效的理念。总之，一种积极的生态化园区文化对于促进园区的生态绩效、加深园内企业间的相互认同和信任，从而促进它们之间的交流和合作具有重要价值。

6.6 本章小结

本章对工业园生态化转型的内在机理进行了较深入的分析。首先，分析了工业园成功实现生态化转型的过程机制。采用耗散结构理论分析了工业园系统要成功实现生态化转型（一种动态发展的演化状态）所必须具备的基础性过程子机制，并且借助熵流分析法研究了系统要形成耗散结构需要满足的数理条件，即构建了工业园系统转型中达到耗散结构状态的识别标准。其次，运用描述生物种群增长规律的 Logistic 方程分析了园区转型的实现机制，即通过企业共生实现"1＋1＞2"的协同共生效应，从而促成系统转型目标的成功实现。最后，着重从沟通、信任和社会资本的角度来探讨分析了园区生态化转型的保障机制。

第7章　我国工业园的创业现状及转型动因分析

我国工业园的创业历程经历了"三次创业"阶段，并且很多园区正处于向生态化转型阶段。本章对工业园的创业现状进行分析，旨在通过对现状的剖析找到生态化转型的必要性，进而对转型动因进行探索。动因的作用是系统转型升级的前提。在目前关于推动工业园区系统形成与发展动因的相关研究中，主要侧重从交易费用理论角度来展开探讨；而从管理学角度对其动因进行分析时，大多停留在对某些动力因素进行描述性分析和机械罗列的层次。在已有研究的基础上，拟先对工业园前期创业的动因进行分析，并指出其局限；进而在生态文明建设理念和生态效率思想的导向下构建出系统性的动因模型，并采用定量的研究方法（模糊聚类分析）对各类动因展开影响力程度的归类和分层，进一步对各类动因之间的相互作用关系进行探讨，这正是已有研究所欠缺的。本章关于我国工业园创业现状及转型动力的分析将为全书后续的研究提供铺垫。

7.1　工业园的前期创业及其动因简析

7.1.1　工业园的三次创业实践

在此先对"前期创业"的概念进行界定，工业园的前期创业就是指"一次创业""二次创业"和"三次创业"，一次创业主要是为了促进地方经济增长、安排劳动力就业；二次创业主要是为了促使园区转变经济增长方式，走技术含量高、资源消耗低、经济效益好的内涵式发展之路；第三次创业主要是工业园要向城市新区转变，单一的制造业发展要向服务业和制造业并举发展转变。工业园区的具体表现形式就是经济技术开发区或高新技术产业开发区（园区）。经开区的成立和发展是为了深化经济体制改革，构建地方经济的增长极；而高新区的发展初衷主要是为了改变经济发展中产业结构不合理、粗放式增长特征明显、技术创新能力低下、自主创新能力不足等现象。但实践表明，高新区在发展过程中还存在许多不足需要进一步改革和完善。然而，无论是经开区还是高新区，在从无到有的过程中都经历了艰辛的前期创业历程。它们对于园区所在地方经济的发展确实起到了引擎的作用，是当地经济的重要增长极。以下从时间维度对工业园区（经开区和高新区）的前期创业历程进行简要梳理。

（1）"一次创业"历程

第一，起步阶段（20 世纪 80 年代）。在八十年代初期，境外的投资者在我国天津、大连等沿海港口城市享受了优惠的投资政策。同时为了进一步推广经济特区的经验，在这些开放城市着手创办经济技术开发区。这些经开区承担着吸引外商投资、学习国外先进管理与技术经验、出口创汇的重任。另一方面，在这一时期我国也迈出了科技园区建设的步伐。第一个科技园区的雏形要算北京中关村电子一条街。至此，我国的经济技术开发区建设全面拉开序幕，科技园区建设也开始萌芽。

第二，成长阶段（20 世纪 90 年代）。进入 90 年代后，我国的经济技术开发区开始从沿海城市向内陆沿江城市发展，比如武汉、重庆、芜湖等城市经济技术开发区的创建。进一步地，经开区又拓展到了内陆中心城市。经济技术开发区在我国的发展是伴随着我国改革开放进程和市场经济建设步伐的加快而发生的。紧接着，我国开展了高新技术产业的开发与建设工作，特别在 1988 年，我国可以说是建立起第一个高新技术产业开发区，即位于北京的新技术产业开发区试验区。由此，地区实现经济增长、产业结构上的改善升级和技术上的进步的步调由经开区和高新区共同推动。

第三，发展阶段（20 世纪与 21 世纪之交）。进入 21 世纪以来，我国国家层面启动了若干战略性举措，比如西部大开发战略、中部崛起战略、振兴东北老工业基地战略。随着这些国家战略的实施，在内陆中西部地区及东北老工业基地陆续建立了大量经济技术开发区和高新技术产业开发区。这些园区的建设为当地经济的发展、劳动力就业的增长作出了积极贡献。与此同时，我国的经开区与高新区也面临着一系列亟待解决的问题，比如园区发展中的技术含量问题，产业结构的持续调整问题。

（2）"二次创业"历程（2001 年—2016 年）

经过一次创业，工业园区在经济总量的增长方面表现出了可喜的成绩，尤其是在安排劳动力就业、带动地方经济发展方面作出了积极的贡献。然而，一次创业中暴露了很多的问题，这些问题严重阻碍着开发区的可持续发展进程。无论是经开区还是高新区，大多数园区的产业结构都比较单一，面临着进一步的产业调整和升级；另外，园内企业的技术创新能力偏低，导致产品附加值低，严重制约着产品的国际竞争力。这些问题如果得不到解决，将会制约园区的进一步发展。正是在这个背景下，园区的二次创业被提上了议事日程。园区二次创业的指导思想就是在发展中注重引进外资的质量、大力发展现代制造业和高新技术产业，致力于提高产品的附加价值。在这一思想方针的指导下，我国的各类工业园区先后开展"二次创业"，并且在提升园区及地方自主创新能力、促进区域产业结构和经济结构优化方面起到了较大的积极作用。

（3）"三次创业"历程（2017 年至今）

2017 年 2 月 6 日，国务院正式对外印发了《国务院办公厅关于促进开发区改革和创新发展的若干意见》，对产业园区改革创新提出了 23 条要求（简称"开发区 23 条"）。这是指导未来全国各地产业园区发展的里程碑式文件。

"开发区 23 条"明确了当前和今后一段时期产业园区发展的总体要求：贯彻落实创新、协调、绿色、开放、共享的新发展理念，加强对各类产业园区的统筹规划，加快产业园区转型升级，促进产业园区体制机制创新，完善产业园区管理制度和政策体系，进一步增强产业园区功能优势。第三次创业阶段，工业园要向城市新区转变，单一的制造业发展要向服务业和制造业并举发展转变，也就是向着产城融合、产业结构完善的质量提升阶段发展。

7.1.2　工业园前期创业的动因分析与评述

（1）工业园前期创业的动因模型

在构建工业园系统生态化转型的动因模型之前，有必要先对工业园前期创业的动因进行探讨。本书所指的工业园的"前期创业"主要是针对我国当初成立和发展经济技术开发区（园区）和高新技术产业开发区（园区）而言的。当初为了深化经济体制改革，寻找区域经济的增长极，将经济技术开发区作为了主要抓手和载体。并且为了解决经开区在运行过程中产生的诸多矛盾，比如产业结构不合理、粗放式增长特征明显，技术创新能力低下，自主创新能力不足等问题，为了促进区域经济结构的调整和自主创新能力的提升，专门成立高新技术产业开发区。无论是经开区还是高新区，它们在从无到有的过程中都经历了艰辛的前期创业过程。然而在前期创业中也暴露出了不容忽视的问题，即使是高新区，在其发展过程中，自主创新能力、技术创新能力也并没有像预期中那样得到充分提升，且工业园发展过程中资源消耗过多，对环境造成了很大的负面影响，工业园区的可持续发展问题被提上重要议事日程。本书首先对工业园前期创业的动因进行分析，能够探索出那一时期工业园发展的动力，为工业园在"三次创业"基础上实现生态转型的动力研究奠定基础。图 7-1 揭示了工业园前期创业的一般性动力体系框架。

从图 7-1 中可以看到，工业园前期创业的发展目标一是产值增长，二是产业升级，三是技术提升。总之，工业园区前期创业把经济利益放在首位，这是它的最高层次目标。在这一最高目标的驱使之下，在内外部动力的非线性相互作用下，工业园得以形成及发展，实现前期三次创业的使命。当然，工业园的前期创业得以开展还需要具备一个"缺口"条件，即某一中观区域范围内的现实状况与理想状况之间存在明显的差距，这种差距主要表现在区域经济发展中出现产品供求关系失衡，往往是产品的供给难以满足区域消费者的需求，区域范围内产业结构失衡、技术创新能力存在很大的提升空间。这些因素的存在正是我国工业园前期创业的关键性引致性因素。

总体而言，开发区（或工业园区）前期创业的动力可以从中央政府政策支持、市场性力量驱使、关键外部主体推动、企业学习和创新能力积累、园内文化建设几个方面来展开分析。

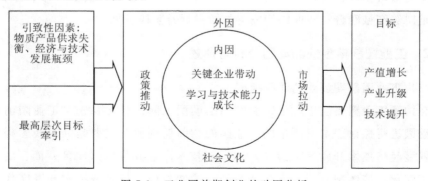

图 7-1 工业园前期创业的动因分析

第一，政策推动力。经济技术开发区和高新技术产业开发区在我国的前期创业首先得益于中央（或地方）政府政策的直接推动。政策性力量的支持在我国一直是推动工业园区建设的关键性因素。我国的经济技术开发区首先是在沿海的开放城市或地区诞生的。当时，国家为了推广经济特区的建设经验开放了大连等 14 个沿海城市，并在这些城市规划和建设经济技术开发区，试图以此为着力点加快改革开放的进程，吸引外商投资、引进资金、吸收和学习外资企业先进的管理和技术经验为我所用从而加快我方企业的发展进程，最终使得开发区成为这些地区的经济增长极，带动区域经济的发展。为了达到这些目的，中央政府为当时的这些国家级经济技术开发区出台了一系列优惠政策，甚至实行经济特区的某些特殊政策。这些政策的中心点就是给予这些沿海城市足够的权限，给予外商特别待遇，尤其是在税收方面。在国家政策的直接扶持下，这些国家级经济技术开发区加快了发展步伐，其工业企业发展水平、外资利用额度、出口创汇数量都出现了很大的飞跃。

第二，市场基础性作用力。当然除了政策因素之外，市场性因素在开发区（或园区）的发展中发挥着基础性作用，这一作用尤其是在开发区建成之后的运营中体现得最为明显。如开发区内企业通过聚集而产生集聚效应，有效地减少了交易成本和产品生产成本，为企业竞争优势的获取提供了有力支持；开发区内部企业通过集聚促进了生产要素市场和产品市场的培育，对于扩大要素市场和产品市场的供给和需求规模起到了重要作用。开发区中各类基础设施（比如道路、生活垃圾集中处理设施、信息发布平台）使得区内各经济主体能够充分共享资源，减少单个企业的运营成本，有效提升企业的经济效益水平，这可称为成本降低机制。在这种机制作用下，企业产生了进入开发区（或入园）发展的冲动，这便是经济利益的驱使。

第三，关键经济主体（跨国公司）的带动。推动开发区（或园区）前期创业的又一个重要因素就是外资企业，在一些规模比较大、区位优势比较明显的国家级经济技术开发区或高新技术产业开发区内，跨国公司的投资对于园区的发展起到了相当重要的促进作用，尤其在我国经开区的发展中，跨国公司所起的作用最为明显，这与我国发展经开区的初衷是相关的。我国的经开区建设的初衷就是为了加快开放步伐，而当时经济发展过程中最缺的就是资金，再就是技术，劳动力资源是我国的优势，因此引进外资、吸引跨国公司来园区内落户发展成为当时解决资金和技术问题的重要突破口。各类跨国公司也对开发区

（或园区）的地理位置和税收优惠政策很感兴趣。由此在跨国公司的推动下，经开区（园区）得到了长足的发展，在安排劳动力就业、增加出口创汇、提升我方技术水平方面作出了重大贡献。

第四，学习和创新能力驱使。当然，工业园区的发展动力还远不只政策、市场、外商投资主体，深化其发展的关键性因素还离不开工业园区自身的"造血"功能，也就是园区内企业内部的集体学习，只有不断地学习新的技术、知识和管理经验，才能有效提高自身的技术能力和自主创新能力，从而使得园区内的技术结构、产品结构、产业结构不断地得到调整和升级。园区内的中方企业在发展过程通过虚心学习外资企业先进的管理经验和技术来达到提升自己管理和技术水平的目的。在当时的经开区中向外资企业学习是一门必修课。为了达到这一目的，采取中外合资办企的方式是一种最为有效的手段，事实上这种实践在很多园区中都在进行并取得了良好的成效。学习之后还要对学来的成果进行消化、吸收、再创新，再终达到自主创新的目的。我国的高新区的发展正是学习和创新能力培育的集中体现。"中关村电子一条街"是我国第一家国家级高新技术产业开发区试验区的前身。高新技术产业开发区内以科技型企业集聚为主要特征，而这类企业最显著的一点就是有着很强的学习—再创新—自主创新能力。在学习和创新能力的推动下，我国掀起了高新技术产业开发区建设的热潮。而且高新区与经开区相比，其园区内企业的技术含量、产品附加值、产业结构都得到了明显的改善，这也是开发区随着时代的变迁而不断演化的结果。

第五，文化的力量。开发区（工业园）的前期创业有赖于园区层面文化的建设乃至社会文化的完善和发展。文化的力量具有根源性特征，它所蕴含的促进事物发展的能量是不可小视的。在园区中企业通过在园区内聚集，缩短了相互交流的空间距离，同时园区内中介机构和园区管理委员会的协助为企业间的交流沟通搭建了各类平台和基础，比如各类企业协会组织以及园区内各种联谊活动能够加强园内企业的联系，从而营造企业发展所需的重要社会资本（社会关系网络）。而园区内各类经济主体的频繁联系能够有效促进企业对园区的统一目标、政策以及各种园区运行规则的理解和认同。在长期的合作中逐步形成园区特色鲜明的办事风格、价值观念和被各经济主体一致认同的行为规范，这就是开发区（园区）的文化。一旦一种积极的园区层面文化得以建立，这种文化反过来又会有力地促进园区的经济发展。园区内部企业之间因为有了一致认同的文化，就会增加彼此之间的信任度，这样就能大大降低合作中可能产生的矛盾和摩擦，从而减少交易费用。进一步地，这种积极的园区文化对于吸引园区外部企业的投资尤其是跨国公司的入驻会产生正面影响。国际知名的跨国公司来华投资首先看中的是拟投资地区的诚信和社会风气，园区一旦建立起了信任机制、形成了良好的合作氛围或风气，就能得到外资的青睐。

（2）对工业园前期创业动因模型的评述

以上对工业园区前期创业的动因进行了比较系统的分析。然而需要指出的是，以上几点只是典型性的动力因素而并非全部动力因素的集合。随着工业园区实践的进一步深入，其动力因素也会与时俱进地得到更新，有些从以前的关键性因素退居到次要因素，而有些因素则随着实践的深入在新的时期内显得更加重要和突出。比如出口创汇这一经济性动因在经开区的形成和发展中是政府看重的关键性因素，也是促成政府出台加快经开区发展措施的初衷之一；然而在高新区的建设中，出口创汇因素的地位相比加快技术进步这一因素而言就显得没这么突出了。

进一步地，工业园区各类动力因素在促进园区发展的过程中不是单独发挥作用的，只是为了研究的方便而将各类因素单列。如跨国公司要在园区发挥作用离不开国家政策的支持，同时也离不开市场性力量的基础性作用。园区文化要想最终对园区的发展产生作用力，最终必须依靠区内企业各类行为的规范，同时还需要企业学习和创新能力的支持，否则文化的力量也找不到具体的受力点。

最后，从工业园区前期创业时整体层面的动力模型考察，这一动因模型存在明显的局限性。这种局限性是要从历史的角度来考察，并且要重点结合园区前期创业的初衷。正如上述中所指，我国建设和发展经开区的初衷是加快改革开放步伐、引进外资。这些目的就决定了经开区的特征是园内企业以劳动力密集型为主，企业的技术含量较低，在园区运营过程中没有将环境问题正式提上议事日程。虽然高新区与经开区相比在目标层次上有了进步，将发展高新技术产业、提升企业的技术水平和产品的附加值及档次、优化产业结构和区域经济发展质量作为主要目标，然而这些目标在实践中并没有真正实现，还产生了一系列新的问题，比如没有将环境问题摆在突出位置，在环境治理上主要依靠末端治理的方式来解决一些问题，并且在运营上没有关注资源的消耗。总之，目前的工业园区都没有将环境友好、资源节约当作其发展的宗旨和原则。在实践中导致很多园区"三废"的处理不达标，在经济得到增长的同时出现了对环境造成严重破坏的现象。第二轮中央生态环保督察历时近 3 年，从 2019 年 7 月到

2022 年 4 月，从"十三五"横跨"十四五"，覆盖全国 31 个省（区、市）和新疆生产建设兵团、2 个国务院部门和 6 家中央企业，共发布 137 个典型（警示）案例，坚持严字当头，动真碰硬，查实了一批突出生态环境问题。在对相关案例进行梳理后，不难发现基础设施、污水处理、直排、超排、废气、燃煤锅炉、环评、群众监管、雨污不分、未批先建、批小建大、管理混乱等成为各地工业园区普遍存在问题的方面。只关注经济效益而将社会效益和生态效益抛之脑后的问题相当突出。由此可以看出，前期创业的动因模型中缺乏一个重要的因素，就是发展理念上没有将资源的节约和环境友好当作主题和导向，可持续发展的观念没有深入人心。为了解决工业园区前期创业过程中所产生的一些严重的问题（尤其是环境问题），迫切需要树立正确的园区发展理念，迫切需要生态文明建设理念和生态效率思想的引导。时代的发展呼唤着一种新的动力驱动机制和模型的诞生，这就是本书研究的以生态文明建设理念和生态效率思想为引导的、建立在"三次创业"基础上的工业园生态化转型动力机制或模型。

7.2 "三次创业"基础上的生态化转型

促进产业结构升级、自主创新能力提升、经济发展中结构性矛盾的化解，这些是工业园区（开发区）进行三次创业所主要瞄准的目标。然而，在工业园的三次创业中并没有将资源的节约、环境成本的控制摆在突出的位置。目前，工业园发展过程中存在的"高投入、高消耗、高污染、低产出、低效率"的尴尬局面依然没有得到根本性改变。随着工业园区"三次创业"实践的深入开展，园区经济社会环境的可持续发展问题受到重视。发展经济的同时注重环境成本的控制和资源消耗的约束这一理念正在指导着我国的工业园区在"三次创业"的基础上再次寻求生态化转型。而生态环境部颁布的《国家生态工业园标准》正是这一转型升级的目标导向。

表 7-1 列示了目前部分被生态环境部批准建设或已通过验收命名的国家生态工业示范园区名单。然而需要指出的是，实际上这只能说明这些园区在努力进行着生态化改造工作，离最终目标的实现其实还有很长的路要走。其中，贵港国家生态工业（制糖）园区以制糖、蔗田等 6 个产业为基础在逐步构建生态产业链，试图在园内形成废弃物和副产品的物质交换循环系统，达到废弃物排

放的最小化和资源重复高效利用的目的。然而即使是生态化改造历史最为悠久的贵港园区，其实际状况也并不令人满意，面临着深入生态化改造的局面。其他生态化改造的时间较短的工业园就更加需要深入、持续开展这项工作，以真正实现工业园"三次创业"基础上的生态化转型。

表 7-1　被批准建设或通过验收命名的部分国家生态工业示范园区（2016—2020 年）

序号	名称	年份
1	芜湖经济技术开发区	2020
2	嘉兴港区	2020
3	珠海高新技术产业开发区	2020
4	潍坊经济开发区	2020
5	山东鲁北企业集团	2020
6	青岛经济技术开发区	2020
7	昆山高新技术产业开发区	2020
8	昆明经济技术开发区	2020
9	天津子牙经济技术开发区	2020
10	贵阳经济技术开发区	2020
11	上海市工业综合开发区	2019
12	上海青浦工业园区	2019
13	国家东中西区域合作示范区（连云港徐圩新区）	2019
14	成都经济技术开发区	2019
15	西安高新技术产业开发区	2018
16	廊坊经济技术开发区	2018
17	乌鲁木齐经济技术开发区	2018
18	连云港经济技术开发区	2016
19	淮安经济技术开发区	2016
20	郑州经济技术开发区	2016
21	长春汽车经济技术开发区	2016
22	温州经济技术开发区	2016
23	扬州维扬经济开发区	2016
24	盐城经济技术开发区	2016
25	上海市市北高新技术服务业园区	2016

序号	名称	年份
26	江苏武进经济开发区	2016
27	武进国家高新技术产业开发区	2016
28	南京江宁经济技术开发区	2016
29	长沙经济技术开发区	2016

7.3 工业园生态化转型的动因模型构建

7.3.1 模型构建的理论基础：生态效率思想

工业园前期创业的动力模型的构建主要基于区域经济增长理论和技术创新理论，这是和经开区和高新区成立的使命分不开的。经开区的建设是为深化经济改革、寻找区域经济增长极、安置劳动力就业，故对其动因模型的构建应当基于区域经济增长理论。高新区的创业出发点之一是有一部分经开区（园区）其技术含量很低，没有做到产业结构的升级，在当地经济结构调整和经济发展方式的转变中未能起到充分的作用。为了使得这些问题得到解决，高新园区由此产生（事实上高新区的这些目标并没有真正实现），其发展的理论基础除了区域经济增长理论之外，还突出了技术创新理论的基础性作用。然而随着社会经济的发展，仅仅依托区域经济增长理论、区域技术创新理论来发展现代工业必然会出现很多难以解决的新问题。并非这些理论本身有误，而是应该进一步吸收其他的理论来完善集群式现代工业发展所赖以生存的理论土壤。随着工业园区"三次创业"步伐的加快，在这一阶段背景下推动工业园区生态化转型的话题被提上议事日程。推动其转型发展的理论核心应该既包含对经济效益目标追求的阐述又突出环境效益的取得，或者更具体地讲就是要研究如何采用最小化的环境成本代价来取得一定质量和规模的经济绩效，或者说是一定数额的环境成本代价如何换来最大化的经济效益。而生态效率理论正是用来协调环境和经济两者之间关系的不二之选。

生态效率理论由学者 Schaltegger 和 Sturm 在 1990 年提出，后来不断地得到完善和拓展。世界可持续发展工商业委员会（WBCSD）从商业经济角度对生态效率进行了解释，而且这一解释受到了国内外学术界和实践工作者的认可。WBCSD 指出在产品满足人类需求的同时，应当使其生命周期中所产生的对资源的消耗和对自然环境的影响控制在生态环境能够承受的范围之内。后来，生态效率这一概念被拓展到工业企业、行业或产业乃至区域范围内经济绩效的取得和环境代价的付出之间的对比关系分析。进一步地，生态效率在作为一个测度工具的同时更蕴含着丰富的管理哲学思想，其内部所包含的管理思想和生态文明建设的理论是吻合的，就是在一个经济主体（企业、产业、区域经济体）的运行过程中需要兼顾经济和环境双重绩效，不能一条腿走路，而应当追求多目标协同发展。通过以上分析，最终确定在构建推动工业园生态化转型的动因模型中以生态文明建设理念和生态效率理论为引导，既体现出对园区的经济效益（包括产业结构升级、高新技术发展）的追求，也关注园区的环境和社会效益的获取。故本书在构建生态化转型动因模型时以获得园区生态效率的最终提升为动力因素设置的思想依据。

7.3.2　模型的构建及解析

从以上生态效率的思想可以看出，生态效率既是一种测量工具，又是一种管理哲学和战略性思想。它要求我们在追求经济增长的同时，重视环境质量和资源的有效利用。在构建推动工业园生态化转型升级的动因模型时，首先要明确动因模型的根本性导向问题，也就是园区生态化转型升级的最高目标可以归纳为对生态效率的追求。当然，生态效率本身也是一个开放的概念，随着研究的深入，它由通常的两个维度向多个维度的内涵扩展，即不仅考虑经济产出和环境成本两个方面，也进一步拓展到考虑社会人文发展方面。这正是工业园转型发展过程中要追求的最高目标。正如在前述所指出，工业园前期创业时的发展往往需要缺口条件，也就是某一地方性区域在经济和社会发展中出现了一些深层次矛盾，比如经济发展滞后、产品数量和种类不能满足消费者需求、地区产业结构性矛盾突出，产业结构亟待优化、提升。工业园区生态化转型发展同样也需要现实中的缺口，在这种情况下，除了传统的缺口之外更加突出的往往是工业园区或某一区域在经济发展过程中出现了环境质量恶化、资源利用率低下，各种废弃物得不到回收再利用的问题。总之，环境与资源问题成为日益严重影响社会经济可持续发展的瓶颈。在这种以资源和环境缺口为显著标志的新的条件下，工业园区在"三次创业"大背景下实现生态化转型发展具有明显的必要性和引致性需求。

工业园生态化转型发展最为关键的是企业之间基于信任通过合作对生态化技术的联合采用，而且整个运营过程是在市场的拉动和政府的支持下进行的。基于这一逻辑，本书对工业园生态化转型发展所需的内外部动力进行系统性的分析，旨在构建出一个更加合理实用的动因模型。

首先，拟入园或已经入园的企业存在着对入园之后的经济效益的追求，这种对经济利益的追求是企业与生俱来的行为倾向，当然企业对社会的责任感和企业人员的自身素质和生态意识也是不可忽视的因素。具体地分析，来自企业内部的动力因素可以详细列出以下几种：对节能减排所致的生产成本降低的追求，提升产品生态化、绿色化形象的追求，企业间降低交易费用的需求，获得企业集聚所产生的规模经济与范围经济效应，环境责任感的驱使，企业家和员工素质及意识等。

其次，企业内部和企业之间对生态化技术的利用是关键的环节。很多和技术相关的因素其实也可以包含在内部动因范围内，但是为了着重突出这一环节的重要性，有必要将其单列出来。具体分析，技术动因主要涉及清洁生产及资源、能源循环利用技术的可获得性，环境评价及监测技术的完备性，上下游共生企业生态化技术之间的匹配性，物流、能流等信息共享技术的完备状况，相关生态技术的经济实用性等。具备这些因素会为工业园生态化转型的成功实现创造良好的条件。

再次，市场因素是园区形成的拉动性力量。需要指出的是，这里的市场包括内部市场和外部市场两个方面，园区内部也有市场，园区工业共生体的产生首先就必须考虑企业废弃物产生和经过适当处理后如何在园区内找到买家。内外部市场动因主要涉及以下几个方面：社区居民环境保护意识的强度，社区消费者对生态绿色产品需求的强度，企业废弃物处理后的市场需求状况，自然资源市场供给的能力，各类原材料市场价格的水平，市场对各类原材料（资源）的争夺程度。

最后，政府的力量是不容忽视的，它在工业园生态化改造转型过程中始终扮演重要角色，尤其在我国更是如此。政府主要在几个方面对工业园区的生态化改造及发展起到推动作用：一是上级政府对下级政府相关部门在环保绩效考核方面的压力，二是限制企业排污的措施执行力，三是对发展生态工业共生体的补贴性政策，四是对园区改造转型初期投资的支持力度，五是循环经济法律法规体系的完善程度，六是政府对生态文明理论的宣传力度。

对来自各个方面的推动工业园区生态化转型的动力因素进行分析，我们可以构建出一个明显有别于工业园区前期创业时的动因模型，这个动因模型可以简称为生态效率导向动因模型，如图 7-2。

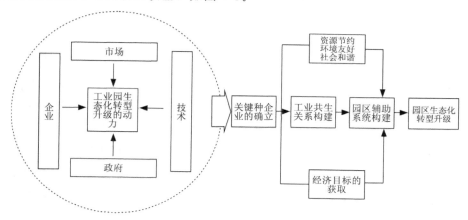

图 7-2　工业园生态化转型升级动因模型

7.4　对动力因素的评价：排序与分层

7.4.1　评价方法的确立

俗话说"物以类聚、人以群分"，聚类分析法正是体现出了这一思想。聚类分析法是用来对若干被评价对象进行归类、分层的一种定量分析方法，在研究中最为常见的是传统的聚类分析法。比如要从综合竞争力角度考察多个企业，对这些企业进行分层、归类，而体现企业综合竞争力的指标也有多个（如体现研发能力的指标、财务绩效指标、市场绩效指标等，假设每一个指标都能得到量化），在这种情况下要对众多企业进行聚类评价只需利用传统的聚类分析方法即可达到预期的目标，因为这类问题的模糊性并不强。但是在理论研究中还有一些问题的模糊性是比较强的，比如要对刻画某一对象的若干因素从其本身的重要性程度出发进行归类、分层（即聚类评价），通常情况下会对每一个因素的重要性程度先划定若干个等级（比如很不重要、不重要、一般、比较重要、非常重要），然后就各个因素的重要性进行数据采集进而对全体因素进行归类评价。然而在这种归类评价的过程中会遇到一个问题，那就是因素的重要性具有较强的模糊性，它不像体现企业综合竞争力的财务和市场绩效指标那样可获得直接明确的量化结果。对于这类具有较强模糊性的问题，传统的聚类分析法存在失灵现象，我们只能对传统的方法加以改造，使之适应具有较强模糊性的因素聚类。

就本书的研究而言，我们试图对推动工业园生态化转型升级与发展的众多动力因素从其重要性程度进行归类分析。然而由于各动力因素的重要性具有较强的模糊性，故本书利用对传统聚类分析进行改造之后的模糊聚类分析法来展开具体的实证聚类工作。研究的结果将会为园区企业、工业共生体、园区管理者乃至地方政府优化管理决策提供有力的理论支持。就模糊聚类分析法的具体应用而言，它有一套严谨的操作步骤。第一步是确立论域，所谓论域也就是要确立聚类的对象，这个对象通常由若干个评价因素集合组成，只有确立了论域才能保证聚类分析"有的放矢"。第二步便是收集数据，由于问题的模糊性，收集数据的方法通常适合采用问卷调查的方式，特别要指出的是收集的数据需要经过标准化处理方能进入实证。第三步是求取模糊相似关系矩阵，如果它满足模糊等价关系的条件，则可正式进入聚类操作，否则需要对其进行适当处理（循环自乘）直至符合条件为止。第四步便是正式进行归类分析并对聚类的结果展开探讨。

7.4.2 评价的具体实施流程

(1) 论域的确定

从图 7-2 所构建的以生态效率为导向的工业园生态化转型升级的动因模型可以看出推动园区系统转型发展的众多因素。本书以该模型为基础从企业、技术、市场、政府四个维度进一步确立起动力明细因素，这些因素的集合便构成了本研究的论域。企业类动力明细因素包括"对节能减排所致的生产成本降低的追求""提升产品生态化形象的追求"等 6 个；技术类动力明细因素包括"清洁生产及资源循环利用技术的可获得性""环境评价及监测技术的完备性"等 5 个；市场类动力明细因素包括"社区居民环境保护意识的强度""社区消费者对生态产品需求的强度"等 6 个；政府类动力明细因素包括"政府对园区管理部门在环保绩效考核方面的压力"等 6 个。全部动力明细因素共计 23 个（如图 7-3 所示），并将论域表达为 $U = (u_1, u_2, \cdots u_{23})$。

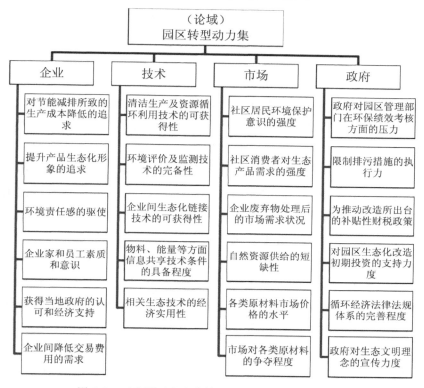

图 7-3　工业园区生态化转型升级动力集合（论域）

（2）数据的收集及处理

在确定了研究的论域后就应基于论域中的因素集收集用于实证的数据。由于本研究要获得的数据是关于具体因素的重要性评价数据，这就需要采用调查问卷的方式来收集。特此笔者设计了工业园生态化转型升级动因调查问卷（见附录）。调查问卷中最为主要的部分就是关于 23 个动力因素的重要性程度调查表，在调查表中为每一个动力因素设置了五个重要性等级，它们分别是"很不重要、不重要、一般重要、比较重要、很重要"。被调查对象（相关人员）只需就每一个动力因素在五个重要性等级中选择唯一的一个等级以表示他所认为的该动力因素的重要性。本研究所设计的调查问卷主要面向已被国家批准建设或正式命名的"生态工业园"（这些园区实际上有待进一步深入地开展生态化改造）以及一部分正在进行生态化改造的工业园进行发放。一些园区（如湘潭九华工业园）虽然没有被国家正式批准建设或正式命名为生态工业园，有的甚至离生态工业园的要求和标准差距较大，但它们正在按照生态文明建设理念、参照生态工业园的模式发展，故也将其纳入了调查范围。为了研究的需要，本书从表 7-1 中选择了部分园区组成研究的样本并对其进行问卷调研或访谈方式调研。

本研究所调查的被国家批准或命名的"生态工业园"按照业务的性质涵盖了综合类、行业类和静脉产业类三个类型；在地域方面涉及天津、南京、青岛、昆明、武汉、杭州、南昌、西安、温州、长沙、株洲、湘潭等地。尤其是在具体的被调查人员方面，笔者做了认真细致的考虑。因为问卷调查要取得预期的效果一是要以问卷设计的科学与合理性作为保障，二是有赖于问卷具体填写人的认真负责，尤其是填写人的专业知识背景、所处的工作岗位属性等因素对问卷调查的成功与否影响很大。为此在本次问卷调查过程中，笔者选择了具有代表性的问卷填写人，他们中有生态化工业园内关键种企业以及生态产业链中的辅助性企业的高层管理人员、核心技术研发人员，园内企业孵化机构的负责人、环境评价机构及其他中介服务组织（如金融机构）的负责人，园区内的科技研发机构的负责人，园区管理委员会的负责人。特别地，笔者还向与园区有密切往来的高校中从事生态经济研究的专家和相关专业在读博士生发放了问卷。我们一共发放问卷 476 份，这些问卷主要通过纸质方式邮寄，有些是笔者亲自送达，另外有一部分问卷是采用电子邮件的方式发放的，还有极少数问卷的填写是笔者通过电话联系专家，就问卷中的相关题项请专家直接作答。通过深入细致的工作，总共回收了 378 份问卷，在对所回收的问卷进行认真审查后发现有些问卷是无效的，排除这些无效问卷之后获得有效问卷 316 份，有效回收率为 66.39%。

有效问卷回收之后，则应该从中整理出实证分析所需要的原始数据。具体地，就第一个动力因素"对节能减排所致的生产成本降低的追求"而言会有 316 位问卷填写人在其五个重要性等级中做出选择。经过整理之后便能获得该动力因素的原始评价结果 $u_i = \{x_{i1}, x_{i2}, \cdots x_{in}\}$，选择"很不重要""不重要""一般重要""比较重要""很重要"的次数总和刚好等于 316。同样地可以获得第 2 至第 23 个动力因素的原始评分结果，由此便组成了一个关于工业园生态化转型升级与发展的动力因素评价原始数据表（见表 7-2）或原始评价矩阵 $\boldsymbol{X}_{ij} = (x_{ij})_{m \times n}$。

表 7-2　工业园生态化转型升级的动力组成要素初始评分（1）

来源	具体描述	初始评价数据				
		很不重要	不重要	一般重要	比较重要	很重要
企业因素	对节能减排所致的生产成本降低的追求	11	40	78	89	98
	提升产品生态化形象的追求	11	22	81	67	135
	环境责任感的驱使	11	57	76	87	85
	企业家和员工素质和意识	11	22	91	57	135
	企业间降低交易费用的需求	1	85	68	57	105
	获得当地政府的认可和经济支持	1	52	71	57	135
技术因素	清洁生产及资源循环利用技术的可获得性	1	40	73	97	105
	环境评价及监测技术的完备性	11	21	84	98	102
	企业间生态化链接技术的可获得性	1	46	67	57	145
	物料、能量等方面信息共享技术条件的具备程度	11	15	58	117	115
	相关生态技术的经济实用性	1	34	69	97	115
市场因素	社区居民环境保护意识的强度	21	47	72	111	65
	社区消费者对生态产品需求的强度	1	89	74	57	95
	企业废弃物处理后的市场需求状况	11	56	62	112	75
	自然资源供给的短缺性	6	53	67	105	85
	各类原材料市场价格的水平	1	14	85	101	115
	市场对各类原材料的争夺程度	16	90	93	47	70
政府因素	政府对园区管理部门在环保绩效考核方面的压力	11	9	64	167	65
	限制企业排污措施的执行力	1	11	72	157	75
	为推动改造所出台的补贴性财税政策	12	32	62	142	68
	对园区生态化改造初期投资的支持力度	26	47	81	102	60
	循环经济法律法规体系的完善程度	1	18	95	127	75
	政府对生态文明理念的宣传力度	13	32	69	134	68

　　表 7-2 所得到的初始评分数据实际上还只是 316 位问卷填写人在某一动力因素上就其重要性等级中的一个所选择的总次数情况。为了展开进一步的研究，需要在标准化处理之前对原始数据再进行适当的处理。结合本研究的特点，笔

者对表 7-2 中的数据作如下处理：首先令"很不重要＝1"，"不重要＝2"，"一般重要＝3"，"比较重要＝4"，"很重要＝5"；然后，以动力因素"对节能减排所致的生产成本降低的追求"为例，将选择"很不重要"选项的次数（即人数）乘以 1 再将乘积除以专家总人数 316；将选择"不重要"选项的次数乘以 2 再将乘积除以专家总人数 316……将选择"很重要"选项的次数乘以 5 再将乘积除以专家总人数 316。以此类推，便能得到如表 7-3 所示的经过适当处理之后的原始评分表。

表 7-3　工业园生态化转型升级动力组成要素初始评分（2）

| 来源 | 具体描述 | 初始评价数据 | | | | |
		很不重要	不重要	一般重要	比较重要	很重要
企业因素	对节能减排所致的生产成本降低的追求	0.0348	0.2532	0.7405	1.1266	1.5506
	提升产品生态化形象的追求	0.0348	0.1392	0.7690	0.8481	2.1361
	环境责任感的驱使	0.0348	0.3608	0.7215	1.1013	1.3449
	企业家和员工素质和意识	0.0348	0.1392	0.8639	0.7215	2.1361
	企业间降低交易费用的需求	0.0032	0.5380	0.6456	0.7215	1.6614
	获得当地政府的认可和经济支持	0.0032	0.3291	0.6741	0.7215	2.1361
技术因素	清洁生产及资源循环利用技术的可获得性	0.0032	0.2532	0.6930	1.2278	1.6614
	环境评价及监测技术的完备性	0.0348	0.1329	0.7975	1.2405	1.6139
	企业间生态化链接技术的可获得性	0.0032	0.2911	0.6361	0.7215	2.2943
	物料、能量等方面信息共享技术条件的具备程度	0.0348	0.0949	0.5506	1.4810	1.8196
	相关生态技术的经济实用性	0.0032	0.2152	0.6551	1.2278	1.8196
市场因素	社区居民环境保护意识的强度	0.0665	0.2975	0.6835	1.4051	1.0285
	社区消费者对生态产品需求的强度	0.0032	0.5633	0.7025	0.7215	1.5032
	企业废弃物处理后的市场需求状况	0.0348	0.3544	0.5886	1.4177	1.1867
	自然资源供给的短缺性	0.0190	0.3354	0.6361	1.3291	1.3449
	各类原材料市场价格的水平	0.0032	0.0886	0.8070	1.2785	1.8196
	市场对各类原材料的争夺程度	0.0506	0.5696	0.8829	0.5949	1.1076

续表

来源	具体描述	初始评价数据				
		很不重要	不重要	一般重要	比较重要	很重要
政府因素	政府对园区管理部门在环保绩效考核方面的压力	0.0348	0.0570	0.6076	2.1139	1.0285
	限制企业排污措施的执行力	0.0032	0.0696	0.6835	1.9873	1.1867
	为推动改造所出台的补贴性财税政策	0.0380	0.2025	0.5886	1.7975	1.0759
	对园区生态化改造初期投资的支持力度	0.0823	0.2975	0.7690	1.2911	0.9494
	循环经济法律法规体系的完善程度	0.0032	0.1139	0.9019	1.6076	1.1867
	政府对生态文明理念的宣传力度	0.0411	0.2025	0.6551	1.6962	1.0759

表 7-3 中的数据还是原始数据，要进行实证分析就必须对其做标准化处理，标准化处理的方式其实有很多种。根据本研究的需要采取归一化方式对原始数据进行处理。归一化处理之后的数据就是标准数据（见表 7-4），由此构成了标准化评分矩阵 $Y = (y_{ij})_{m \times n}$，标准化数据就可以用于实证过程了。

表 7-4　工业园生态化转型升级动力组成要素评分标准化矩阵

来源	具体描述	初始评价数据				
		很不重要	不重要	一般重要	比较重要	很重要
企业因素	对节能减排所致的生产成本降低的追求	0.0094	0.0683	0.1998	0.3040	0.4184
	提升产品生态化形象的追求	0.0089	0.0355	0.1958	0.2160	0.5439
	环境责任感的驱使	0.0098	0.1012	0.2025	0.3091	0.3774
	企业家和员工素质和意识	0.0089	0.0357	0.2218	0.1852	0.5483
	企业间降低交易费用的需求	0.0009	0.1507	0.1809	0.2021	0.4654
	获得当地政府的认可和经济支持	0.0008	0.0852	0.1744	0.1867	0.5528
技术因素	清洁生产及资源循环利用技术的可获得性	0.0008	0.0660	0.1805	0.3199	0.4328
	环境评价及监测技术的完备性	0.0091	0.0348	0.2088	0.3248	0.4225
	企业间生态化链接技术的可获得性	0.0008	0.0738	0.1612	0.1828	0.5814
	物料、能量等方面信息共享技术条件的具备程度	0.0087	0.0238	0.1383	0.3720	0.4571
	相关生态技术的经济实用性	0.0008	0.0549	0.1671	0.3132	0.4641

来源	具体描述	初始评价数据				
		很不重要	不重要	一般重要	比较重要	很重要
市场因素	社区居民环境保护意识的强度	0.0191	0.0855	0.1964	0.4036	0.2955
	社区消费者对生态产品需求的强度	0.0009	0.1612	0.2011	0.2065	0.4303
	企业废弃物处理后的市场需求状况	0.0097	0.0989	0.1643	0.3958	0.3313
	自然资源供给的短缺性	0.0052	0.0915	0.1736	0.3627	0.3670
	各类原材料市场价格的水平	0.0008	0.0222	0.2019	0.3199	0.4553
	市场对各类原材料的争夺程度	0.0158	0.1777	0.2754	0.1856	0.3455
政府因素	政府对园区管理部门在环保绩效考核方面的压力	0.0091	0.0148	0.1582	0.5502	0.2677
	限制企业排污措施的执行力	0.0008	0.0177	0.1739	0.5056	0.3019
	为推动改造所出台的补贴性财税政策	0.0103	0.0547	0.1590	0.4855	0.2906
	对园区生态化改造初期投资的支持力度	0.0243	0.0878	0.2269	0.3810	0.2801
	循环经济法律法规体系的完善程度	0.0008	0.0299	0.2365	0.4216	0.3112
	政府对生态文明理念的宣传力度	0.0112	0.0552	0.1784	0.4621	0.2931

（3）模糊相似关系矩阵的求取及修正

第一，获得模糊相似关系矩阵。本研究所指的相似关系是指全体动力因素中某一个因素和它自身以及除它之外的所有其他因素之间的相似性，比如因素"企业间降低交易费用的需求"对它自身及其与其他因素之间就存在着程度各异的相似性。相似性水平通常往往用一个统计量 r_{ij} 来表达。这个统计量是一个变量，其具体的取值便是对动力因素之间的相似性水平的度量值，这样的度量值最终组成了一个矩阵，我们称这个矩阵为模糊相似关系矩阵 $\boldsymbol{R}$。矩阵 $\boldsymbol{R}$ 可以表达如下：

$$\boldsymbol{R} = (r_{ij})_{n \times m} = \begin{bmatrix} r_{11} & r_{12} & \cdots & r_{1m} \\ r_{21} & r_{22} & \cdots & r_{2m} \\ \cdots & \cdots & \cdots & \cdots \\ r_{n1} & r_{n2} & \cdots & r_{nm} \end{bmatrix}$$

其中，$r_{ij} = \begin{cases} 1(i = j) \\ (1/Q)\sum\limits_{k=1}^{n} y_{ik}y_{jk}(i \neq j) \end{cases}$，$Q = \max\limits_{i \neq j}\left(\sum\limits_{k=1}^{n} y_{ik}y_{jk}\right)$，$Q > 0$

在具体地测算因素间相似性水平时，通常使用数量积法。运用该法可以获得统计量 r_{ij} 的每一个具体的统计值。在计算中还需要对上式中的 Q 的具体取值进行确定，根据本研究的需要，赋予 Q 的取值为 0.68。通过采用数量积法，最终可得到想求取的模糊相似关系矩阵 $\boldsymbol{R} = (r_{ij})_{n \times m}$。

第二，对模糊相似关系矩阵的改造。采用数量积法获得模糊相似关系矩阵之后，还需要对这个矩阵进行考察，看其是否符合模糊等价关系矩阵的要求。然而，通过考察发现，我们所求取的矩阵 $\boldsymbol{R}$ 并不满足模糊等价关系矩阵的条件，故只有对其作进一步的改造使其满足条件之后，方能进行具体的聚类操作（如果满足条件的话，则可以直接进行下一步聚类分析了）。我们采用将矩阵 R 循环自乘的方式以期待 $\boldsymbol{R}^{2k} = \boldsymbol{R}^k$ 这一情况的出现，当这一情形发生时便停止自乘。这时我们所获得的 $\boldsymbol{R}^k$ 正是经过改造之后的模糊等价关系矩阵，我们将其记为 $\boldsymbol{R}^*$。需要说明的是，我们在对 $\boldsymbol{R}$ 进行改造转化的过程中采用的是基于求传递闭包的技术，最终得到的模糊等价关系矩阵见表 7-5，通过矩阵的转化和改造便可以进行下一步的实证聚类操作了。

表 7-5　各动力因素模糊等价关系矩阵

```
1.00
0.94 1.00
0.99 0.91 1.00
0.94 1.00 0.90 1.00
0.91 0.96 0.90 0.96 1.00
0.93 0.99 0.90 0.99 0.98 1.00
1.00 0.94 0.99 0.94 0.91 0.93 1.00
1.00 0.93 0.99 0.93 0.88 0.91 1.00 1.00
0.93 0.99 0.89 0.99 0.98 1.00 0.93 0.91 1.00
0.98 0.90 0.97 0.90 0.85 0.89 0.99 0.99 0.89 1.00
1.00 0.95 0.98 0.96 0.92 0.95 1.00 0.99 0.95 0.99 1.00
0.88 0.68 0.92 0.67 0.65 0.65 0.89 0.90 0.65 0.90 0.86 1.00
0.92 0.95 0.91 0.94 1.00 0.97 0.91 0.88 0.96 0.84 0.92 0.67 1.00
0.92 0.74 0.95 0.74 0.73 0.73 0.93 0.93 0.73 0.94 0.91 0.99 0.74 1.00
0.97 0.83 0.99 0.83 0.82 0.83 0.98 0.97 0.82 0.98 0.96 0.96 0.83 0.99 1.00
1.00 0.95 0.98 0.95 0.89 0.93 0.99 1.00 0.92 0.98 0.99 0.87 0.89 0.91 0.96 1.00
0.86 0.85 0.88 0.86 0.94 0.89 0.87 0.83 0.88 0.83 0.88 0.69 0.94 0.78 0.83 0.83 1.00
0.75 0.50 0.85 0.50 0.44 0.47 0.76 0.79 0.47 0.82 0.73 0.96 0.46 0.93 0.88 0.75 0.52 1.00
0.82 0.60 0.85 0.60 0.54 0.57 0.83 0.86 0.57 0.88 0.80 0.99 0.56 0.96 0.93 0.82 0.59 0.99 1.00
0.81 0.58 0.85 0.58 0.54 0.56 0.83 0.84 0.56 0.87 0.80 0.99 0.56 0.97 0.93 0.81 0.61 0.99 1.00 1.00
0.88 0.67 0.91 0.67 0.65 0.65 0.89 0.90 0.65 0.91 0.86 1.00 0.67 0.98 0.96 0.87 0.72 0.96 0.98 0.99 1.00
0.89 0.70 0.91 0.70 0.65 0.67 0.90 0.91 0.67 0.93 0.87 1.00 0.66 0.98 0.96 0.89 0.70 0.96 0.99 0.98 1.00 1.00
0.84 0.62 0.87 0.61 0.57 0.59 0.85 0.86 0.59 0.88 0.82 0.99 0.59 0.98 0.94 0.83 0.63 0.99 1.00 1.00 0.99 0.99 1.00
```

在获得模糊等价关系矩阵之后便可进行实证聚类操作，在此我们使用 Matlab 程序来完成这一任务。基于 Matlab 程序展开循环计算，当 $\lambda = 0.61$ 时，出现了我们所预期的结果。通过实证发现，由企业、技术、市场、政府四大类因素所组成的全体 23 个动力明细因素聚成六个层次（类别）是合适的。当然，最终的聚类结果还征求了各位专家的意见，具体的聚类结果列示在表 7-6 中。

7.4.3　评价结果的获得及讨论

表 7-6 列示了通过模糊聚类分析所得到的各具体因素的分层和归类情况，进一步地结合专家的意见对每个因素具体的评价值进行了最终确定，并且一起列示于表中。从表中的结果可以看出，在我国，推动工业园区生态化转型升级和发展的最为重要的一类因素就是政府，其中几个明细的因素都被排在第一层重要程度等级内，这一结果是符合我国国情的。党的十九届五中全会审议通过的《中共中央关于制定国民经济和社会发展第十四个五年规划和二〇三五年远景目标的建议》明确提出"全面提高资源利用效率""大力发展绿色经济""发展环保产业，推进重点行业和重要领域绿色化改造""全面提高资源利用效率""加快构建废旧物资循环利用体系"。在 2018 年全国生态环境保护大会上，习近平总书记提出，必须加快建立健全以生态价值观念为准则的生态文化体系，以产业生态化和生态产业化为主体的生态经济体系。在此背景之下，"产业生态化、生态产业化"核心诉求就是寻求生态与产业发展之间的平衡，需要理论和实践的持续探索。工业园区是工业企业集聚发展的重要场域，也是我国实施制造强国战略、推进产业转型升级的重要空间载体，在建设现代化产业体系、推动高质量发展中发挥着重要作用。在我国，政府是主导生态文明建设的最为重要的力量，在实现生态文明宏伟目标的过程中，工业园生态化改造和转型发展是其主要的抓手和具体工作的着力点，因此政府对于工业园生态化转型升级起着重要的引导和支撑作用。

企业内部的若干因素在整个动力体系中所占的位置也还是比较重要的，被排在了第二层级的重要性梯度内。从最终结果来看，企业对经济效益的追求是其参与工业园区生态化改造转型的最为重要的动因。这可以从"企业间降低交易费用的需求""企业获得政府的认可和支持"两个因素的重要性归类结果中看出。事实上，企业投身园区生态改造或园区生态化发展首先考虑的就是经济利益。因为企业是理性的经济人，如果没有经济利益，它是不会配合进行生态化改造或采取生态化模式的。当然，它所追求的经济利益的具体表达形式有很多种，如节约成本、获得政府的经济支持等。从企业所承担的社会责任来看，"环境责任感的驱使"其重要性程度不是很强，这与我国目前的实际情况也相吻合。

在我国，企业的社会责任感普遍有待提高，这与企业所追求的目标是相关的。很多企业将利润最大化作为自身追求的最高目标，而把对社会和环境的责任抛之脑后，这样的企业其实是没有发展后劲的。

研究发现，市场因素中"企业废弃物处理后的市场需求"是推动园区生态化转型发展的一种关键性力量，这个因素在所有市场因素中占据最为突出的位置。开展生态化改造的工业园内企业所面临的市场其实分为内外两个部分，内部市场对企业产生的经过处理后的废弃物或副产品进行消化，如果这个市场的需求存在障碍，那么工业园要想转型升级为生态工业园就失去了前提条件。因此，"企业废弃物处理后的市场需求"的重要性程度在全体市场因素中排在首位。而市场因素中"社区居民环境保护意识的强度"会对消费者的消费特征产生影响，但是目前研究发现这一因素的影响力并不突出。这一结果与我国目前社会的现实也是相符合的。目前广大民众虽然开始意识到了环境问题，但是民众的环保意识和生态观念普遍还是偏低，在选择消费品的过程中价值导向存在问题，如注重产品的外观和档次，甚至追求奢华消费。当然，越来越多的消费者生态意识明显增强，在对产品的消费全过程中倾向于考虑使用中对能源的消耗和对环境造成的影响。因此，消费者对生态产品的偏好程度虽然有待提高，但随着民众素质的提高，对生态产品的市场需求状况将会有进一步的改善。

总体来看，技术的因素是发展生态工业的前提条件或者说是必要条件，它对推动工业园生态化转型发展所起到的影响作用不容忽视。但有了生态化技术也未必就一定能使园区实现成功转型，技术永远只是一种手段和工具。它在与企业对经济利益的追求、政府的政策推动、市场需求的拉动相比，在动力方面的重要程度会相对较低。但需要指出的是技术在影响园区转型中的系统稳定性方面或许作用很大，当然这有待在后续章节中进一步研究。

表 7-6　动力因素的排序与分层（以重要性为标准）

聚类层级	程度描述	要素具体描述	分值	备注（因素类别）
第一层	很强	政府对园区管理部门在环保绩效考核方面的压力	0.380	政府
		对园区生态化改造初期投资的支持力度	0.379	政府
		限制企业排污措施的执行力	0.379	政府
		企业间降低交易费用的需求	0.361	企业

聚类层级	程度描述	要素具体描述	分值	备注 （因素类别）
第二层	很强	获得当地政府的认可和经济支持	0.358	企业
		对节能减排所致的生产成本降低的追求	0.354	企业
		为推动改造所出台的补贴性财税政策	0.339	政府
		企业废弃物处理后的市场需求状况	0.333	市场
第三层	一般	自然资源供给的短缺性	0.330	市场
		各类原材料市场价格的水平	0.317	市场
		清洁生产及资源循环利用技术的可获得性	0.315	技术
第四层	较弱	企业间生态化链接技术的可获得性	0.309	技术
		物料、能量等方面信息共享技术条件的具备程度	0.306	技术
		企业家和员工素质和意识	0.305	企业
		相关生态技术的经济实用性	0.289	技术
第五层	弱	环境评价及监测技术的完备性	0.282	技术
		提升产品生态化形象的追求	0.268	企业
		环境责任感的驱使	0.266	企业
第六层	很弱	政府对生态文明理念的宣传力度	0.250	政府
		循环经济法律法规体系的完善程度	0.245	政府
		社区居民环境保护意识的强度	0.240	市场
		社区消费者对生态产品需求的强度	0.236	市场
		市场对各类原材料的争夺程度	0.218	市场

7.4.4 动力因素内部相互关系分析

从对众多动力因素的分析可以看出，促使工业园区生态化转型升级的动力因素是复杂的，但可以从企业、技术、市场、政府几个角度来归纳，这几类因素事实上存在着内在的相互关系，如图7-4所示。概括起来可以这样表达，工业园生态化转型发展是企业受到某种内部激励之后，在政府和市场的双重作用之下利用生态化技术体系持续开展的系统性复杂活动的结果。

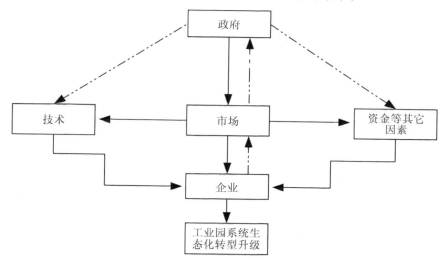

图 7-4　各类动力因素之间的相互作用关系

　　具体地分析，各类动力因素之间存在着内在的相互作用关系。在政府、企业、市场、技术四大类动力因素当中，企业始终是促成园区生态化转型升级的根本性力量。园区系统的转型升级离不开企业这一最为关键的主体，否则园区也是徒有虚名，企业入园后通过在内部对生态化技术如清洁生产技术的使用，并且通过企业之间的技术链接组成生态化产业链（网），从而实现园区内部物质和能源的循环利用、各类废弃物的资源化处理，只有这样，园区的生态系统才得以形成。而企业愿不愿意采用技术手段来实现生态工业的发展呢？有时即使生态化技术条件具备也未必被采用，这就涉及市场对企业的激励问题。市场机制是否完备，比如若市场价格机制未能充分有效运行而导致上游企业生产的副产品或经过处理的废弃物在卖给下游企业时价格很高，那么下游企业不如到园外的市场上去采用传统的原材料；再比如若社会对生态产品的需求根本就不旺盛，那么企业生产出来的产品就不能实现很好的商业价值，便会挫败企业从事生态化生产运作的积极性。故市场对企业的经济激励是相当关键的，它会左右企业到底是否进行生态化技术的改造或升级。另外，市场除了给企业提供以上激励之外，往往还能提供特殊的激励方式，即企业生态化运行所欠缺的资金。通过市场运作，各类面向生态工业发展的投资基金通过吸纳社会闲散资金，以各种方式给园区内企业提供资本的援助，有的通过借贷的方式，有的则通过股权投资的方式运行，这会为企业生态技术的改造和升级提供支持。

由于单纯依靠市场的力量很难自发发展生态工业，政府的力量是用来解决市场失灵问题的。市场机制本身存在很多难以克服的问题，如信息的不对称、外部性问题、技术路径依赖问题。园区在建设初期需要大量的资金投入，用于园区基础设施建设，如道路交通，生活垃圾的集中处理设施，供水、供电、供暖设施等等，这些基础设施的具备和完善必须由政府出面解决。另外，园区内企业之间信息会存在不对称现象，导致废弃物和副产品的流动受到影响，政府或政府的代表机构即园区管理委员会要负责推动信息交流平台的构建。进一步地，有些园区在经过运作之后会产生对某类技术集的路径依赖，随着科学技术的进步，或许园区内原有的技术集合已经过时，需要集体更新，为了突破园区的技术瓶颈，需要政府的推动来实施这一工作。当然，政府的作用也是有限的，也要善于把握好自己的边界，避免过度干预企业内部的运行，而是通过对市场的完善，比如加大生态保护的宣传力度，以此强化民众对生态产品的需求，或是通过对市场机制的完善使得其更好地对企业产生激励作用。

7.5　本章小结

本章对我国工业园的创业现状及生态化转型动力展开了系统性的分析。首先，分析工业园前期创业的历程及创业中存在的显著问题，指出前期创业中的明显不足即忽略了资源的约束及环境承载力的限制，并提出了三次创业基础上生态化转型的必要性。其次，突破工业园前期创业中事实上存在的粗放式发展模式，提出工业园生态化改造和转型的战略性导向应该是生态效率；进而从企业、技术、市场、政府等几个角度提出了推动我国工业园生态化转型的动因模型。其中，特别突出资源存量和环境承载力的制约因素的关键性。最后，对全体动力因素的重要性程度采用模糊聚类分析法进行了归类、分层。动力的具备是工业园生态化转型的前提和基础。

第8章　工业园生态效率的评价

本章从生态效率角度对转型中园区的综合绩效进行评价。狭义的生态效率是一种经济与环境综合效率的测量方法，随着国内外学者对生态效率研究的深入，不断赋予其新的内涵，生态效率已超越简单比值的含义，更是代表着一种管理哲学和战略性思想。本章对生态效率的研究正是从其被赋予的战略性哲学内涵出发的，结合生态效率的最新研究成果，在对其进行衡量时除考虑经济产出和环境成本之外还加入了人文发展因素，这符合生态效率今后的研究趋势。另外，还应将工业园生态化改造升级置于生态文明建设的背景之下，尤其要使得转型中的工业园符合生态文明建设的新要求，故有必要将园区中技术创新、高新技术产业和战略性新兴产业的发展作为对园区生态效率考虑的重要方面。因为这些技术或产业本身消耗的自然资源或带来的污染就很少，从诞生之初就符合生态效率的管理哲学。具体地，本章构建相应指标体系并基于具体园区运行数据，分别采用灰色关联度分析法和超效率 DEA 法对不同园区的生态效率综合水平进行实证测度，研究的结果将对相应园区乃至同类型园区改进管理决策进而有效提升园区生态效率提供支持。

8.1　评价方法的比较与选择

在测度生态效率时有很多种方法，每种方法都有其适用性，不能简单地评判孰优孰劣。究竟采用何种方法，要根据评价目的和研究对象本身的特点加以选择。从总体上考察，针对生态效率的评价方法可以分为两大类，其中之一就是按照生态效率的定义和内涵采用求取单一比值的方式来获得测度结果，这种方法也被称为单一比值法。另一大类方法是构建生态效率的评价指标体系，再基于适当的数理模型对生态效率结果进行测度的综合性方法，可以将其称为综合模型法，综合模型法又可以按照不同的标准进一步细分下去。

8.1.1　单一比值法

单一比值法是基于对生态效率定义和内涵的理解而使用的最为简单、直观的评价方法。目前，国内外学术界对生态效率的定义虽然存在差异，但是关于生态效率的核心内涵还是达成了一定共识。学术界普遍认为生态效率的核心思想就是经济活动所创造的价值与由此所付出的环境成本代价的比值。需要指出的是，经济活动存在不同的层次和范围，有针对某一产品项目的，有针对微观企业内部的，有针对行业或产业范畴的，也有针对地区乃至一个国家范围内的。在单一比值的具体计算方式上，WBCSD 机构所提出的公式比较受认可，该机构提出"生态效率＝所创造的产品或服务价值/环境成本"，或者用产品或服务的增量除以环境成本的增量来表示。随后的 2004 年，在荷兰莱顿召开了以生态效率研究为主题的国际会议，在这次会议上对生态效率测度中分子和分母的具体表达方式作了进一步拓展，然而无论如何拓展，都没有超越生态效率的核心内涵。

单一比值法在实践中无非就是考察经济发展中所取得的价值量与资源消耗或环境成本的比值。在这种方法中，分子的考察比较简单，比如对一个园区的生态效率进行评价时，要么用园区的工业增加值当作分子，要么用园区的 GDP 作为测度指标。然而，对分母的考察则可以从多个不同的角度进行，这要视具体的研究目的确定。一般地，以废水、废气、固体废物的排放量作为分母的比较多见，由此可以得到单位废水排放所获得的产值、单位废气排放所获得的产值以及单位固体废物排放所取得的产值这几个具体的生态效率测度结果。

单一比值法在我国学者的研究中采用比较多，这种方法有其优点，但是缺点也非常明显。优点就是简单明了，可以一目了然地考察到基于各类废弃物的排放所获得的经济价值；缺点就是难以全面，综合地对生态效率进行考察。

8.1.2　综合模型法

在测度生态效率时存在着多种基于综合模型的评价方法，其中数据包络分析法、灰色关联度分析法具有诸多优点且适用于不同的具体情境。

（1）数据包络分析

1978 年，Chames 与 Cooper 在其研究中提出了数据包络分析方法（Data Envelopment Analysis，DEA），自此该方法便在各个研究领域得到了推广和应用。首次将数据包络分析法引进我国学术领域的是魏权龄教授，自 1988 年魏教授将该法引入国内之后，数据包络法在我国便得到了广泛的应用。经过多年以来的深入研究，DEA 方法在理论研究与实际应用中得到了持续的改进与完善，基于各类 DEA 模型的研究在学术期刊中也比较多见。

数据包络分析的基本思想就是对某一研究对象（通常称为决策单元，decision making unit，DMU）的运营情况进行相对效率的综合评价。某一个决策单元在运营中通常会有若干种要素的投入，同时也存在若干种成果的产出。在这种情况下，如果再照搬单一比值法中采用分子与分母相除的办法来获得相对效率是行不通的，因为多种投入要素的取值单位不一致，多种产出成果的取值单位也不同，这种不同量纲的多指标是不适合直接采用比值法进行测度的。数据包络分析则能很好地克服这种困难，它能同时处理多个不同量纲的投入要素和产出变量，且无需对不同指标进行无量纲化处理。同时，该法还存在一个很大的优点，即在实证测度过程中无需事先确定指标权重，从而避免了权重确定过程中存在的人为主观影响。进一步地，使用 DEA 方法时不需要太多的指标，这一特点在对一些指标数据获取很困难的决策单元进行评价时显得尤为重要。

从应用层次上考察，DEA 方法也可以用于不同层次的研究对象。小到一个微观企业的运行效率，再到一个行业或产业的相对效率，大到一个宏观的区域乃至一个国家，DEA 方法都有其应用价值。随着 DEA 方法研究与应用的深入和拓展，该法开始被应用于环境领域的研究。鉴于生态效率研究的特点，对生态效率进行测度时很适合采用投入产出模型来评价某一决策单元的相对效率。在工业园生态化转型及其运行过程中有多种要素的投入，这些投入的要素包括人、财、物、信息、技术等资源，产出方面包括工业总产值及其他以某种尺度衡量的成果。另外，生态效率的评价有其特殊性，即不仅要考虑生产投入、经济成果，还要考虑环境成本和代价，而园区的运行中产生的环境成本通常表现为废气、废水、固体废弃物的排放。环境成本需要经过适当的处理后才能应用于 DEA 模型，因为环境成本并非期望的产出。处理方法有两类，要么对 DEA 模型进行改造，要么将环境成本因素当作投入要素用于 DEA 模型中。

（2）灰色关联度模型法

灰色关联分析属于灰色系统理论的范畴，其基本的思想是通过刻画序列曲线间几何形状的相似性来体现它们之间的联系程度是否紧密。曲线的几何形状越是接近，就意味着序列间越是存在较高的关联性，最终所测度的关联度也就越高，否则关联度就越低。该方法另一显著优点就是对样本容量无过高要求且对数据分布的特征也无特殊规定，故与其他相关传统数理方法相比，其实际应用性和可操作性更强。灰色关联分析的基本步骤可概括如下：首先，根据研究需要构建评价原始矩阵及参考序列；其次，采用适当方法对矩阵中的原始数据进行无量纲化处理；再次，逐级测算各级指标的关联系数（或中间层级关联度）；最后，基于相应数理法则测算综合关联度并据此对评价对象进行排序。

8.1.3 评价方法评述与选择

单一比值法虽然能给出一个简单的比值，但也存在诸多缺点：首先是无法区分不同的环境影响，最终所有环境都要转换成一个特定的环境影响值。其次是无法给予决策者选择上的弹性，不能给出最优比率集合。本书认为综合模型法具有更充足的科学性，能够反映和展现被评价对象的整体综合水平，同时能结合评价过程中所设计的指标体系及其在实证测度中的具体表现有针对性地采取管理改进措施。DEA 模型可以对具有多投入，多产出的决策单元的综合运营效率进行评价，评价过程中的指标数量不宜过多，而灰色关联度分析法则适合于评价指标数量比较多的情况。基于以上两种综合模型方法的特点，本书采用它们对两个特定的工业园区进行评价。其中之一是天津泰达工业园，它被批准并正式命名为国家级生态工业园区（当然它实际上仍需进一步深入改造）；其二是江苏苏州工业园区，它属于国家级经济技术开发区，园区各参与主体（企业、政府、中介机构等）正努力按照生态化改造的具体要求参考生态工业园区发展模式进行建设。

8.2 基于灰色关联度模型的评价

8.2.1 评价指标体系的构建

由于我国工业园的生态化改造实践正处于探索阶段，相关理论研究也并不成熟，其中对工业园生态化发展水平的测度指标体系研究并不深入。目前就政府部门和学术界而言，存在一套比较具有影响的指标体系，那就是由生态环境部颁发的针对综合类生态工业园、行业类生态工业园和静脉产业类生态工业园区建设的实施标准，分别是《综合类生态工业园区标准》《行业类生态工业园区标准》和《静脉产业类生态工业园区标准》。在这一系列标准中，对各类生态园区建设的考察采用了相应指标体系，针对三类园区发展的评价指标体系基本从以下四个角度来设置：经济发展、物质减量与循环、污染控制以及园区管理。需要指出的是，由于静脉产业类生态工业园区有其自身的特点，即专门从事资源再生利用，因此对该类园区物质减量与循环方面的考察主要侧重从资源循环与利用角度来衡量。在这一系列标准出台后，也有一些地方融合地区特色设置指标体系，如天津泰达生态工业园建设评价中所设置的指标体系。但很多地方设置的指标体系存在一些不足，要么过于一般化，简单套用标准而未考虑具体地区的特性，要么过于强调本土性而未充分体现工业园生态化发展的长远趋势和战略理念。

　　另外，在理论界也有很多学者针对生态化转型发展中的工业园提出了一些评价园区发展水平的指标体系。但是大多数学者的指标体系设置存在重复性，而且还存在一个突出的问题，那就是缺乏一个先进合理的指标体系构建概念思想作为支撑，也就是工业园生态化转型到底应该发展成什么样的状态，它的发展趋势是什么，在指标体系中应该突出哪方面的因素才能对园区未来的发展和走势起到战略性的引导作用。对于这些问题，在目前很多学者所设置的指标体系中没有得到很好的解决。但是，国内外学者们对此类指标体系的构建却为本书研究工业园区生态效率并对其进行合理评价提供了有益的借鉴和参考。

　　本书以生态效率为导向构建处于生态化转型升级下工业园区的发展评价指标体系，并结合生态文明建设理念进行考察。究其本质，生态文明理念与循环经济及工业生态化是相互吻合的，生态文明理念的一个突出要求就是加强创新引领作用，具体到工业发展中即为重点推进战略性新兴产业和高新技术产业的发展，如电子信息产业、生物医药产业。另外，目前关于生态效率研究的一个重要趋势就是拓展其考察的维度，有学者尝试在其中加入人文发展指数，以弥补生态效率概念在考察社会与人文发展要求时的不足，这是一种新的尝试。因此，结合生态文明建设要求，秉承工业园生态化发展内涵，在已有研究基础上，本书以提升园区生态效率为目标导向，从资源节约、环境保护、经济持续、人文发展四个角度构建指标的概念框架，并依据此框架进一步设置专题科目和明细指标。

具体分析，"资源节约"子目标包含资源循环利用和物料、能源及水资源消耗两个专题科目；"环境友好"子目标包含空气质量、水环境质量、固体废弃物（含生活垃圾）排放及处理、环保投入与认证四个专题科目；"经济持续"子目标包含生产水平、产业结构、技术创新三个专题科目；"人文发展"子目标包含生态意识、人口及生活保障两个专题科目。进一步地，每个专题科目又包含若干个明细指标。由此便构成了本书的初始指标体系（如表8-1所示），试图为生态文明建设中以提升生态效率为战略目标的工业园生态化发展水平测度提供支撑。

表 8-1　生态化转型中的工业园生态效率测度（初始）指标体系

第一级 指标	第二级指标 （专题科目）	第三级 （明细）指标
资源节约	资源循环利用	工业用水重复利用率（%）
		工业固体废物综合利用率（%）
		中水回用率（%）
	物料、能源及 水资源消耗	万元 GDP 能耗（吨标准煤）
		万元工业增加值能耗（公斤标准煤）
		万元工业增加值新鲜水耗（立方米）
		万元工业增加值物耗（吨）
环境友好	空气质量	空气质量达到或超过国家二级标准天数（天）
		二氧化硫浓度（毫克/立方米）
		工业二氧化硫排放达标率（%）
	水环境质量	万元工业产值 COD 排放量（kg）
		万元工业增加值废水产生量（吨）
		污水处理厂出水水质达标率（%）
		工业废水排放达标率（%）
	固体废弃物 （含生活垃圾） 排放及处理	生活垃圾无害化处理率（%）
		工业固体废弃物无害化处理率（%）
		万元工业增加值固体废物产生量（公斤）
		危险废物集中处理率（%）

第一级指标	第二级指标（专题科目）	第三级（明细）指标
环境友好	环保投入与认证	绿化覆盖率（%）
		通过 ISO14001 认证企业数（家）
		环保投资占 GDP 的比重（%）
		生态化技术 R&D 经费占 GDP 比重（%）
经济持续	生产水平	园区国内生产总值（亿元）
		园区工业总产值（亿元）
		园区工业增加值（亿元）
		工业增加值增长率（%）
		人均工业增加值（万元/人）
		土地产出率（亿元/平方公里）
		全员劳动生产率（万元/人）
		工业全员劳动生产率（万元/人）
	产业结构	高新技术产业产值（亿元）
		高新技术产业产值占工业总产值比重（%）
	技术创新	专利数量（件）
		创新投入能力（%）
		省级以上工程技术研究中心（家）
人文发展	生态意识	公众对生态工业的认知率（%）
		公众对环境的满意度（%）
	人口及生活保障	从业人数（人）
		全年引进高级人才（含博士后）（人）
		从业人员劳动报酬总额（万元）
		从业人员人均年收入（元/年）

在相应理论框架指导下建立的初始指标体系可称为理论指标体系。这一指标体系还不能立即用于实证测度，必须采取若干步骤对其进行筛选和优化。首先，应当邀请专家对其进行第一轮优化，再利用相应的数理统计技术进行第二轮优化，方能得到付诸应用的指标体系。

第一步，专家筛选指标。通过综合专家的意见能够集思广益，使得指标体系得到很大程度的优化。要达到这一目标，必须先选定好专家，选择专家时要特别注重专家在生态工业理论方面的造诣或在生态工业实践领域经验的丰富程度，在来源单位的选择上要全面覆盖相关工业园区中的各类性质主体以及与园区来往密切的高校、科研机构或中介组织。基于以上考虑，本书选择园内企业高管、园区管理机构负责人、园内以及与园区有密切往来的科研机构负责人和核心技术骨干、与园区有密切合作的高校内的副高以上职称人员或研究方向为生态工业经济的在读博士研究生、园区企业孵化组织（中介机构）负责人。

　　本书共邀请了 73 位专家，其中园内企业高管 12 位、园区管理机构负责人（主任或副主任）11 位、园内以及与园区有密切往来的科研机构负责人（所长或副所长）13 位和核心技术骨干 16 位、与园区有密切合作的高校副高以上职称人员 8 位或研究方向为生态工业经济的在读博士研究生 6 位、园区企业孵化组织（中介机构）负责人 7 位。就初始指标体系中的每一个指标是否应该保留的问题请他们作出判断，并向他们每人发放一份问卷。最终回收问卷 64 份，有效问卷 63 份，有效回收率 86.30％。通过对专家填写的有效问卷进行收集整理，分别汇总出每一指标下判断"应该保留该指标"的专家总人数，用该总人数除以有效问卷数 63 便获得该项指标的隶属度，即该指标应被保留的可行度。结合国内外学者的研究并基于本书研究的需要，设定一个隶属度临界值（0.8），若某项指标的隶属度等于或超过该临界值，则保留该指标，否则删掉该项指标。表 8-2 是通过专家判断并获得相应指标隶属度后因小于隶属度临界值而被删除的指标清单。

表 8-2　通过专家判断被删除的指标

通过专家判断被删除的指标	单位	隶属度
中水回用率	％	0.61
万元 GDP 能耗	吨标准煤	0.68
工业废水排放达标率	％	0.73
环保投资占 GDP 的比重	％	0.72
工业增加值增长率	％	0.76
人均工业增加值	万元/人	0.71
土地产出率	亿元/平方公里	0.59

　　第二步，采用数理统计技术筛选指标。在专家对指标进行第一轮筛选之后，

指标体系还可能存在两个问题：一是指标间的相关性较大，容易造成指标信息重叠；二是指标区分被测度对象特征差异性的功能不足，即鉴别力缺乏。这两个问题都会影响到测评结果的准确性。故应对专家第一轮筛选之后的指标体系再进行相关性和鉴别力分析，删除某些不符合要求的指标。该分析过程所依托的数据为天津泰达工业园区 2005—2016 年的相关数据。在相关性分析中若指标间相关系数 $R_{ij} > 0.8$，就应将其中某一指标删除，否则同时保留两项指标。例如，经相关性分析发现，"从业人员劳动报酬总额"和"从业人员人均年收入"之间的相关系数达到了 0.81，说明这两个指标之间的相关性过高，用其中一项指标来体现园区的人口及生活保障（人文发展因素）就可以了。另外，"园区工业总产值"与"园区工业增加值"两者之间也存在较大的相关性，考虑到本书研究的是生态工业，因此保留"园区工业增加值"而删掉"园区工业总产值"指标。"全员劳动生产率"和"工业全员劳动生产率"两个指标之间也存在过高的相关性，因此删掉其中的"全员劳动生产率"，保留"工业全员劳动生产率"指标。依据相关性分析而删掉的相关系数过高的指标列示在表 8-3 中，通过该操作后，指标体系便得到了又一次优化。

进一步地，还需对剩下的指标进行鉴别力分析。所谓指标鉴别力就是某一指标在区分不同测评单元之间的特征差异性方面的能力。这种区分力越强，则表示该指标的鉴别能力越强，理应被留在评价指标集中；否则，就要考虑其被删掉的必要性了。在实际操作中，常用变异系数度量指标的鉴别力。利用式 (8-1) 可测算出指标的变异系数 φ。

$$\varphi_i = S_i / \overline{X} = \frac{\sqrt{\dfrac{1}{n-1} \sum_{i=1}^{n} (X_i - \overline{X})^2}}{(1/n) \sum_{i=1}^{n} X_i} \tag{8-1}$$

在式 (8-1) 中，$\overline{X}$ 表示指标属性平均值，S 代表指标属性标准差。指标的鉴别能力与变异系数的绝对值大小正向相关。在判断指标是否应该被删除时，通常设定一个鉴别力的临界值（本书取临界值为 0.5），即删掉鉴别力小于 0.5 的指标。表 8-4 列示了通过鉴别力分析被删除的 3 个指标"万元工业增加值物耗""工业固体废弃物无害化处理率""生态化技术 R&D 经费占 GDP 比重"，它们的鉴别力系数均小于 0.5。

表 8-3　通过相关性分析被删除的指标

通过相关性分析被删除的指标	单位	相关性
工业二氧化硫排放达标率	％	0.86
园区工业总值	亿元	0.83
从业人员劳动报酬总额	万元	0.81
全员劳动生产率	万元/人	0.84

表 8-4　通过鉴别力分析被删除的指标

通过鉴别力被删除的指标	单位	鉴别力
万元工业增加值物耗	吨	0.41
工业固体废弃物无害化处理率	％	0.39
生态化技术 R&D 经费占 GDP 比重	％	0.43

运用 SPSS16.0 统计软件完成指标相关性及鉴别力分析后，因部分指标的数据严重缺失，故剔除了此类指标，如环保投资占 GDP 的比重、公众对生态工业的认知率、公众对环境的满意度等，最终获得优化后的评价指标体系如表 8-5所示，指标体系共分为三层，包括一级指标、二级指标（专题科目）以及三级（明细）指标。

表 8-5　生态化转型中工业园生态效率测度最终指标体系

第一级指标	第二级指标（专题科目）	第三级（明细）指标
资源节约	资源循环利用	工业用水重复利用率（％）
		工业固体废物综合利用率（％）
	物料、能源及水资源消耗	万元工业增加值能耗（公斤标准煤）
		万元工业增加值新鲜水耗（立方米）
环境友好	空气质量	空气质量达到或超过国家二级标准天数
		二氧化硫浓度（毫克/立方米）
	水环境质量	万元工业增加值废水产生量（吨）
		污水处理厂出水水质达标率（％）
	固体废弃物（含生活垃圾）排放及处理	生活垃圾无害化处理率（％）
		万元工业增加值固体废物产生量（公斤）
		危险废物集中处理率（％）

续表

第一级指标	第二级指标（专题科目）	第三级（明细）指标
环境友好	环保投入与认证	绿化覆盖率（%）
		通过 ISO14001 认证企业数（家）
经济持续	生产水平	园区国内生产总值（亿元）
		园区工业增加值（亿元）
		工业全员劳动生产率（万元/人）
	产业结构	高新技术产业产值（亿元）
		高新技术产业产值占工业总产值比重（%）
	技术创新	专利数量（件）
		省级以上工程技术研究中心（家）
人文发展	人口及生活保障	从业人数（人）
		全年引进高级人才（含博士后）（人）
		从业人员人均年报酬（元）

　　上文对各项指标的相关性分析时已经提到指标的数据收集问题，在此对指标数据的收集作进一步的说明。对生态效率进行测度的关键是指标数据要可获得，在指标数量较多且跨度期限很长的情形下更是如此。本书最终确定明细指标 23 个，考察期限为 2005—2016 年，因此数据的收集是一项比较艰巨的工作。为获得较大规模的数据，在选择工业园区类型时要着重考察综合类生态化工业园；在考察园区的级别时要着重考察国家级工业园，并且要运行相当长一段时间，以此保证能够获得足够的运行数据。综合考察这些因素之后，本书选择天津泰达工业园进行实证测度分析。该园区创建时间较早，于 2004 年经国家批准开始按生态工业园标准进行改造建设，且园区运营过程中的数据库建设比较完善，能够找到研究所需的各类数据。通过对《泰达年鉴（2005—2016）》《天津经济技术开发区国民经济和社会发展统计公报（2005—2016）》《天津滨海新区国民经济和社会发展"十一五"规划纲要（2006—2010）》及《天津市滨海新区国民经济和社会发展"十二五"规划纲要（2011—2015）》进行认真阅读和整理，收集到研究所需的各类数据如表 8-6 所示。

表 8-6 天津泰达工业园生态效率指标初始值（2005—2016）

三级指标	2005	2006	2007	2008	2009	2010	2011	2012	2013	2014	2015	2016
工业重复用水率（%）	84.40	87.50	87.04	87.78	88.03	87.40	87.50	87.74	87.80	87.90	89.50	91.10
工业固体废物综合利用率（%）	87.00	89.70	88.89	90.77	90.71	90.77	90.86	94.92	96.00	97.10	98.10	90.20
万元工业增加值能耗（kg标煤）	260.00	250.00	187.63	156.03	154.33	142.57	142.04	136.70	135.07	345.90	329.65	338.57
万元工业增加值新鲜水消耗（立方米）	8.75	8.48	7.64	5.75	5.34	4.19	4.05	3.78	2.66	3.11	3.30	3.58
空气二级标准天数（天）	302	293	246	297	310	314	297	297	183	198	210	230
SO_2 浓度（毫克/立方米）	0.077	0.065	0.062	0.061	0.055	0.055	0.046	0.042	0.040	0.038	0.026	0.020
万元工业增加值废水排放量（吨）	4.28	3.27	2.99	2.47	2.41	1.94	1.94	1.38	1.02	0.86	1.24	1.02
污水处理厂出水水质达标率（%）	96.0	93.6	98.0	97.2	100.0	100.0	100.0	100.0	100.0	100.0	100.0	100.0
生活垃圾无害化处理率（%）	100	100	100	100	100	100	100	100	100	100	100	100
万元工业增加值固体废物产生量（公斤）	59.00	50.00	36.69	42.28	39.22	21.17	19.13	19.13	24.89	21.80	20.72	22.96
危险废物集中处理率（%）	100	100	100	100	100	100	100	100	100	100	100	100
绿化覆盖率（%）	31.6	31.1	32.8	34.5	21.5	24.7	26.1	24.6	27.1	20.5	30.0	30.0

续表

三级指标	2005	2006	2007	2008	2009	2010	2011	2012	2013	2014	2015	2016
通过 ISO14001 认证企业数(家)	41	48	59	73	104	156	164	197	265	285	290	282
园区国内生产总值(亿元)	537.20	642.29	780.56	938.37	1066.33	1278.49	1545.86	1908.45	2502.27	2801.01	2905.59	3049.83
园区工业增加值(亿元)	440.37	538.64	648.59	764.85	852.01	957.34	1157.31	1430.67	1929.35	2170.55	2139.80	2144.95
工业全员劳动生产率(万元/人)	25.73	29.31	32.60	35.12	35.69	38.66	40.51	45.46	50.80	49.83	53.12	56.30
高新技术产业产值(亿元)	1096.93	1431.52	1866.58	1973.55	1999.20	1949.22	2309.83	1840.80	1646.54	1660.55	2066.76	1136.57
高新技术产业产值占工业总产值比重(%)	60.20	62.10	61.60	58.90	53.60	46.39	45.28	30.16	20.40	18.40	17.10	18.60
专利数量(件)	425	450	800	1011	1101	1202	2000	1400	3000	4500	4300	5000
省级以上技术研究中心(家)	14	23	26	27	28	31	35	37	36	29	37	39
从业人员(万人)	25.81	28.83	31.57	32.93	35.61	38.05	41.92	48.48	55.72	52.36	51.54	51.32
全年引进高级人才(含博士后)(人)	46	54	41	60	70	80	80	102	160	111	95	57
从业人员人均年报酬(元)	21744	24624	31395	36948	43204	47529	52797	61506	71223	79446	87900	92600

需要特别指出的是，数据收集过程中难免会遇到某些年份数据缺失的现象，这一问题是几乎所有研究者都会碰到的，问题的关键在于如何处理缺失数据。对于一些可以通过已知数据合成而产生的数据，就采用合成的方法解决，比如对于某些比值类数据，就可以通过已知的某两类或多类绝对值数据合成而获得。但是对于一些不能采用合成办法获得的数据，就只能另辟蹊径了。对一些只有前后两年数据而缺少中间年份数据的情况，可以采用在前后两年数据基础上求平均值的方法来获得。比如仅能获得 2016 年和 2014 年的数据，而缺乏 2015 年的数据，则可求 2016 和 2014 年数据的平均值，以此作为 2015 年数据的估计值。对于仅知道以前年份而某一未来年份数据缺失的情况，可以用最靠近年份的数据作为其估计值。比如，仅知道 2015 年及以前年份的数据，而缺少 2016 年的数据，则可用 2015 年的数据作为 2016 年的估计值。当然，如果某个指标在很多年份上都缺乏数据，则需考虑剔除该指标，因为过多的估计值数据会影响评价的客观性与可信度，这一点在数据收集和整理以及对缺失数据进行特殊处理时要尤其注意。

8.2.2 方法设计及具体实证

(1) 构造评价矩阵及参考序列

首先，设定被测度的年份数量为 m 个，每一年由 n 个评价指标体现某工业园区在各方面的表现情况。那么第 i 个年份（$i = 1, 2, \cdots, m$）在第 j 项指标（$j = 1, 2, \cdots, n$）上的表现可记为 X_{ij}，则最终可构造出一个 $m \times n$ 的由原始数据组成的评价矩阵 $\boldsymbol{X}$ 如下：

$$\boldsymbol{X} = (X_{ij})_{mn} = \begin{bmatrix} x_{11} & x_{12} & \cdots & x_{1n} \\ x_{21} & x_{22} & \cdots & x_{2n} \\ \cdots & \cdots & \cdots & \cdots \\ x_{m1} & x_{m2} & \cdots & x_{mn} \end{bmatrix}$$

其次，可以采用两种方法来获得参考序列。一种方法是标准值法，即基于相关指标的国家或国际标准确定指标的标准值。或是以国外已取得良好绩效的生态工业园区现状值作为标准值，或是以国内公认的在生态化改造方面取得良好成绩的工业园在相应年份的现状值结合相关理论外推得到标准值；另一种方法是制高点法，即基于某一指标在全体被测评单位（年份）上的最好表现确定该指标的参考值，最终获得由全体指标的参考值所构成的参考序列 $\boldsymbol{X}_0 = (X_0(1) X_0(2) \cdots X_0(n))$，其中 $X_0(j) = \text{optimum}(X_i(j)), j = 1, 2, \cdots, n$（本书采用第二种方法确定参考序列）。

表 8-7　天津泰达工业园生态效率评价矩阵及参考序列

C级指标	2005	2006	2007	2008	2009	2010	2012	2013	2014	2015	2016	最优值
C1	84.40	87.50	87.04	87.78	88.03	87.40	87.74	87.80	87.90	89.50	91.10	91.10
C2	87.00	89.70	88.89	90.77	90.71	90.78	94.92	96.00	97.10	98.10	90.20	97.10
C3	260.00	250.00	187.63	156.03	154.33	142.57	136.70	135.07	345.90	329.65	338.57	136.70
C4	8.75	8.48	7.64	5.75	5.34	4.19	3.78	2.66	3.11	3.30	3.58	2.66
C5	302	293	246	297	310	314	297	183	198	210	230	314
C6	0.077	0.065	0.062	0.061	0.055	0.055	0.042	0.040	0.038	0.026	0.020	0.020
C7	4.28	3.27	2.99	2.47	2.41	1.94	1.38	1.02	0.86	1.24	1.02	1.02
C8	96.0	93.6	98.0	97.2	100.0	100.0	100.0	100.0	100.0	100.0	100.0	100.0
C9	100	100	100	100	100	100	100	100	100	100	100	100
C10	59.00	50.00	36.69	42.28	39.22	21.17	19.13	24.89	21.80	20.72	22.96	19.13
C11	100	100	100	100	100	100	100	100	100	100	100	100
C12	31.6	31.1	32.8	34.5	21.5	24.7	24.6	27.1	20.5	30.0	30.0	34.5
C13	41	48	59	73	104	156	197	265	285	290	282	290
C14	537.2	642.29	780.56	938.37	1066.33	1278.49	1908.45	2502.27	2801.01	2905.59	3049.83	3049.83
C15	440.37	538.64	648.59	764.85	852.01	957.34	1430.67	1929.35	2170.55	2139.80	2144.95	2144.95
C16	25.73	29.31	32.60	35.12	35.69	38.66	45.46	50.80	49.83	53.12	56.30	56.30
C17	1096.93	1431.52	1866.58	1973.55	1999.20	1949.22	1840.80	1646.54	1660.55	2066.76	1136.57	2309.83

续表

C 级指标	2005	2006	2007	2008	2009	2010	2012	2013	2014	2015	2016	最优值
C18	60.20	62.10	61.60	58.90	53.60	46.39	30.16	20.40	18.40	17.10	18.60	62.10
C19	425	450	800	1011	1101	1202	1400	3000	4500	4300	5000	5000
C20	14	23	26	27	28	31	37	36	29	37	39	39
C21	25.81	28.83	31.57	32.93	35.61	38.05	48.48	55.72	52.36	51.54	51.32	55.72
C22	46	54	41	60	70	80	102	160	111	95	57	160
C23	21744	24624	31395	36948	43204	47529	61506	71223	79446	87900	92600	92600

（2）数据序列的无量纲化处理

由于所收集的原始指标数据的量纲存在差异，因此不能直接投入实证测度当中，需要先对其进行无量纲标准化处理，这是后续测算过程的基础。所设置的指标包括两种类型：一类是正向指标，其取值大小与其对关联度的贡献程度是正向相关的；另一类是负向指标，其取值大小与其对关联度的影响方向恰好相反。对这两类指标的标准化处理可分别通过式（8-2）和式（8-3）实现。

$$Y_{ij} = \frac{x_{ij} - x_{j\min}}{x_{j\max} - x_{j\min}} \tag{8-2}$$

$$Y_{ij} = \frac{x_{j\max} - x_{ij}}{x_{j\max} - x_{i\min}} \tag{8-3}$$

在式（8-2）和式（8-3）中，X_{ij} 表示某园区第 i 年份在第 j 项指标上的现状值，$X_{j\max}$ 代表第 j 项指标在所有年份取值中的最大值，$X_{j\min}$ 代表第 j 项指标在所有年份取值中的最小值，Y_{ij} 表示第 i 个年份第 j 项指标上的取值经过标准化后的结果。

具体到本书对泰达工业园的研究，万元工业增加值能耗、万元工业增加值新鲜水消耗、SO_2 浓度、万元工业增加值废水排放量、万元工业增加值固体废物产生量等指标属于负向指标，在进行指标数据的无量纲化处理时需要采用公式（8-3）对数据进行处理。其余指标均为正向指标，采用公式（8-2）对其数据进行标准化处理。经过指标数据的无量纲化处理之后，便可获得泰达园区生态效率评价指标数据的标准化矩阵。

（3）确定指标权重

合理地设定指标权重是获得科学的实证结果的前提。权重确定的方法可分为主观赋权法和客观赋权法两类。前者中最具代表性的是德尔菲法，因专家的知识背景和主观判断对权重结果有很大影响，故该法主观性很强。变异系数法、熵权法及相关系数矩阵法等属于客观赋权法。其中熵权法有很强客观性，其思想来源于物理学中对系统熵的测定，且适合于对社会属性系统（如评价指标体系）熵的测算，故采用该法来确定指标权重。熵权法的基本思想如下：若指标的熵值越大，则意味着其承载的信息量就小，其效用值自然就小，则应赋予其较小的权重；否则反之。实践中先运用公式（8-4）测算出第 j 项指标的单位熵值 e_j。

$$e_j = -K \sum_{i=1}^{m} p_{ij} \ln p_{ij} \quad (0 \leqslant e_j \leqslant 1) \tag{8-4}$$

然后，求取指标的效用值 $d_j = 1 - e_j$，再根据熵的可加性特征按式（8-5）确定每一层次中各指标的权重。

$$w_j = \frac{d_j}{\sum\limits_{j=1}^{n} d_j} \tag{8-5}$$

具体到本书对泰达工业园的研究，按照以上求取各级指标权重的方法，依次对三级指标、二级指标和一级指标的权重进行确定。首先确定三级指标权重，具体方法如下：先汇总同一专题科目（即二级指标）范围内所有三级指标的效用值，并将其命名为二级指标效用值，再用该二级指标范围内的每一个三级指标效用值分别除以该二级指标效用值即可获得相关三级指标的权重值。按照这一操作规则可以求取所有三级指标的权重值，如表 8-8 所示。

表 8-8　（三级指标）权重表

第二级指标	三级指标	信息熵	效用值	权重
资源循环利用	工业重复用水率（%）	0.9207	0.0793	0.3877
	工业固体废物综合利用率（%）	0.8747	0.1253	0.6123
物料能源及水资源消耗	万元工业增加值能耗（kg 标煤）	0.8901	0.1099	0.8163
	万元工业增加值新鲜水消耗（立方米）	0.9753	0.0247	0.1837
空气质量	空气二级标准天数（天）	0.9124	0.0876	0.9427
	SO$_2$ 浓度（毫克/立方米）	0.9947	0.0053	0.0573
水环境质量	万元工业增加值废水排放量（吨）	0.9413	0.0587	0.4926
	污水处理厂出水水质达标率（%）	0.9396	0.0604	0.5074
固体废弃物排放及处理	生活垃圾无害化处理率（%）	0.8232	0.1768	0.4241
	万元工业增加值固体废物产生量（公斤）	0.9367	0.0633	0.1518
	危险废物集中处理率（%）	0.8232	0.1768	0.4241
环保投入及认证	绿化覆盖率（%）	0.9121	0.0879	0.4379
	通过 ISO14001 认证企业数（家）	0.8872	0.1128	0.5621
生产水平	园内生产总值（亿元）	0.8553	0.1447	0.3482
	工业增加值（亿元）	0.8642	0.1358	0.3268
	工业全员劳动生产率（万元/人）	0.8649	0.1351	0.3250

第二级指标	三级指标	信息熵	效用值	权重
产业结构	高新技术产品（亿元）	0.9154	0.0846	0.3591
	高新技术产业产值占工业总产值比重（%）	0.8491	0.1509	0.6409
技术创新	省级以上工程技术研究中心（家）	0.9476	0.0524	0.2167
	专利数量（件）	0.8106	0.1894	0.7833
人口及生活保障	从业人员（万人）	0.8714	0.1286	0.3300
	全年引进高级人才（含博士后）（人）	0.8600	0.1400	0.3593
	从业人员人均年报酬（元）	0.8789	0.1211	0.3108

在获得三级明细指标的权重后，再利用熵的可加性原理求取二级指标（即专题科目）的权重。求取二级指标权重的具体方法如下：先汇总在某个一级指标范围内所有二级指标的效用值，并将其命名为一级指标效用值，再用此一级指标范围内的每一个二级指标效用值分别除以一级指标效用值即可获得相关二级指标的权重值。按照这一操作规则可以求取所有二级指标的权重值，如表 8-9所示。

表 8-9　各二级指标权重表

第一级指标	第二级指标	权重
资源节约	资源循环利用	0.6033
	物料、能源及水资源消耗	0.3967
环境友好	空气质量	0.1120
	水环境质量	0.1436
	固体废弃物排放及处理	0.5025
	环保投入及认证	0.2420
经济持续	生产水平	0.4654
	产业结构	0.2638
	技术创新	0.2708
人文发展	人口及生活保障	1.0000

进一步地，利用熵的可加性原理求取一级指标的权重。求取一级指标权重的具体方法如下：先汇总所有一级指标的效用值，可将其命名为指标体系效用总值，再用每个一级指标效用值分别除以指标体系效用总值即可获得每个一级指标的权重值。最后，求取的所有一级指标的权重值如表 8-10 所示。

表 8-10　各一级指标权重表

指标	权重
资源节约	0.1384
环境友好	0.3384
经济持续	0.3642
人文发展	0.1590

（4）测算关联系数和关联度

在对原始数据进行无量纲化处理之后，便可获得关于某工业园区第 i 个年份各指标的现状值经标准化后的序列 $Y_i = (Y_i(1)Y_i(2)\cdots Y_i(n))$。同时原始参考序列也可转换为标准化之后的最优序列（向量）$Y_0 = (Y_0(1)Y_0(2)\cdots Y_0(n))$。利用式（8-6）便可测算出被评价年份中的各项指标与最优序列中的相应指标的关联系数。

$$\xi_{ij} = \frac{\min\limits_i \min\limits_j |y_{0j} - y_{ij}| + \rho \max\limits_i \max\limits_j |y_{0j} - y_{ij}|}{|y_{0j} - y_{ij}| + \rho \max\limits_i \max\limits_j |y_{0j} - y_{ij}|},$$
$$(i = 1, 2, \cdots, m;\ j = 1, 2, \cdots, n) \tag{8-6}$$

在式（8-6）中 ξ_{ij} 表示第 i 年份的第 j 项指标与最优参考序列中的第 j 项指标的灰色关联系数；$\min\limits_i \min\limits_j |y_{0j} - y_{ij}|$ 表示两级极小差；$\max\limits_i \max\limits_j |y_{0j} - y_{ij}|$ 表示两级极大差；ρ 代表分辨系数，它可弱化因 $\max\limits_i \max\limits_j |y_{0j} - y_{ij}|$ 太大而可能导致的关联系数失真的影响，通常取值为 0.5。

因关联系数 ξ_{ij} 仅体现了测评对象的某一指标与理想指标间的关联情况，而评价对象通常是由多层级的若干指标来综合体现的，故应采用如式（8-7）所示的加权求和法结合已确定的指标权重对关联系数进行集成运算以获得第 i 个年份里在某层级的关联度 R_i。实践中需分层次多回合地集成运算方能获得最终综合关联度。

$$R_i = \sum_{j=1}^n w_j \xi_{ij} \quad (i = 1, 2, \cdots, m) \tag{8-7}$$

现运用灰色关联分析法测度 2005—2016 年泰达工业园的生态效率发展趋势和水平。具体步骤如下：第一步，利用公式（8-6）就某一年份的某一专题科目测算出其下属各明细指标与参考指标间的关联系数，进而可构成一个关联系数向量，而 12 个年份的同类型向量即可构成一个关联系数矩阵。指标体系中包括资源循环利用、物料能源及水资源消耗、空气质量、水环境质量、固体废弃物处理等共 10 个专题科目，故可得到 10 个关联系数矩阵。第二步，利用公式（8-7）就第一步中所获得的某个关联系数矩阵结合相应三级指标权重向量进行运算，便可获得 12 个年份的生态效率水平在该专题科目方面的灰色关联度（构成一个 12 维关联度向量）。进一步则可获得由 10 个 12 维向量构成的第二级指标（即专题科目）关联度矩阵，如表 8-11 所示。而事实上该矩阵又可从资源节约、环境友好、经济持续、人文发展方面划分为 4 个子矩阵。第三步，利用公式（8-7）将第二步中所获得的某个子矩阵（如资源节约方面）与相应第二级指标的权重相结合，便可求出 12 个年份的生态效率水平在"资源节约"方面的灰色关联度（构成一个 12 维关联度向量）。4 个方面的同类向量便可进一步构成一个 4×12 的第一级指标关联度矩阵，具体测算结果如表 8-12 所示。第四步，基于第三步中所获得的 4×12 矩阵，结合第一级指标权重利用公式（8-7）便可求出 12 个年份生态效率水平的灰色综合关联度。

进而将泰达工业园在各年份的以生态效率为发展导向的一级与综合关联度（指数）测算结果进行汇总，如表 8-12 所示。

表 8-11 第二级指标关联度测算结果

二级指标	2005	2006	2007	2008	2009	2010	2011	2012	2013	2014	2015	2016
S_1	0.532	0.537	0.420	0.629	0.650	0.652	0.574	0.642	0.574	0.659	0.762	0.374
S_2	0.435	0.454	0.608	0.751	0.781	0.860	0.888	0.930	0.951	0.456	0.409	0.420
S_3	0.816	0.736	0.486	0.912	0.968	0.968	0.778	0.647	0.348	0.375	0.412	0.470
S_4	0.333	0.522	0.431	0.465	0.766	0.809	0.809	0.885	0.958	1.000	0.910	0.958
S_5	0.899	0.908	0.929	0.918	0.924	0.986	1.000	1.000	0.966	0.982	0.989	0.976
S_6	0.497	0.524	0.677	0.799	0.525	0.535	0.761	0.498	0.481	0.417	0.668	0.458
S_7	0.341	0.360	0.381	0.404	0.416	0.448	0.487	0.575	0.780	0.885	0.953	0.782
S_8	0.711	0.788	0.834	0.792	0.703	0.603	0.726	0.467	0.396	0.391	0.470	0.341
S_9	0.333	0.357	0.382	0.396	0.405	0.427	0.503	0.491	0.593	0.763	0.787	1.000
S_{10}	0.337	0.354	0.360	0.386	0.414	0.441	0.471	0.570	0.883	0.693	0.704	0.552

注：S_1、S_2……S_{10} 的含义见表 8-9。

表 8-12 一级与综合关联度及排序

一级及综合指数	年份	2005	2006	2007	2008	2009	2010	2011	2012	2013	2014	2015	2016
综合指数	表达	0.522	0.548	0.561	0.617	0.615	0.635	0.675	0.664	0.733	0.717	0.765	0.674
	排序	12	11	10	8	9	7	4	6	2	3	1	5
资源节约	表达	0.493	0.504	0.495	0.677	0.702	0.734	0.698	0.756	0.723	0.578	0.622	0.392
	排序	10	9	11	6	4	2	5	1	3	8	7	12
环境友好	表达	0.711	0.740	0.747	0.824	0.810	0.850	0.890	0.823	0.778	0.780	0.835	0.791
	排序	12	11	10	4	6	2	1	5	9	8	3	7
经济持续	表达	0.437	0.472	0.501	0.504	0.489	0.483	0.554	0.524	0.628	0.722	0.780	0.725
	排序	12	11	8	7	9	10	5	6	4	3	1	2
人文发展	表达	0.337	0.354	0.360	0.386	0.414	0.441	0.471	0.570	0.883	0.693	0.704	0.552
	排序	12	11	10	9	8	7	6	4	1	3	2	5

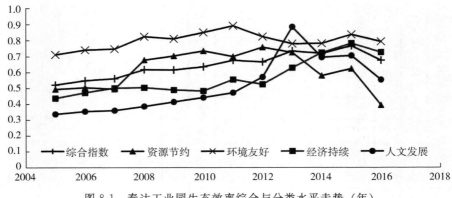

图 8-1　泰达工业园生态效率综合与分类水平走势（年）

　　测度出综合关联度结果之后，还应按照一定的评判标准对结果所处的层级进行判断。在参考国内外学者已有研究的基础上，结合生态化转型中工业园区的实际特征构建出如表 8-13 所示的评判标准。

表 8-13　生态效率水平级别评判标准

级别	综合指数	评语
第一级	大于 0.5	生态效率综合水平很高
第二级	0.4—0.5	生态效率综合水平较高
第三级	0.3—0.4	生态效率综合水平一般
第四级	0.2—0.3	生态效率综合水平较低
第五级	小于 0.2	生态效率综合水平很差

8.2.3　结果的分析与进一步讨论

　　根据表 8-12 所示的各年度生态效率综合测度结果以及表 8-13 中设定的相关评判标准，可以看出泰达工业园 2005—2016 年的生态效率综合指数均在 0.5 以上，达到了第一级生态效率水平。由测度结果可知，2010—2016 年是泰达园区生态效率表现相对较佳的时间段。在 2015 年，该园区的生态效率综合水平达到了 0.765，根据表 8-13 中的判定标准，2015 年的生态效率综合水平已经达到了第一级别范畴，是生态效率综合水平最高的年份。而 2005—2009 年的生态效率综合值也基本处于第一级别范畴，也就是属于较高水平。但是在这五年间生态效率综合值出现了些许波动，与 2008 年相比，2009 年的综合值反而略有下降。

总体而言，在 2005—2016 年这 12 年间，泰达工业园生态效率综合水平的总体趋势还是稳步提升的。这一结果对于园区内企业、共生体、管理方和地方政府来说也是值得欣慰的，与园区各相关主体在园区的建设发展中所付出的努力密切相关。但值得注意的是，2016 年的生态效率综合指数为 0.674，与 2015 年相比下降了 11.89%。这就意味着泰达园区的生态效率仍存在一定改进空间，园区各方应该全方位地审视造成这种最终结果的根源所在。具体地，应具体地从组成综合效率的四个大方面着手寻找原因，即分别从资源节约、环境友好、经济持续、人文发展四个考核方面分析自身的得失，以便采取有针对性的管理改善措施。

就组成生态效率评价体系的各分类目标而言，从表 8-12 和走势图 8-1 可以看出，在四类分目标的达成方面，环境友好的表现在各个年度几乎都领先于其他几个分类项目的表现情况。相比之下，"资源节约""经济持续""人文发展"三个方面的表现要逊色很多。除"资源节约"和"经济持续"子目标在 2005 年的表现达到了 0.4 以上的水平外，"人文发展"子目标的表现情况在 2009 年前均为小于 0.4 的水平，说明改造初期园区的生态发展水平相对偏低。从 2010 年开始，各项子目标的水平都有了明显提升，这一测度结果与现实经济社会表现也是比较吻合的。

泰达工业园自被批准按生态工业园标准进行改造和建设以来，在经济发展的表现上确实取得了可喜的成就。在发展过程中，园区管理方及园内企业积极采取各项措施促进园区内物质和能源、废弃物和副产品的循环利用，成果显著。尤其是 2009 年，环境保护部正式批准《综合类生态工业园区标准》并在全国范围推行，泰达工业园以此为契机，按照该标准，特别是其中旨在规范综合类生态工业园区运行的若干指标来改进和完善自身的各项管理工作。这使得 2010—2016 年园区的生态效率综合值及各分类子目标的表现或实现情况有了明显的阶段性改善。在环境友好和资源节能方面，泰达工业园始终践行绿色节能与可持续发展，2010 年于家堡金融区获评为 APEC 首例低碳示范城镇，区域内绿色建筑达 100%；2016 年泰达低碳示范楼投用，成为全球首座获得 4 个国际绿色认证的节能建筑。在经济可持续发展方面，泰达非常注重科技创新。作为首批国家级"双创示范基地"，泰达不断融入京津冀协同发展大势，聚焦体制机制创新，重点围绕创新创业生态培育、创业带动就业、科技创新支撑能力建设、完善科技金融和投资环境等专项行动，推动创新资源互融互通，引导双创企业精益创业。国家超级计算天津中心、国际生物医药联合研究院、滨海新区信息技术创新中心、人工智能创新中心、天津（滨海）海外人才离岸创新创业基地等平台载体相继建成。在人文发展方面，加大对人才的引进力度，通过不断完善城市配套、打造生态低碳的城市环境，从而留住和吸引更多人才来到泰达，为建设泰达尽自己的一份力量。

要实现生态工业园进一步的转型升级，需要从政策引导、制度的完善和技术创新三个方面同时进行。一是要发挥政府的协调指导作用。如果单纯依靠企业自己进行这种涉及多方面利益的协调和组织工作，在目前还有一定的困难，因此一方面需要国家和地方政府进行总体规划，依托相关技术支持单位，预先进行资源、产业结构和发展趋势的调查分析，制定相应的生态工业规划。另一方面，刚开始阶段，企业不一定能很快盈利，因此需要政府一定的政策倾斜和扶持，保证企业能够顺利渡过难关。同时还要做好相关的协调指导工作，提供各种公共设施、服务等便利，让园区内企业实现便捷运营。二是要进一步完善园区管理制度，建立碳减排激励机制，完善园区低碳循环管理机制，积极探索园区适用政策，为园区内企业提供制度保障。尽管我国生态工业园区的建设取得了一定的成绩，但在管理水平方面仍存在一些问题。一些园区存在环境污染和资源浪费的现象，管理措施和监测手段有待进一步完善。三是加强技术创新的力度。各类清洁生产技术和废弃物、副产品在企业之间循环利用的技术能有效提高资源和能源的利用效率、减少污染物的排放量。另外，技术创新的重中之重就是加快高新技术产业的发展，这些产业本身产生的污染物很少，从源头上就减少了污染物的产生。因此技术创新是实现经济、环境、人文协调发展的关键性支撑力量。

总之，通过政策引导、制度完善、技术创新三个层面的努力，最终将会实现经济绩效、环境和生态绩效、人文绩效的多方共赢，这正是工业园生态化转型升级所要实现的最终目标。

8.3 基于超效率 DEA 模型的评价

为了比较灰色关联度分析法和数据包络分析法的适用特点以及空间范围上不同园区之间生态效率表现的差异性，本节基于数据包络分析法对苏州工业园区的生态效率进行实证测度。苏州工业园区始建于 1994 年，是我国建设较早的工业园区，先后被列入国家级经济技术开发区和科技部建设世界一流高科技园区的行列，也是我国与新加坡的重点合作建设项目，是改革开放的重要窗口与国际合作的典型代表。园区内以装备制造、冶金、纺织、化工、轻工业以及电子信息产业为支柱性产业，并且正采用产业集群模式不断发展。进一步地，园区管委会持续加大了引进入园企业（招商引资）的力度，截至 2022 年园区新设外资项目 176 个，完成实际利用外资 13.01 亿美元左右，保持全市领先，注册登记内资企业 6647 家。苏州工业园区以优化提升既有基础、发掘存量资源潜力、积累自主创新资本为战略目标，稳中求进，不仅成为苏南地区现代化示范区建设的模范与标杆，更通过产业、技术的双向革新，不断向建成国际领先水平生态工业园区的目标迈进。因此，通过对苏州工业园区进行生态效率评价，不仅能够正确认识园区在发展过程中取得的成绩，而且能从中找到存在的有关问题，进而采取针对性管理措施加以改进，推动苏州工业园区持续发展。

8.3.1　传统 DEA 模型的改进

DEA 方法由 Chames、Cooper、Rhode 于 1978 年提出，旨在评价"多投入多产出"模式下决策单元间的相对有效性。P. A nersen 等学者于 1993 年提出了一种 CCR 模型的改进模型，即超效率 DEA 模型。它克服了 CCR 模型无法对多个决策单元做出进一步的评价和比较的缺陷，使有效决策单元能够进行比较、排序。超效率 DEA 模型的数学形式如式（8-8）：

$$
\begin{cases}
\min\left[\theta - \varepsilon\left(\sum_{i=1}^{m} s_i^- + \sum_{r=1}^{s} s_r^+\right)\right] \\
s.t. \sum_n X_{ij}\lambda_j + s_i^- \leqslant \theta X_0 \\
\sum_n Y_j\lambda_j - s_r^+ = Y_0 \\
\lambda_j \geqslant 0,\ j = 1,2,\cdots,n,\ s_r^+ \geqslant 0,\ s_i^- \geqslant 0
\end{cases}
\tag{8-8}
$$

超效率 DEA 模型的评价思想如下：要对某决策单元进行效率评价时，先将其排除在外。在测评时就无效的决策单元而言，其生产前沿面不变，因此其最终效率值与用传统 DEA 模型测量出来的一样。对于有效 DMU 的效率值测算，可以首先假定在其效率值确定的情况下按比例增加投入，那么超效率值便等于投入增加的比例。因其生产前沿面后移，故测定出的效率值大于利用传统 DEA 模型测定的效率值。如图 8-2 所示，在计算单元 B 的效率值时，将其排除在 DMU 参与集合之外，则此时 ACDE 成为有效生产前沿面，线段 BB' 表示 B 点的投入量仍然可增加的幅度，则 B 点的超效率评价值 $= OB'/OB>1$。进一步地，A、C、D 点的超效率评价值依照相同的逻辑可以测算出来，且它们都是大于 1 的值。

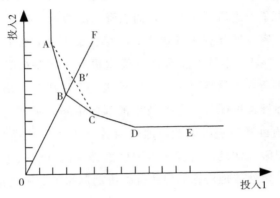

图 8-2　规模报酬不变的超效率 DEA 模型

8.3.2　指标选择与实证测度

在选择评价指标之前，首先要确立指标设置的基本原则，这些原则基本可概括为"科学性、系统性、可操作性、代表性"等。进一步地，针对数据包络分析法（DEA）的特点和模型本身的结构与特征，该方法所使用的指标数量不宜过多。DEA 模型通过对多投入、多产出的对象系统的综合运行效率进行评价，其模型的功能和生态效率评价的要求非常吻合。在确立指标设置的基本原则之后，还需要树立指标构建的概念框架，以便在该概念框架之下开展具体的指标设计工作。概念框架的确立沿用前述研究过程中采用灰色关联度分析法对泰达工业园进行评价时的已有模式，即以提升园区的生态效率为目标导向，从资源节约、环境保护、经济持续、科技引领、人文发展五个角度确立出概念框架，并依据此框架进一步设置出投入产出指标。

投入类指标主要涉及工业投资、基础设施投资、新增绿化面积、研发经费投入占地区生产总值的比重这几类；特别地，我们把一些对环境和资源消耗造成压力的指标也当作投入指标来看待，用这些指标来反映资源节约和环境友好方面的表现，它们包括单位工业增加值能耗、污水处理量、SO_2 浓度。产出类指标涉及工业总产值、工业增加值、高新技术产值、专利数、财政收入、社会参保人数、园区就业总人数。之所以涉及这些指标，是因为在产出方面：一要体现园区经济发展的水准，故选择工业总产值和工业增加值；二要体现创新引领的内涵，故选取高新技术产值和专利数量；三要体现人文和社会发展，故选择了社会参保人数、园区就业总人数指标。此外，在衡量园区发展的社会效益方面，财税收入能够起到集中体现的作用。

值得指出的是，在此所设置的指标体系和上述采用灰色关联度分析法时所设置的指标体系具有内涵的一致性，只是考虑到数据包络分析法的特点而不宜将指标设置得过多。在设置指标的过程中，本书请教了相关领域的专家并与上述采用灰色关联度分析法时设置的指标体系进行比较分析，再三斟酌之后形成了如图 8-3 所示的投入—产出指标集。

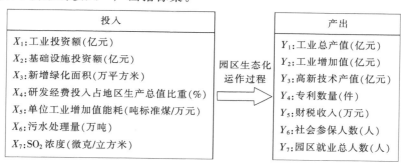

图 8-3　基于超效率 DEA 模型的生态效率测度投入—产出指标

在设置好上述指标之后，需要对指标数据进行收集，本书所需数据是根据 2012—2018 年《苏州工业园区统计年鉴》收集整理而成，表 8-14 为苏州工业园区 2012—2018 年生态效率指标的原始数据。

表 8-14　苏州工业园区 2012—2018 年生态效率指标原始数据

指标及年份	2012	2013	2014	2015	2016	2017	2018
X_1：工业投资额（亿元）	148.69	173.26	140.24	165.79	147.67	139.71	102.28
X_2：基础设施投资额（亿元）	58.57	58.13	46.94	30.24	33.02	42.60	15.76
X_3：新增绿化面积（万平方米）	72	53	143	129	65	72	36
X_4：研发经费投入占地区生产总值比重（%）	3.33	3.30	3.33	3.35	3.36	3.48	3.50

指标及年份	2012	2013	2014	2015	2016	2017	2018
X_5：单位工业增加值能耗（吨标准煤/万元）	0.05	0.05	0.05	0.05	0.05	0.05	0.05
X_6：污水处理量（万吨）	9335	10519	11554	13570	14629	14367	14397
X_7：SO_2 浓度（微克/立方米）	30	32	22	18	17	16	8
Y_1：工业总产值（亿元）	4285.23	4375.80	4387.11	4437.58	4448.68	4639.78	4911.19
Y_2：工业增加值（亿元）	1024.89	1082.84	1106.11	1111.71	1136.49	1257.31	1345.93
Y_3：高新技术产值（亿元）	2263.68	2521.77	2733.14	2669.15	2616.19	3021.94	3251.27
Y_4：专利数量（件）	4449	6460	5944	7072	7878	7868	10021
Y_5：财税收入（万元）	3678720	4150203	5523929	6051758	6596808	7319213	7295872
Y_6：社会参保人数（人）	683412	694647	717108	728165	756443	774259	844298
Y_7：园区就业总人数（人）	692505	683642	698278	706102	729882	781068	845206

采用 DEA-SOLVER 软件对收集整理的数据进行实证测度。其中，决策单元（DMU）有 7 个，分别是 2012 年至 2018 年中的每一个年份，投入变量和产出变量均为 7 个。采用 DEA-SOLVER 软件分别基于传统 CCR 模型和超效率改进模型对 7 个决策单元（年份）中苏州工业园区的生态效率进行测度，得到效率值的测度结果如表 8-15 和表 8-16 所示。

从基于传统 CCR 模型测度的结果来看，苏州工业园区 2012—2018 年的生态效率综合值并非都达到了 DEA 有效。其中 2015 年和 2016 年的相对效率均小于 1，分别为 0.9476 和 0.9436，说明这两年的投入和产出并没有相匹配，导致生态效率综合值较前后年份均有下降。当相对效率为 1 时，传统的 CCR 模型无法对各决策单元之间的生态效率差异进行比较，因此本书采用超效率 DEA 模型进一步测算各年份的生态效率值，并就各年份的具体表现做了进一步的排序和比较。

表 8-15　基于 CCR 模型的测算结果

决策单元	2012	2013	2014	2015	2016	2017	2018
相对效率	1.0000	1.0000	1.0000	0.9476	0.9436	1.0000	1.0000
名次	1	1	1	6	7	1	1
DEA 有效性	有效	有效	有效	无效	无效	有效	有效

表 8-16　基于超效率 DEA 模型的测算结果

决策单元	2012	2013	2014	2015	2016	2017	2018
相对效率	1.1479	1.0438	1.0216	0.9476	0.9436	1.0090	2.6967
名次	2	3	4	6	7	5	1
DEA 有效性	有效	有效	有效	无效	无效	有效	有效

从表 8-16 来看，基于超效率 DEA 模型测算的苏州工业园区生态效率综合值呈现出先递减后递增的"U 型"特点。2012—2016 年的生态效率逐年递减，其中 2015 和 2016 年的相对效率小于 1，没有实现 DEA 有效，与基于 CCR 模型测算的生态效率结果一致。2017—2018 年的生态效率开始递增，且生态效率在 2018 年达到最大值。整体来看，作为国内生态工业园区的典型代表，苏州工业园区的生态效率水平优良，除个别年份以外，各年份的生态效率值均大于 1，且 2018 年度的生态效率值与 2017 年相比提升显著，增长幅度为 167.26%，说明苏州工业园区的生态建设水平有了较大的提升。

尽管苏州工业园区的生态效率综合值已经有所回升，但是 2012—2016 年生态效率逐渐递减的原因仍然值得我们思考。结合投入指标的情况来看，2012—2016 年的工业投资额和基础设施投资额都显著高于 2017 年和 2018 年的投资额，但其生态效率并没有因此提高，反而呈现出下降趋势。导致这种情况发生的原因可能有以下两点：第一，苏州工业园区的成立时间较早，各方面的基础设施已经趋于完善，在技术水平没有取得突破性提升的情况下，考虑到边际收益递减规律，增加工业投资额和基础设施投资额所带来的产出增加额减少，降低了生态效率；第二，苏州工业园区的生态化建设进入了瓶颈期，从新增绿化面积、污水处理量和 SO_2 浓度的控制情况来看，尽管苏州工业园区在园区的绿化建设和污染物的排放处理方面付出了巨大的努力，但生态效率的测度结果却并非尽如人意。这可能是因为苏州工业园区的生态化建设已经不再满足于普通的绿化建设和事后的污染处理，而对生产技术提出了更高的要求：既要能够维持相应的工业产值，又要从生产环节上减少对生态环境的破坏和对资源的浪费。比较 2012—2016 年与 2017—2018 年投入产出指标的数值可以发现，研发资金投入的增加对于产出的增加有明显的助推作用。以 2016 年与 2017 年的比较结果为例，2017 年研发支出占地区生产总值的比重由 2016 年的 3.36％提升至3.48％，当年的高新技术产值较上年增加了 405.75 亿元，增幅为 15.51％，当年的工业总产值较上年增加了 191.1 亿元，增幅为 4.3％。此外，在生态效率的测度上，随着研发经费投入在地区生产总值中的占比增加，2017 年与 2018年的生态效率数值也开始回升。

然而，我们也应该清醒地认识到不能将测算数据作为唯一的评判标准，还应该结合园区诸多实际情况来考察园区的发展。从苏州工业园区目前的发展状况来看，利用数值模型测算出来的决策单元"有效"并不意味着园区的生态效率已经达到了较高水准，如何协调投入资源之间的配比、避免冗余，如何通过技术研发升级破除生态工业园区建设发展过程中遇到的"瓶颈"等问题仍然值得思考。因此，尽管苏州工业园区在生态化发展方面取得了较大的成就，但仍存在一定的改进空间，需要园区内企业、管理委员会、地方政府和各中介组织协调配合，全力推动苏州工业园区的生态化建设取得更加瞩目的成绩。

8.4　对基于两种方法评价结果的进一步说明

灰色关联度分析法能够在指标体系中指标数量比较多的情况下对研究对象展开评价。在对泰达工业园的生态效率进行评价时，因其跨年度数据比较完整，故采用了灰色关联度分析法。而对苏州工业园区进行生态效率评价时，因其指标数据的获得存在一定限制，可供选择的指标数量有限，因此采用了将传统DEA 模型改进后的超效率 DEA 模型对其进行评价，而 DEA 法也恰好适用于对投入产出指标不是太多的决策单元进行评价。通过研究发现，两种方法都是有效的，其研究结果与两个园区的实际经济生态运行表现情况也较为吻合。

在对具体园区的生态效率进行实证测度时，数据的可获得性在很大程度上决定了评价指标的选取（包括指标数量和指标内涵确定），进一步决定了选择什么样的评价模型。由于泰达工业园区运行年数较长且是在生态环境部批准之下进行生态化改造建设的，经济基础较好，更容易获得其建设运行中的相关数据。

而苏州工业园区自 1994 年建成以来，经过 20 多年的飞速发展，截止至 2022 年累计为国家创造了超过 1.2 万亿美元的进出口总值，取得了令人瞩目的成就。结合实证测度的结果来看，苏州工业园区的生态化建设取得了一定的成效。但是，基于 CCR 模型与超效率 DEA 模型的测度结果可以发现，并非所有年度的生态效率都达到了有效，究其原因可能在于园区建设时投入与产出的配比不当以及技术升级方面的不足。为促进苏州工业园区更好地发展，需要多方机构协调配合，不断推进技术进步，实现清洁生产、节能减排以及资源综合利用。

8.5 本章小结

本章对生态化转型中工业园的生态效率综合水平进行了定量评价。首先，对目前学术界关于生态效率的评价方法进行了比较和总结，最终选择灰色关联度分析法和超效率 DEA 法作为对园区生态效率综合水平的评价方法。其次，以"资源节约—环境友好—经济持续—人文发展"为主线（亦可称为概念框架）构建了适用于生态化转型中综合类工业园区（尤其是致力于发展高新技术产业的综合型园区）生态效率评价的指标体系。再次，采用灰色关联度模型对泰达工业园的生态效率进行了实证测度；进一步地考虑到评价模型的适用性与指标数据的可获取性，采用超效率 DEA 法对苏州工业园区的生态效率进行了评价，并且对基于两种评价方法的评价结果作了进一步说明。园区生态效率的实证测度结果对于相应园区认清自身现状、寻找差距、确定工作目标和努力方向具有现实指导意义，同时也对我国同类型其他园区的可持续发展具有重要参考价值。本章的研究结果将为后续旨在提升园区生态效率综合水平的对策出台提供有力实证支撑。

第9章 工业园生态效率的影响因素分析

在前面章节，本书已经对工业园生态化转型的内在机理展开了深入探讨，并且对园区的综合绩效（即生态效率）进行实证测度。进一步地，哪些层面的因素会对园区综合绩效（生态效率）产生影响，或者这些因素还会通过哪些中间变量对生态效率的变化产生作用，对这些问题给予回答便是本章所要开展的具体研究工作。

9.1 研究方法的选择：结构方程模型

在社会科学研究中，有些变量可以直接测量，比如企业利润率等财务指标变量。但也有很多变量是不能直接测度的，比如"工业园系统稳定性"这个变量就无法直接测量，诸如此类变量我们称其为隐变量或潜变量。在实践操作中，往往会采取迂回的方法来解决这个问题，即再设定若干个方便测量的显性指标来综合体现这一变量，如用员工申诉频率、员工出勤情况等可以测量的指标来体现员工满意度。进一步地，在用数理方法来分析潜变量及其之间的关系时，传统的统计分析方法会出现失灵问题，并且传统的线性回归模型具有诸多局限性，这主要表现在以下几个方面：一是当因变量的个数达到两个或两个以上时，传统线性回归技术将会失灵；二是当解释变量之间出现比较严重的多重共线性时，传统回归方法无法妥善解决这一问题；三是当一些变量不能直接测量（通常情况下是指那些只能给予定性描述的变量），采用传统线性回归方法是不合适的，因为它不能处理那些定性的变量；四是传统线性回归法在操作过程中不会考虑到解释变量或被解释变量的测量误差及这些误差彼此间的关系。

面对以上问题，多元统计方法给出了部分但并非全部的解决方案。为了处理被解释变量达到 2 个或 2 个以上的情况，可以尝试采用路径分析法来处理。然而，这种方法自身又存在一个问题，它将不同因变量（或被解释变量）分开来考察，而忽略了被解释变量之间所存在的相互关系，因此这种方法不具备系统性、全面性的特征。要解决解释变量之间可能出现的多重共线性问题，可以尝试采用偏最小二乘法（PLS）来处理，但是这种方法所依赖的理论基础并不牢固，其可信度和解释力都有待进一步商榷。为了解决第三个问题，可尝试采用指标赋权进而通过一定法则求取综合评价得分的方法来解决。但是指标权重的确定需要很强的技巧，而且一般的权重确定方法也存在诸多不足，比如缺乏信度与效度的分析，而这项工作对于得出客观可信的研究结果往往非常重要。然而，一般的多元统计分析法无法解决以上所述的第四个问题。在综合考虑各类方法、比较其适用范围和优缺点之后，发现只能借助结构方程模型法来解决以上各种问题。

结构方程模型主要由两个部分组成即结构模型和测量模型，由于我们在研究中主要关注其中的结构模型，故将整个模型称为结构方程模型。结构模型是用来刻画潜变量之间相互关系的模型，如"园区稳定性"和"园区生态效率"两个潜变量之间的关系就可以在结构模型中得以体现。而测量模型是用来刻画潜变量与其所属的可直接观测指标之间的关系的，比如"园区生态效率"与"物料、能源消耗减量"指标之间的关系在测量模型中可以得到体现。进一步地，结构方程模型可以同时处理两个或两个以上的被解释变量（或称为内生潜变量），且能刻画出内生潜变量之间的关系。另外，在模型中容许解释变量与被解释变量都存在测量误差。结构方程模型分析的基本步骤如下：

第一步，模型建构（model specification）。构建模型是最为重要的一步，在这一步中关键要处理两层关系，一是可观测变量与潜在变量之间的关系，由于一个潜在变量通常可由多个可观测变量来体现，因此也可将潜在变量称为因子；二是潜在变量之间的内在关系，这主要是指潜在变量之间的相关关系和因果作用关系。另外，在模型构建的过程中还有一些事件值得注意。所有测量误差变量数值的起始值均设定为 1，而潜在变量中须有一个观测变量的指标变量的参数值也设为 1；内因潜在变量（又称为果变量）均要增加残差项；而外因潜在变量（自变量）不用设定残差项，但要界定两者的共变关系，增列描绘双箭头。

第二步，模型拟合（model fitting）。构建模型之后，对所需数据进行收集并整理。然后，选择合适的估计方法对模型中相关参数进行估计，这个过程就是模型的拟合。拟合的方法有多种，其中最为典型的是最小二乘法和最大似然估计法，选择何种方法还需要结合研究的特点。最小二乘法是采用得最为普遍的方法。在具体的估计过程中，采用 AMOS 软件来操作是最为合适的，该软件具有适合结构方程模型估计的诸多优点。

第三步，模型评价（model assessment）。对初步估计之后的模型进行评价是为了检验估计质量的高低，以判断估计结果的可信度。评价的对象分为两个层次，一是对整个模型的估计优良性进行评估，以考察模型与数据的适配性，为了达到这一目的通常使用模型拟合优度指数来衡量，常见的指数如 NFI、CFI、RMSEA 等；二是从局部考察具体参数估计的质量，这包括对潜变量之间路径系数估计结果的考察以及对观测变量与潜变量之间负荷系数估计结果的考察，这主要是对参数估计的显著性水平以及经济意义和合理性进行评估，如果所估计出的参数严重违背经济逻辑，那么就应该采取修正措施。

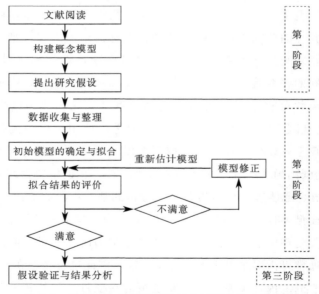

图 9-1　采用结构方程模型进行实证研究的实施步骤

第四步，模型修正。如果模型拟合指数显示模型估计得不理想或者有路径系数或负荷系数不显著或不合理，那么就应该对原有模型进行修正。修正的方法通常是去掉参数估计不显著或明显不合理的"关系对"，再重新估计模型。如果重新估计后，通过再次评价，其估计结果有了明显改善，则意味着这种修正是积极的。值得注意的是，修正后的模型应该具有经济意义，能够被相关领域理论所阐述，而不能纯粹关注模型拟合指数或其他判别指标。图 9-1 总结了采用结构方程模型进行实证研究的实施步骤。

9.2　理论模型的确立：各类影响因素与生态效率的关系

为了验证影响园区生态效率的若干层面因素，为采取针对性的管理改善措施促进园区系统的良性发展进而提升生态效率提供可信的理论支持，首先需要构建起一个待验证的概念模型。

国内外对生态效率评价进行研究的学者比较多，这些学者多是从生态效率概念的内涵出发来构建评价指标体系。在本书的文献综述部分，已经归纳出一些学者从企业、产业链、园区乃至区域几个空间层面对生态效率展开评价研究的相关成果。孙晓梅、崔兆杰（2010）从经济运行效率、资源转化效率、污染减排效率、园区管理效率来评价生态工业园区的运行效率。芮俊伟等（2013）依托生态足迹理论思想，从生物资源的生产能力、能源资源的消耗能力、区域对污染物的平均吸纳能力来评价生态工业园的生态效率。孙冬号（2018）从资源消耗、期望产出、非期望产出来构建工业生态效率的评价指标体系。王球琳等（2015）对生态产业链的生态效率进行了评价，将资源消耗与环境污染等作为投入指标，将经济价值作为产出指标。此外，运用动态博弈模型对生态产业链系统稳定性进行了分析，提出了保持规模效益、集聚效应和外部经济是维持生态产业链系统稳定性的有效策略。该学者虽然没有明确对生态产业链系统的稳定性和产业链链接的生态效率两者之间的关系进行分析，但是在研究过程中其实隐含了稳定性与生态效率之间存在着某种联系。因为如果生态产业链不稳定，则会导致产业链链接出现问题，那么产业链链接的生态效率也就无从谈起。然而，当前对于园区系统稳定性与园区生态效率之间关系的探讨相当不够。在已有的一些文献中，作者发现这样一个研究现状，即文献内容涉及了园区稳定性和生态效率，但是两部分之间形成"两张皮"，学者们往往没有对稳定性和生态效率之间究竟存在着一种怎样的内在联系作进一步探讨。有些学者意识到了这个问题，认为园区稳定性和生态效率之间应该存在着某一作用关系，但是出于种种缘由没有对这种关系进行实证验证，而只是用很少的笔墨对这种关系进行设想。

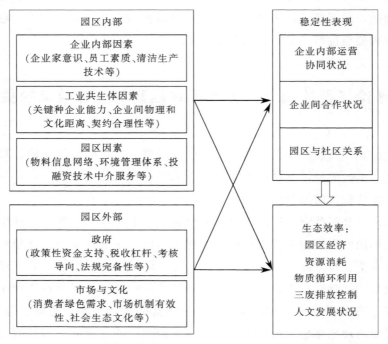

图 9-2　各类因素对工业园生态效率影响的概念模型

本书认为，对于园区企业、初具雏形的产业生态链或企业共生体、园区管理方及地方政府而言，所追求的最终目标是园区的生态效率综合水平。而园区生态效率的影响因素是多层面、综合性的，园区稳定性只是生态效率的可能影响因素之一。本书突破多数学者仅设置些许指标来对生态效率作独立评价的现状，在国内外已有研究的基础上进行较大程度的拓展，探索性地从园内企业、企业共生体、园区管理、政府以及外部环境（市场与文化）几个角度出发来研究各类因素对园区生态效率的影响，并试图关注稳定性这一因素对园区生态效率所产生的直接作用以及在其他因素对生态效率的影响中所发挥的某种中间作用。具体地，企业内部因素从技术和管理两个方面来体现；企业共生体因素主要突出关键种企业的能力、企业之间的合作、契约的安排、企业之间文化的融合等内容；园区管理因素主要突出管理委员会在促进园区基础设施建设、信息化平台构建和为企业间交流牵线搭桥等方面的内容；政府和外部环境主要从政府政策及其他对于园区发展的利好行为、市场机制和市场需求、社会生态文化建设等方面进行讨论。园区系统的稳定性主要从园内企业自身的运行表现、企业间的合作表现、园区与园外主体的合作表现三个角度来体现。进一步地，园区的生态效率从园区的经济产出、环境成本以及人文发展指数三个维度来展开衡量，突破已有研究中仅从经济与环境两个角度来分析的局限性。

综合以上分析，本书构建了如图 9-2 所示的各类因素对工业园生态效率影响的概念模型。进一步地，在这一概念模型的基础上结合国内外学者的研究提出若干有待验证的理论假设。

9.3　若干待验假设的提出

Bringezu 和 Achari G（2005）在从技术的角度研究影响生态工业网络稳定及生态绩效的一些因素时，指出要促使网络内企业运行良好，关键之一就是要有相应的合适的生态技术或清洁生产技术作为支撑，如果是通过对原有生产技术进行改造来实现企业的生态化运作，则往往会存在一个技术锁定的障碍问题，即原有的生产工艺和技术对新的生态化技术形成一种排斥效应，这种负面影响甚至在很长一段时间内都不能消除。他们认为，要解决这一技术锁定的障碍，关键在于园内企业要有很强的学习与创新能力。企业只有形成集体学习的氛围才能不断地更新知识，才能缩短传统技术和生态化企业之间的磨合期，从而使得企业尽快进入正式的生态化运营轨道并获得可观的经济及生态效益。孙冬号（2018）在探究工业发展影响工业生态效率的机理中指出，生产技术的改进可以有效减少原材料的投入和单位产品的能耗，提高生产效率。张冰华（2018）也指出技术创新与进步是影响企业循环经济发展水平的一个重要因素。在技术与经验方面，他认为部分企业应积极向国内外循环经济发展水平已经成熟的企业学习，引进先进的经验及技术，加强自主研发，以此得到新型技术的改进，循环利用资源，甚至寻求替代资源，来有效降低企业资源消耗。陈晓红、陈石（2013）在对企业两型化发展效率进行实证研究后发现企业自身两型化技术的进步以及企业生态文化的营造对于企业两型化发展效率（本质上和企业生态效率相吻合）有着显著的积极影响。郑凌霄、周敏（2014）在技术进步对中国碳排量的影响研究中指出，企业和社会的技术进步将在一定程度上遏制碳排放。要从根本上解决碳排放问题，必须依靠技术进步，在研发活动中加大对低碳技术的研发投入，提高能源利用效率。刘娟、谢家平（2009）对企业群落的生态文化建设进行了研究，该学者认为生态文化和理念对于一个区域的发展至关重要，企业群落文化对促进区域经济、社会、环境协调发展有着重要意义。而要建设好企业群落的生态文化，就必须通过企业与群落两个层面的生态文化建设来实现。企业层面要从经营理念、管理制度、产品生产以及企业形象等方面进行生态化建设；而群落层面应该注重信息的充分交流、创新氛围的营造以及企业间副产品交换合作关系的培育等。通过对国内外学者已有研究的总结和回顾并结合本研究的需要，特此提出以下假设：H1：以企业家工业生态化的意识、员工素质及参与意识、清洁生产技术的完善、企业内部学习与创新能力、企业内部管理流程的完善为集中体现的园区内企业管理改善对园区系统稳定性有着显著的积极影响；H2：以企业家工业生态化的意识、员工素质及参与意识、清洁生产技术的完善、企业内部学习与创新能力、企业内部管理流程的完善为集中体现的园区内企业管理改善对园区生态效率的提升有着显著的积极影响；H3：园区系统稳定性在园区企业管理改善对园区生态效率提升的影响中具有中介效应。

R. Cote 和 Cohen-Rosenthal（2003）通过生态工业园的研究发现一个影响园区系统稳定协调状况及效率的关键性因素，即园区内产业链的多样性，他们指出园区内企业的主营业务丰富，企业所从事的行业或产业丰富化、多样化，能够有效促进园区系统的良性发展。他们认为这就如同自然生态系统一样，其中的物种数量如果足够多，那么物种之间就会存在着复杂的物质、能量传递和交换关系，这种复杂的关系将有利于生态系统的稳定及其经济和环境绩效的取得。他们认为园区应该在适当的时候积极引进一些补链企业，这些企业的加入能使得园区内的原材料、能源、废弃物和副产品的流动或循环利用变得更加有效率。国内学者朱丽（2011）对综合类生态工业园区的稳定机制进行了研究，她认为生态工业园区的核心主体是数量众多的成员企业形成的产业共生网络，并且这种产业共生是紧密的，企业之间一旦形成链接合作关系，就形成了一种刚性结构，其变动就会导致整条产业链的运行不稳定。她认为综合类生态工业园通过对内部进行调整，可达到生态工业园区稳定生产的目标，从而进一步实现生态工业园区的稳态。这种稳态具有动态特征，并体现在系统结构稳定和功能稳定两个方面，且结构稳定性决定功能稳定性。国内学者段宁（2006）、王灵梅（2003）对生态化工业园中的关键种企业进行了研究，他们认为园区发展的关键在于企业共生体的发育，而要形成企业共生体则需拥有综合竞争力较强的若干关键种企业。他们认为关键种企业在园区内产生了大量的物质和能源的循环交换，对其他非关键种企业（或卫星企业）具有重要的影响，它们的发展能够影响到整个企业共生体或工业园区的发展方向和综合竞争优势，对于园区的稳定和综合效益的获得具有不容忽视的作用。Heikkila A M，Malmen Y（2010）对多企业组成的工业园的风险管理问题进行了探讨，他们认为多企业组成的工业共生体的发展存在着诸多不确定性因素，企业之间信息的不对称、合作技术创新的风险、协调企业间关系的各类契约的不完备都会对园区经济、生态效益的获取造成影响。徐本鑫（2011）认为当前我国追求生态效率过程中的重要瓶颈之一就是低碳技术创新，包括清洁能源技术开发在内的低碳技术创新是实现生态效率提升的关键。因此首先应该加大低碳技术创新的投入，如筹集足够资金大力开发生物质能应用技术等；其次要通过加强企业间合作或产学研合作实现关键性低碳技术的突破从而提高生态效率水平。余乙兵（2012）认为契约的不完全会影响到事前的专业性投资，而当园区运行步入正轨后，企业间的信任度增加，各类机会主义行为也就会大量减少。徐凌星等（2019）在对工业园区循环经济关联与生态效率评价的研究中指出，企业网络优化可以降低生产成本，提高资源利用率，控制污染物排放，进而全面提高工业园区的经济效益、资源效益和环境效益。倪晶晶（2019）的研究发现，不同类型产业间企业的多样化生产，能够有效促进知识在集聚区内企业之间进行快速传播，为各个企业之间信息达成共享提供极大的便利，由此增加的产业技术的知识溢出效应可以显著地促进生态效率的提升。在国内外学者已有相关研究的基础上，结合本研究的需要在此提出如下研究假设：H4：以关键种企业的数量与能力、关键产业共生技术的开发、企业间的空间距离、企业间的契约安排合理性、企业间文化的融合及信任度、产业的多样性等为集中体现的工业共生体的改善对园区系统稳定性有着显著的积极影响；H5：以关键种企业的数量与能力、关键产业共生技术的开发、企业间的空间距离、企业间的契约安排合理性、企业间文化的融合及信任度、产业的多样性等为集中体现的工业共生体的改善对园区生态效率的提升有着显著的积极影响；H6：园区系统稳定性在工业共生体的改善对园区生态效率提升的影响中具有中介效应。

Holly Marie Morehouse（2002）通过对生态工业网络的研究，发现了一个阻碍其发展的重要因素，他认为生态工业园的建设需要一个完善的信息网络系统作为支撑，如果园区内缺乏这样的信息系统，那么这样的园区是不完整的。

他指出，园内企业要进行物质、能源、废弃物和副产品的交换，首先就要解决信息不对称的问题，废弃物和副产品信息数据必须在园区内上下游企业之间得到共享甚至在整个园区层次上公开，否则物质的循环利用率将会受到很大的负面影响。Pauline Deutz（2003）认为，生态工业园区的管理方在企业入园标准及园区环境管理体系的建设方面起到主导作用，一旦某一种物质被认为对环境有很大的破坏作用或者具有很强的毒性，园区管理方将会在整个园区层面对其加以界定并且阻止该物质在园区内的循环利用，这可能对拟入园企业或在园企业产生明显的影响，而且这种影响往往产生着连锁反应，这将最终影响到园区内关系的稳定及经济、生态效益的提高。李博（2018）认为生态工业园园区管理委员会在园区发展中应该有所作为。园区管委会应当重视对关键企业的监督与管理，以确保核心企业的稳定运行，完善园区基础设施建设以促进关键物质能量的交流。除此之外，他认为园区管理委员会应积极主动促进园区信息化创建，提升工业共生网络成员的多样化。信息共享平台的构建对于园区企业间开展副产品交换将提供帮助，这些措施既能够促进园内企业共生关系的稳定又能够促进园区生态和经济绩效的提升。为了验证园区管理因素对园区稳定性及其生态效率的影响，结合国内外学者已有研究成果提出如下研究假设：H7：以硬件基础设施的提供、信息网络平台的构建与完善度、入园标准及环境管理体系的完善、投融资和技术咨询等中介服务的完善度等为集中体现的园区管理层面因素的改善对园区系统稳定性有着显著的积极影响；H8：以硬件基础设施的提供、信息网络平台的构建与完善、入园标准及环境管理体系的完善、投融资和技术咨询等中介服务的完善等为集中体现的园区管理层面因素的改善对园区生态效率的提升有着显著的积极影响；H9：园区稳定性在园区管理层面因素的改善对园区生态效率提升的影响中具有中介效应。

G. Zilahy（2004）通过调查问卷的方式对样本企业开展循环经济实践的情况进行了调查，调研后发现影响这些企业进行生态化运营的因素可以从好几个角度来揭示，其中政府对企业生态化发展所投入的财政资金支持是一项相当重要的因素。他通过研究进一步发现，企业在刚刚从事循环经济实践时，往往需要投入大量的资金来引进相应的清洁生产技术，而有很多的企业存在资金障碍，他指出政府或其他社会公共机构能给企业提供及时的资金扶持是促使其走向生态良性运行的重要力量。Majumdar S（2001）认为来自园区外部的经济支持，尤其是政府或其他社会团体组建的旨在促进生态经济发展的各类基金对于生态工业网络内的企业创新和协同运行作用明显，同时他还指出园区的运行及经济和生态效益的取得有赖于法律的完善，环境保护法律的成体系化、配套化对于园区的持续发展是相当必要的，他进一步指出环保法规的健全固然重要，更重要的是对其严格地执行，否则法律产生的成效将微乎其微。姜浩宇（2019）在对工业企业生态效率评价的研究中指出，生态效率水平的提高是促进区域经济高质量增长和可持续发展的重要手段，然而产业结构和环境规制与生态效率呈正相关的关系，要使得生态效率提高，就必须有相应的政策体系作为支撑。该学者按照工业企业生态效率的影响因素来设计政府的政策。在产业结构方面，他认为应该对目前的传统产业进行完善升级，并且大力发展新能源产业，比如利用风能、太阳能等自然资源发电，减少传统产业中煤矿资源的消耗，以减少燃煤发电对大气的污染。在环境规制方面，他提出完善环境法律政策可以增强工业企业对环境治理的信心和决心，改善环境规制过程可以优化工业企业的生产力布局。他认为政府通过这些政策制度的设计和落实能够促进生态效率水平的提高，进而推动区域经济的高质量增长和可持续发展。李海东、王善勇（2012）用征收排污费量来体现环境政策执行的严厉程度，通过研究发现在一定范围内环境政策的严厉执行对区域生态效率的改善有积极的促进作用。赵书新（2011）在研究政府的环境政策设计时指出，企业在节能减排的工作中常常缺乏动力，因为这项工作存在很强的外部性，仅靠市场机制的力量还不能充分调动企业在这方面的积极性。因而政府应当利用其"看得见的手"对企业采取适当的激励措施，如各种奖励和补贴措施的实施就能将外部性内部化从而达到推动企业开展节能减排的目的，这一活动的开展最终会获得经济和生态的双重效益。司言武（2019）在研究政府在城市污水治理方面的政策时指出，污水处理具有外部性和公益性，现阶段企业参与污水处理的意愿不足。由于污水处理耗资量大、沉淀性强、水资源战略地位较高等特点，再加上与公共利益和环境保护密切相关，故而以政府为主体的商业投资在投融资结构中占主要比重。为了进一步验证在特定地理空间范围内政府层面要素对生态效率提升的影响，现提出以下假设：H10：以生态化改造资金的直接资助力度、税收和基金政策的支持度、对园区管理方环保目标考核力度、环保法规体系的完善与执行力度等为集中体现的政府管理改善对园区稳定性有着显著的积极影响；H11：以生态化改造资金的直接资助力度、税收和基金政策的支持度、对园区管理方环保目标考核力度、环保法规体系的完善与执行力度等为集中体现的政府管理改善对园区生态效率的提升有着显著的积极影响；H12：园区稳定性在政府管理改善对园区生态效率提升的影响中具有中介效应。

邓华（2006）从生态化工业园原材料和产成品价格的变动以及消费者对园区最终产品的需求特性变化出发分析了市场变动对于园区稳定性的影响。他认为，如果企业生产所需的原材料市场价格上升，若企业的产成品价格不能随之提高，则会导致企业的利润空间受到压缩，那么企业就会考虑缩小生产规模，从而使得园区内物质、能源和副产品的循环利用率产生变化，最终对园区的稳定性产生影响。另外，他还指出最终产品的消费者的需求特性如果发生变动，就会迫使企业为了迎合其需求的变化而改变原材料投入、生产工艺和流程，这样也会影响到园区系统的稳定性。Lowe（2005）从园区内部市场的角度对影响园区经济和生态绩效的因素进行了分析。他指出园内企业之间形成了共生的关系，一家企业所产生的废弃物能被另一家企业所利用，由此形成了园区内部的市场交易行为。若下游企业的生产受某种原因而出现波动（一个最为极端的情况，即下游企业倒闭），那么上游企业在园区内的市场将受到不利影响，他认为园区内部市场的稳定与否对于整个园区环境绩效和经济产出的高低至关重要。贾卫平（2016）也曾在研究生态效率的影响因素时指出，生态文化、市场等因素对产业链共生系统的稳定性和生态效率都有一定的影响。这是因为居民的环保意识使他们认可各种绿色生态产品并会对其产生消费需求，而社会积极倡导建设生态文明的宣传对发展循环经济产生了积极的影响。该学者认为循环经济产业链的稳定性对生态效率有显著的正向影响。何志全（2019）认为生态文明背景下，区域必须在自然生态承载力范围之内进行发展。尊重资源环境的刚性约束，考虑物质财富满足人类生活需要的同时兼顾生态财富的需要，以支持人类的可持续发展，最终形成符合生态文明建设要求的区域经济体系，实现区域经济发展与自然环境的协调。结合国内外学者已有研究成果，在此提出以下假设：H13：以市场的利导以及市场机制的有效性、绿色消费需求、社会生态文化建设的力度等为集中体现的市场与文化因素的改善对园区系统稳定性有着显著的积极影响；H14：以市场的利导以及市场机制的有效性、绿色消费需求、社会生态文化建设的力度等为集中体现的市场与文化因素的改善对园区生态效率的提升有着显著的积极影响；H15：园区系统稳定性在市场与文化因素改善对园区生态效率提升的影响中具有中介效应。

商华（2012）的研究体现出了稳定性与生态效率之间的联系。该学者在研

究中从优势度、循环度、调节度三个准则层对工业生态系统稳定性的评价指标
体系进行了构建。在优势度指标中，采用了人均 GDP、GDP 增长率、工业全员
劳动生产率等指标，在循环度中设置了园区副产品使用率、人均固体废弃物排
放量以及中水回用率等指标。从该学者设置的指标可以看出，园区稳定性与生
态效率之间是存在联系的，因为生态效率就是考虑园区的经济产出与所付出的
环境成本，而这两方面的因素在该学者所设置的稳定性评价指标体系中都得到
了体现。Edward cohen-Rosenthal（2008）在研究中指出，如果园区的企业间
在实现废弃物、副产品的物质交换过程中出现了问题，比如副产品的供需规模
不匹配，甚至更为严重地发生有企业倒闭的情况，那将对整条生态产业链的稳
定构成负面影响，进而有可能将这种影响在整个园区扩散，而这势必会影响园
区的环境绩效和经济利润的取得。李蔺怡南（2019）的研究结果表明，园区经
济发展、当地政策影响、园区环保意识以及园区整体性稳定对园区生态效率的
直接正向影响显著；以园区稳定性作为中介变量，园区内部管理对园区生态效
率的间接影响显著。为了验证园区稳定性对园区生态效率提升的影响，提出如
下假设：H16：园区稳定性的改善对园区生态效率的提升有着显著的积极影响。
表 9-1 集中展示了本研究所提出的企业、工业共生体、园区管理、政府、市场
与文化几个层面因素对园区系统稳定性的影响及其与生态效率之间的关系假设，
这些假设有待后续的实证检验。

表 9-1　待检验的研究假设集

假设	内容简述	状态
H_1	园区内企业管理改善对生态化转型中的园区系统稳定性有着显著的积极影响	待检验
H_2	园区内企业管理改善对园区生态效率的提升有着显著的积极影响	待检验
H_3	园区系统稳定性在园区企业管理改善对园区生态效率提升的影响中发挥中介效应	待检验
H_4	工业共生体的改善对园区系统稳定性有着显著的积极影响	待检验
H_5	工业共生体的改善对园区生态效率的提升有着显著的积极影响	待检验
H_6	园区系统稳定性在工业共生体的改善对园区生态效率提升的影响中发挥中介效应	待检验
H_7	园区管理层面因素的改善对园区系统稳定性有着显著的积极影响	待检验
H_8	园区管理层面因素的改善对园区生态效率的提升有着显著的积极影响	待检验

假设	内容简述	状态
H_9	园区稳定性在园区管理层面因素的改善对园区生态效率提升的影响中发挥中介效应	待检验
H_{10}	政府管理改善对园区稳定性有着显著的积极影响	待检验
H_{11}	政府管理改善对园区生态效率的提升有着显著的积极影响	待检验
H_{12}	园区稳定性在政府管理改善对园区生态效率提升的影响中发挥中介效应	待检验
H_{13}	市场与文化因素的改善对园区系统稳定性有着显著的积极影响	待检验
H_{14}	市场与文化因素的改善对园区生态效率的提升有着显著的积极影响	待检验
H_{15}	园区系统稳定性在市场与文化因素改善对园区生态效率提升的影响中发挥中介效应	待检验
H_{16}	园区稳定性的改善对园区生态效率的提升有着显著的积极影响	待检验

9.4 问卷调查、数据收集与检验

9.4.1 问卷设计与说明

调查问卷的设计是整个实证研究过程中的关键环节，它关系到所收集数据的质量进而对实证结果的客观性、合理性产生深远影响。本书所设计的调查问卷其根本依据是已构建的概念模型和研究假设集。进一步地为了设计出高质量的问卷，笔者查阅了国内外学者在问卷设计方面的大量研究成果，尤其是对一些典型的问卷量表式样进行了认真的研究。在问卷总体范式、题项设计等方面进行了仔细推敲。在设置问卷中的相关题项时请教了长期从事生态工业理论研究的专家学者以及多位实施生态化改造的工业园区的实践专家，汇聚了集体智慧之后调查问卷才得以成形。并且在正式发放问卷之前，笔者组织适当人力进行了试调查，试调查中反馈了一些有益的意见，笔者结合这些意见进一步对问卷进行了修正并再次请专家对修正后的问卷进行把关，最终将问卷进行正式发放。

就最终发放的问卷而言，在模块设计方面主要包括"关键术语定义""园区或个人信息""工业园生态效率影响因素评价""园区生态效率状况"几部分。其中对关键性术语进行解释的目的是让问卷填写人更好地理解量表中的一些关键词以便给出更准确、客观的回答，具体的调查问卷表见附录2。

"工业园生态效率影响因素评价"模块中包含26个题项，每一题项对应一个可观测变量项目，这26个项目是用来体现"企业""工业共生体""园区管理""政府""市场与文化""园区系统稳定性"这6个不能直接测度的潜变量的表现情况的。具体地，园区内企业因素有5个观测变量（企业家工业生态化的意识、员工素质及参与意识、清洁生产技术的完善、企业内部学习与创新能力、企业内部管理流程的完善）。工业共生体层面有6个观测变量（关键种企业的数量与能力、关键产业共生技术的开发、企业间的空间距离、企业间的契约安排合理性、企业间文化的融合及信任度、产业的多样性）。园区层面有4个观测变量（硬件基础设施的提供、信息网络平台的构建与完善度、入园标准及环境管理体系的完善度、投融资和技术咨询等中介服务的完善度）。政府层面因素有4个观测变量（生态化改造资金的直接资助力度、税收和基金政策的支持度、对园区管理方环保目标的考核力度、环保法规体系的完善与执行力度）。市场和文化层面有3个观测变量（市场的利导以及市场机制的有效性、绿色消费需求、社会生态文化建设的力度）。系统稳定性有4个观测变量（企业内部物料及能源供需的平衡性，企业间合作关系的融洽性、园区信息支撑和管理服务的持续保障水平，园内各主体与园外间公共关系的协调性）。

"园区生态效率状况"模块中包含5个题项，这5个项目用来体现"园区生态效率状况"这个不能直接测度的潜变量的表现情况。具体地，"园区生态效率"有5个观测变量：园区经济增长状况，园区物料、能源消耗（节约）状况，水、废弃物和副产品循环利用状况，三废排放控制状况，人文发展状况。表9-2列示了本研究中所涉及的潜变量和观测变量。

"工业园生态效率影响因素评价"和"园区生态效率状况"两个模块共包括31个题项，要求问卷填写人结合园区的实际情况以及自身的理论水平、阅历就每一个项目的表现在"1—7"的评分等级中选择一个分值用以反映该项目的实际状况。

表 9-2 潜变量及其观测变量设置

潜在变量 （Cronbach α 系数）	观测变量	备注 （代号）
企业内部因素	企业家工业生态化的意识	C_1
	员工素质及参与意识	C_2
	清洁生产技术的完善	C_3
	企业内部学习与创新能力	C_4
	企业内部管理流程的完善	C_5
工业共生体因素	关键种企业的数量与能力	N_1
	关键产业共生技术的开发	N_2
	企业间的空间距离	N_3
	企业间的契约安排合理性	N_4
	企业间文化的融合及信任度	N_5
	产业的多样性	N_6
园区层面因素	硬件基础设施的提供	P_1
	信息网络平台的构建与完善度	P_2
	入园标准及环境管理体系的完善度	P_3
	投融资、技术咨询等中介服务的完善度	P_4
政府因素	生态化改造资金的直接资助力度	G_1
	税收、基金政策的支持度	G_2
	对园区管理方环保目标的考核力度	G_3
	环保法规体系的完善与执行力度	G_4
市场与文化因素	市场的利导以及市场机制的有效性	M_1
	绿色消费需求	M_2
	社会生态文化建设的力度	M_3
系统稳定性因素	企业内部物料、能源供需的平衡性	S_1
	企业间合作关系的融洽性（包括彼此间生态技术的匹配性）	S_2
	园区信息支撑和管理服务的保障水平	S_3
	园内各主体与园外间公共关系的协调性	S_4

潜在变量 （Cronbach α 系数）	观测变量	备注 （代号）
生态效率	园区经济增长状况	E_1
	园区物料、能源消耗（节约）状况	E_2
	水、废弃物和副产品循环利用状况	E_3
	三废排放控制状况	E_4
	人文发展状况	E_5

9.4.2　调查对象确立

调查对象的合理选择对于获得高质量的第一手数据将起到至关重要的作用。本书对工业园生态效率及其影响因素的调研与在前述章节中对推动园区生态化转型升级的动力因素的调研是同时进行的，问卷的发放数量也是 476 份。同样的在具体的调查对象选择方面，基本情况也与关于动力因素调查的情况一样。具体地，所调研的正在进行生态化改造的工业园同样涵盖综合类、行业类和静脉产业类三类；所涉及的调研地区也包括天津、南京、青岛、昆明、武汉、杭州、南昌、西安、温州、长沙、株洲、湘潭等地。目前已通过国家批准和命名的生态工业园为数仅几十家，因此可供选择的经历了相对较长生态化改造进程的工业园数量受到客观条件的一定限制。在具体的被调查人员方面也覆盖了被命名"生态工业园"内核心企业及工业共生体中的辅助性企业（或补链企业）的高级经理人员、企业的关键研发人员。同时也向具有企业孵化功能的机构负责人、生态环境评价机构负责人、园内技术研发组织负责人及其技术骨干、园区管理委员会的高层管理人员发放了问卷。并且也向与园区有密切合作关系的高校或园外相关科研机构的教授、专家以及从事生态经济研究的在读博士生发放了问卷。同时为了更为全面地获得有益信息，我们也适当对一些虽然没有正式被批准为生态工业园但自主采用生态化模式运行的园区发放了一些问卷。进一步地，为了体现园区生态化改造的阶段性和动态性，我们所调查的园区按生态化模式运行的年限的长短各不相同，有一年或以下的，有两至三年的，有四至五年的以及更长时期的。经过大概两个月的努力工作之后，笔者回收了 351 份问卷，并且对这些回收的问卷进行了认真细致的检查，排除了一些无效问卷，最终获得的有效问卷份数是 332 份，有效回收率达 69.74%。图 9-3 至图 9-6 列示了有效问卷按照园区性质、所涉行业及企业的规模、人员职务等标准的分布情况。

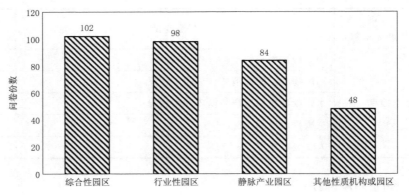

图 9-3　有效问卷按机构类型的分布状况

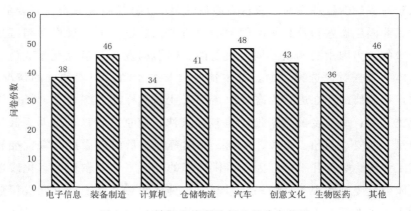

图 9-4　有效问卷按所涉行业的分布状况

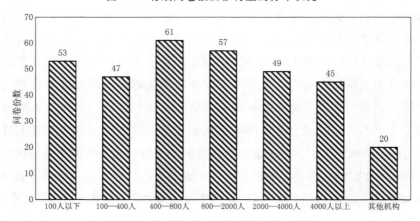

图 9-5　有效问卷按企业规模的分布状况

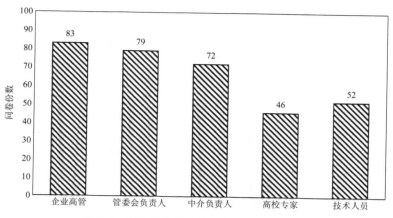

图 9-6　有效问卷按人员职务型的分布状况

9.4.3　数据的整理及检验

(1) 数据的整理及描述统计

在对回收的问卷进行认真细致的查阅之后，得到了有效问卷 332 份，对这 332 份问卷中的数据进行收集和整理。在问卷中体现影响园区生态效率的因素之表现情况的项目有 "C1：企业家有很强的社会责任感，充分意识到工业生态化对于企业自身及外部社会的积极意义" 等共 26 个，要求被调查者结合园区的实际情况或结合自己在生态工业方面的知识和阅历就每一个因素的表现在 "1—7" 的等级中选择一个分值用来体现对相应项目的评价。在对有效问卷进行整理之后，对于每一个项目便有 332 位调查者对其进行了评价，然后求取该项目的平均分数，如项目 C1 的平均得分是 4.047。同样的道理，可以获得其他 25 个影响园区稳定的因素的表现情况的均值，进一步地也可以得到每一个项目评分的标准差，这一结果被列示在表 9-3 中。从表 9-3 可以看出各项目的均值位于 3.756～4.896 之间（满分为 7 分），这说明总体而言这些因素的实际表现情况并不是很理想，这和我国目前正在进行生态化改造的工业园的实际情况是吻合的。

表 9-3　工业园生态效率影响因素情况描述

类别	项目详细描述	样本容量	均值	标准差
企业	企业家有很强的社会责任感，充分意识到工业生态化对于企业自身及外部社会的积极意义	332	4.047	0.964
	员工能充分理解和认同生态文明的内涵，能积极参与企业及园区倡导的循环经济活动	332	4.188	0.950
	企业在节能技术、物质循环综合利用技术、废弃物处理技术方面具有很强的技术能力，能够满足企业清洁生产全过程的需求	332	4.688	0.979
	企业内部具有浓厚的组织学习氛围和良好的集体学习能力，这种能力对企业创新产生了积极影响	332	4.858	0.892
	企业内部研发—生产—营销、财务和人力资源各项管理流程都比较完善，企业能够在顺畅的流程下良好地从事生产运营活动	332	4.187	1.021
工业共生体	园区工业共生体内具有大量物质能源流动的核心企业数量充分、具备规模经济效应，并且这些核心企业对园区其他企业乃至整个园区具有强有力的辐射和带动能力	332	4.157	0.919
	园区工业共生体具有很强的产业链生态化关键技术的联合攻关能力，能够满足共生体对各项关键技术的需求	332	4.177	0.945
	园区在空间布局规划方面很科学，工业共生体企业间的空间距离合理，不会因为物理距离妨碍企业间的交流与合作	332	3.837	1.009
	园区内企业间在物料、能源、废弃物和副产品的循环利用方面，其合作契约安排很合理、完备，在制度安排上有力地促进了企业间合作	332	4.099	0.948
	园区内企业通过合作已经具备了良好的信任机制，企业文化相互影响和渗透，没有文化上的鸿沟阻碍企业间的合作	332	4.309	0.839
	园区内产业链条数量足够多，能够及时引进"补链"，形成了产业链网络体系，这对于共生体的发展非常有利	332	4.196	0.850
园区	园区管理方为园区提供了完善的硬件基础设施，比如道路、水电、生活垃圾集中处理设施等	332	4.676	0.893
	园区管理方为企业的发展构建了物料、废弃物交换公共信息网络平台，大幅度减少了企业之间的信息不对称现象，有力地促进了企业之间的合作	332	4.896	0.949
	园区管理方建立并运行了合理的企业入园标准体系，对废弃物不能参与工业共生体内循环综合利用的拟进企业严格把关，并积极从事环境管理体系和相关环境标准建设	332	4.336	0.896
	园区管理方积极为园内企业开展投融资咨询服务，并且推动企业孵化机构的建立，极大地促进了企业的建设和发展	332	3.756	0.974

续表

类别	项目详细描述	样本容量	均值	标准差
政府	政府在园区改造初期能给予园区生态化改造资金的直接资助，并且积极协助刚入园企业解决资金难题	332	4.158	1.208
	政府对园区内企业尤其是刚入园企业给予有力的税收优惠，并积极牵头引导社会资本建立旨在促进园区企业从事循环经济活动的各类基金，尤其是对园区企业从事关键性生态技术研发给予经济支持	332	4.288	0.939
	政府对于园区管理机构确立了环保目标考核体系，诸如此类的措施有力地激励了园区管理方在园区内全力推动循环经济的行为	332	4.298	0.842
	政府结合地方特点持续完善环保法规具体措施及实施办法，并且始终保持强有力的执行力度	332	4.498	1.012
市场与文化	市场机制能充分发挥其效能，合理体现各类物料、能源的价格，能有效诱导企业从事循环经济活动，以节约企业各类成本开支	332	4.029	0.949
	社区居民有很强的生态环保意识，对各类绿色生态产品很认同，并对其有很强的消费需求	332	3.779	0.898
	社会在文化建设方面积极倡导生态文明建设，这种宣传导向对园区的发展产生了积极影响	332	3.797	1.004
系统稳定性	企业内部物料能源供需平衡，企业生产运营流程顺畅有序	332	3.877	0.963
	园区内企业间合作良好，彼此间生态化技术相互匹配，工业共生体新陈代谢顺畅，产业链网能持续完善和升级	332	3.897	1.047
	园区管理方能够为园内企业提供良好的信息支撑和管理服务，且这些服务是可持续、有保障的	332	3.857	1.133
	园内各方主体和园外的公共关系融洽，能及时有效地协调与社区及地方政府部门的关系	332	3.997	0.821

在问卷中体现园区生态效率表现状况的项目有"E1：园区在经济发展方面取得了很好的成果，园区经济总量和工业增加值连年递增，直逼同类园区优秀水平"等共5个，同样要求被调查者基于园区的实际情况和理论认识水平就每一个因素的表现作出评价，也是采用选择7个等级中的某一分值的方式。同样地，对于每一个项目，在332位调查者对其进行各自评分的基础上可求取一个平均分数，如项目E1的平均得分是3.997，同时可以获得针对每一个项目评分

的标准差。关于园区生态效率表现状况的描述性统计结果列示在表 9-4 中。从表 9-4 可以看出全体项目的均值位于 3.904—4.063 之间，这一结果也体现出被调查园区的生态效率总体水平偏低。

表 9-4　园区生态效率成果情况描述

代码	项目详细描述	样本容量	均值	标准差
E1	园区在经济发展方面取得了很好的成果，园区经济总量和工业增加值连年递增，直逼同类园区优秀水平	332	3.997	0.870
E2	园区在运营过程中所消耗的物料、能源量始终控制在合理范围，并且实现物料能源的消耗逐年减少，同时没有给有效产出带来负面影响	332	3.904	0.920
E3	园区企业在生产运营中所产生的废弃物和副产品能够在园区内甚至与园区外企业实现循环利用，尤其是水的循环利用率逐年递增	332	3.954	0.811
E4	园区在运营中废气（SO_2）、废水（COD）、固体废弃物（工业固废、生活垃圾等）的排量在逐年减少，并且在排放前实施了有效的处理	332	4.063	0.864
E5	园区通过发展生态工业，促进了园区生态文明程度的进步及社区居民生态意识的提升，取得了很好的人文发展成果	332	3.975	0.901

（2）信度及效度检验

在通过问卷调查获得相关数据之后，还需要进行一项非常重要的工作才能将数据正式用于实证。这项工作便是数据的信度和效度检验。信度与效度检验关系到后续实证结果的可靠性、可信度。所谓信度（reliability）检验就是要对测量结果的一致性或稳定性程度进行衡量和判断。由于本研究中没有对同一被调查者进行不同时间点的重复调查，因此本研究所要开展的信度检验不涉及稳定性检验，只是对测量结果进行内部一致性检验。可以采用 Cronbach（1951）提出的 Cronbach's Alpha 系数作为测量结果内部一致性检验的有效工具。Alpha 系数有一个临界值条件，通常情况下只有 Alpha 系数等于或超过 0.7 时，相应的待检验变量才算符合要求即满足信度检验。"园区企业""工业共生体""园区管理""政府""市场与文化""系统稳定性""生态效率"这几个潜变量经过信度检验后所得到的 Alpha 系数值都超过了 0.7，因此可以认为它们都是符合信度检验要求的。

　　另外，除了对测量结果进行信度检验之外，还要展开效度（validity）检验。效度检验是对测量工具能够体现所要测量的特质程度的衡量，进一步地它又分为内容效度（content validity）检验、效标效度（criterion validity）检验和结构效度（construct validity）检验三种，但在实践中要开展前面两种效度检验存在难度，通常情况下只对结构效度进行检验。本书的问卷题项设计非常认真细致，除了查阅和借鉴了大量国内外相关研究成果外，还咨询了理论界和实践领域的多位专家，并且在正式调查之前还谨慎地进行了试调查，故从理论上讲应该符合结构效度的要求。但是为了学术研究的严谨性，笔者还是采用了数理分析工具——验证性因子分析法（CFA）对题项（观测变量）进行了效度检验。从所得到的因子载荷来看，31个观测变量的因子载荷在0.5以上水平（一般地认为，因子载荷达到0.5或以上就意味着相应变量通过了结构效度检验），故可以认为本书所设置的观测变量是满足结构效度检验要求的。表9-5和表9-6列示了各变量的信度检验或效度检验结果。

表9-5　变量信度检测结果

潜变量（Cronbach α 系数）	Alpha 系数值	参考值
企业内部因素	0.741	
工业共生体因素	0.803	
园区层面因素	0.785	
政府因素	0.826	Alpha>0.70
市场与文化	0.791	
系统稳定性	0.831	
生态效率	0.794	

表9-6　各项目因子载荷系数

变量代码	因子载荷	变量代码	因子载荷	变量代码	因子载荷
C_1	0.614	P_1	0.715	S_1	0.591
C_2	0.723	P_2	0.675	S_2	0.702
C_3	0.691	P_3	0.716	S_3	0.612
C_4	0.728	P_4	0.643	S_4	0.712
C_5	0.762	G_1	0.771	E_1	0.754
N_1	0.784	G_2	0.767	E_2	0.737

变量代码	因子载荷	变量代码	因子载荷	变量代码	因子载荷
N_2	0.814	G_3	0.807	E_3	0.831
N_3	0.762	G_4	0.732	E_4	0.664
N_4	0.672	M_1	0.713	E_5	0.782
N_5	0.733	M_2	0.801	—	—
N_6	0.705	M_3	0.762	—	—

9.5　结构方程模型的估计与检验

9.5.1　初始模型的构建

要展开具体的实证检验，首先就应当确立研究所需的初始模型。本研究中所构建的初始模型要实现两个目标，其中最为核心的任务就是要指定初始模型需要涉及的全体潜变量，特别地要预先确定各个潜变量之间的作用关系，当然这种路径作用关系需要进一步验证。本书涉的潜变量共 7 个，它们是"园区企业内部因素""工业共生体因素""园区管理因素""政府因素""市场与文化因素""系统稳定性""生态效率"。在这 7 个潜变量中，我们预先确立"园区企业内部因素""工业共生体因素""园区管理因素""政府因素""市场与文化因素"对"园区稳定性"和"生态效率"存在某种程度的作用力，并且"园区稳定性"对"生态效率"也存在作用关系。故这些潜变量及其之间的路径关系便构成了初始模型中的结构模型部分。

构建初始模型要达到的另一个目标就是确立测量模型，也就是要预先确定每个潜变量与其所属的可观测变量（指标）之间的关系，本书所涉及的可观测变量包括"企业家工业生态化的意识"等共计 31 个。结合概念模型和若干研究假设以及初始模型构建中的相关注意事项，现构建出如图 9-7 所示的初始模型以便为进一步的实证验证奠定基础。

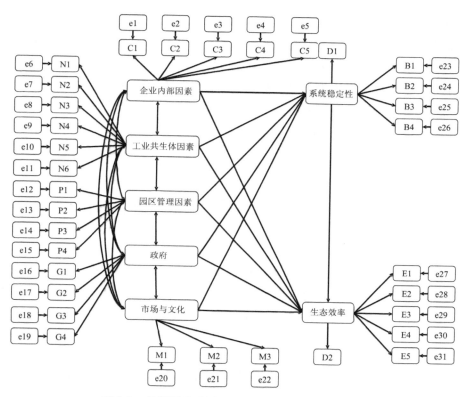

图 9-7 各类因素对园区生态效率影响的初始模型

9.5.2 对初始模型的估计与检验

完成数据收集整理、信度与效度检验以及初始模型的确立之后，就可以正式采用 AMOS 软件对模型进行估计。模型的估计所呈现出来的结果包括潜变量之间路径系数的估计值及其相应显著性水平、潜变量与可观测变量之间负荷系数（或称为载荷系数）的估计值及其相应显著性水平。另外，还会得到衡量模型整体拟合质量的相关指标，这些指标值旨在衡量理论模型和数据之间的适配性程度。对于 AMOS 软件估计出来的初始模型结果，还不能马上接受，必须对模型的估计结果进行质量检验。这一步骤如同工厂在运营过程中将产品生产出来之后不能马上销售而必须经过一个产品质量检验的流程一样。进一步地，对模型估计的检验应当从（相对而言的）宏观和微观两个层面展开。

（1）模型整体拟合优度检验

所谓宏观层面的检验就是要对模型整体估计的质量进行评估。其所依据的理论逻辑就是如果理论模型和数据之间存在很好的适配性，那么样本方差协方差矩阵与理论方差协方差矩阵之间的差别应该很小，当然越小越好。在具体操作中通常使用一些统计指标（或系数）来体现模型拟合的整体质量，这些指标有的从相对性方面对模型整体估计质量进行衡量，有的则从绝对性方面来衡量，其具体指标体系构成如图 9-8 所示。

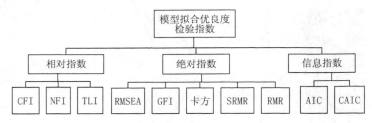

图 9-8　模型拟合优良度检验指数

图 9-8 展示了模型整体拟合优度的衡量指标体系，其中的每一个指标都有相应的评价标准。具体地分析，CFI 指标应大于 0.9 且越趋向 1 越好；NFI 指标应大于 0.9 且越趋向 1 越好；TLI 指标应大于 0.9 且越趋向 1 越好；RMSEA 指标应小于 0.05 且越小越好；GFI 指标应大于 0.9；$\dfrac{\chi^2}{df}$ 指数应小于 5；SRMR 指标应小于 0.05 且越小越好；RMR 指标应小于 0.05 且越小越好。通过运行 AMOS 软件得到关于初始模型估计的相关拟合优度检验指数，如表 9-7 所示。从表 9-7 可以看出初始模型的拟合优度指数基本上都符合检验要求，然而 RM-SEA 指数的值为 0.071，超过了 0.05，该指标有待进一步改善。需要说明的是按照 Browne 和 Cudeck（1993）的研究结论，RMSEA 指标值小于 0.05 最好，如果该值大于 0.05 但小于 0.08，则还是认为其处于可以接受的范围内，故总体而言初始模型的拟合优度是符合要求的。在此还需要特别指出，模型拟合优度指数虽然是检验模型拟合质量的有力工具，然而不能将其当作衡量模型优劣的唯一依据，在模型的合理性方面能符合理论解释的模型也许比仅仅在检验指标上合格的模型更具有价值。

表 9-7　初始模型的拟合优度指数及检验结果

指数	CFI	NFI	TLI	RMSEA	GFI	$\dfrac{\chi^2}{df}$	SRMR	RMR
检验值	0.914	0.908	0.913	0.071	0.907	4.352	0.046	0.043
结论	合格	合格	合格	待改善	合格	合格	合格	合格

（2）路径系数/负荷系数显著性检验

在宏观层面上对模型的整体拟合优度进行检验之后，还应当从微观层面对模型进行检验，也就是要从统计学角度检验潜变量之间的路径系数显著性及其经济意义或合理性。另外，还要检验潜变量与可观测变量之间的负荷系数（或称载荷系数）的显著性及合理性。在利用 AMOS 软件进行实证操作之后，得到了本研究关于"园区生态效率←企业内部技术与管理改善""C1←企业内部技术与管理改善"等潜变量间、潜变量与可观测变量间的路径系数和负荷系数估计值及相应显著性水平，如表 9-8 所示。

表 9-8　初始模型路径系数/负荷系数估计值及其显著性

结构方程模型路径或回归项目	标准化路径或回归系数	C. R. 值	P 值
园区生态效率←企业内部技术与管理改善	0.401	4.016	***
园区生态效率←工业共生体运行改进	0.382	3.986	***
园区生态效率←园区层面管理改善	0.276	1.701	0.082
园区生态效率←政府行为改进	0.314	3.687	***
园区生态效率←市场与文化因素改善	0.138	1.643	0.098
园区系统稳定性←企业内部技术与管理改善	0.189	4.016	***
园区系统稳定性←工业共生体运行改进	0.249	1.645	0.096
园区系统稳定性←园区层面管理改善	0.443	4.168	***
园区系统稳定性←政府行为改进	0.471	4.783	***
园区系统稳定性←市场与文化因素改善	0.352	2.134	0.037
园区生态效率←园区系统稳定性	0.317	2.014	0.046
C1←企业内部技术与管理改善	0.287	—	—
C2←企业内部技术与管理改善	0.184	8.435	***
C3←企业内部技术与管理改善	0.650	6.464	***
C4←企业内部技术与管理改善	0.268	5.921	***
C5←企业内部技术与管理改善	0.363	12.314	***
N1←工业共生体运行改进	0.306	—	—
N2←工业共生体运行改进	0.445	10.146	***
N3←工业共生体运行改进	0.238	5.081	***
N4←工业共生体运行改进	0.544	11.314	***
N5←工业共生体运行改进	0.458	2.015	0.045

结构方程模型路径或回归项目	标准化路径或回归系数	C.R. 值	P 值
N6 ← 工业共生体运行改进	0.514	17.038	***
P1 ← 园区层面管理改善	0.427	—	—
P2 ← 园区层面管理改善	0.280	7.964	***
P3 ← 园区层面管理改善	0.531	1.645	0.096
P4 ← 园区层面管理改善	0.284	5.026	***
G1 ← 政府行为改进	0.348	—	—
G2 ← 政府行为改进	0.416	8.245	***
G3 ← 政府行为改进	0.458	13.012	***
G4 ← 政府行为改进	0.439	14.091	***
M1 ← 市场与文化因素改善	0.412		
M2 ← 市场与文化因素改善	0.194	10.147	***
M3 ← 市场与文化因素改善	0.151	1.524	0.135
S1 ← 园区系统稳定性	0.408	—	
S2 ← 园区系统稳定性	0.474	9.826	***
S3 ← 园区系统稳定性	0.317	11.142	***
S4 ← 园区系统稳定性	0.415	13.604	***
E1 ← 园区生态效率	0.397	—	
E2 ← 园区生态效率	0.413	11.468	***
E3 ← 园区生态效率	0.406	8.784	***
E4 ← 园区生态效率	0.501	1.821	0.067
E5 ← 园区生态效率	0.108	1.643	0.098

注:*** 表示在 0.01 的水平上显著;C.R. 值为临界值,相当于 t 值,用于得到 P 值。P 值的大小表示路径系数的显著性水平。

在路径系数的估计及检验方面,从表 9-8 可知"园区系统稳定性 ← 工业共生体运行改进"路径系数的标准化估计值在 1% 和 5% 的水平下并不显著,在 10% 的水平下是显著的。进一步地,外部环境中的市场和文化因素对园区生态效率的作用无论是影响强度还是显著性水平都不理想,"园区生态效率 ← 市场与文化因素改善"路径系数的标准化估计值在 1% 和 5% 的水平下并不显著,仅在

10％的水平上显著。

在负荷系数的估计及检验方面，表 9-8 中有一点值得我们关注，那就是
"人文发展指数（E5）← 生态效率"的负荷系数在 0.1 的水平勉强通过显著性检
验并且其负荷系数并不大。目前很多学者提出，在生态效率的研究中除了要考
虑经济产出与环境成本两个维度以外，还应当将人文发展指数也加入生态效率
之中，从而形成生态效率的三维结构。作者认为从理论上分析，扩展生态效率
的考察维度是应该的，但是在利用生态效率作为一个战略性管理工具来测度某
一实体的可持续发展表现时，也应当结合管理对象的性质，具体地讲就是对象
的发展阶段。我国部分生态工业园是由第一代经济技术开发区、第二代高新技
术开发区转化而来，因此存在工业园发展参差不齐、园区规划不合理、人文发
展滞后等现象。针对人文发展不足的问题，需要结合开发区自身特点，努力营
造浓郁的文化氛围，打造具有自身特质的和谐园区。生态工业园应具有高质量
的人文环境系统，包括较高的教育水平和人口素质水平，良好的社会风气和社
会秩序，丰富多彩的精神文化生活，发达的医疗条件和祥和的社区环境，以及
自觉的生态环境意识，只有这样，才能吸引人才、留住人才。

特别地，"社会生态文化建设的力度（M3）← 市场与文化"的负荷系数在
10％的显著性水平下都不显著。然而，出现这种实证结果并非出乎意料。实证
的结果并不能说明社会生态文化建设在园区发展的市场与文化因素中无关紧要，
或者说社会生态文化建设对于园区的发展毫无意义。恰恰相反，实证的结果从
反面印证了目前社会生态文明建设的力度和成效还有很大的提升空间。从理论
上分析，工业园的生态化转型升级离不开全社会范围内具备符合其转型要求的
文化氛围，尤其要突出精神文明建设中生态文明建设的力度和成效。如果生态
意识在每一个公民的心中都深入人心，并且体现在日常的细微行动当中，那么
这种生态文化氛围对于园区外部市场的形成、培育及发展将起到积极的促进作
用。但是，在社会实践当中，现实并非如此理想，虽然中央政府一直在强调要
加快生态文明建设力度，促进"人—资源—经济—社会"之间的和谐发展；然
而，生态文明建设的实际步伐还需要迈得更快些。不过，鉴于实证检验的结果，
本书在操作中还是将"社会生态文化建设的力度"这一测量指标从测量指标体
系中删掉。然后，采用 AMOS 软件程序对模型进行再一次估计和检验。

9.5.3　调整一次后模型的估计与检验

鉴于测量指标"社会生态文化建设的力度"被去除，需要重新对模型进行

估计和检验。具体的操作程序如同对初始模型进行估计和检验一样，图 9-9 和表 9-9 分别展现了再次利用 AMOS 软件对修正之后的模型进行估计的结果以及修正后模型的整体拟合优度情况。需要指出的是图 9-9 中仅附上了结构模型路径系数的最终估计值，而我们最为关注的也恰是路径系数。由于测量模型中负荷系数的数据点过多，故没有直接将其标明于图上，不过研究表明，测量模型的所有负荷系数估计值都在 5% 或 1% 的水平上通过了显著性检验。另外，"企业、工业共生体、园区管理、政府、市场与文化"这些主体或要素之间事实上存在着非线性相互作用关系。但由于实证模型或客观条件的限制还达不到对非线性关系强度及其显著性进行估计和验证的目的，故只能在模型图 9-9 中用双箭头将"企业""工业共生体""园区管理""政府""市场与文化"因素彼此间用双箭头链接起来以表示这种相互反馈关系。

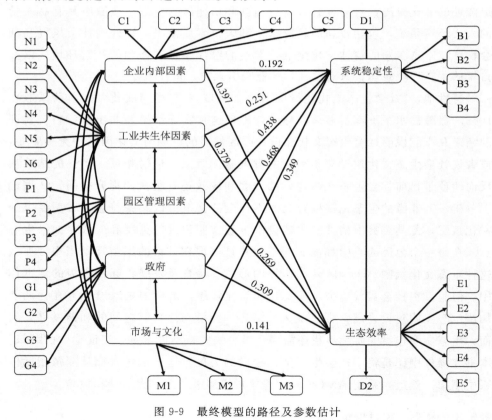

图 9-9　最终模型的路径及参数估计

　　从表 9-9 可以考察到，修正后的模型其整体拟合优度的各个指标值与初始模型的相应指标值比较起来都有所改进，其中 RMSEA 指标值的改进最为明显，它由之前的 0.071 减小为 0.046，可以被认为达到了优良状态。

表 9-9　初始/最终模型拟合优度指数比较

指数	CFI	NFI	TLI	RMSEA	GFI	$\frac{\chi^2}{df}$	SRMR	RMR
初始检验值	0.914	0.908	0.913	0.071	0.907	4.352	0.046	0.043
最终检验值	0.926	0.913	0.924	0.046	0.912	4.164	0.042	0.040
结论	有改进	有改进	有改进	显著改进	有改进	有改进	有改进	有改进

进一步地，我们还需要对最终模型的拟合结果展开更加深入的分析，也就是要探讨潜变量之间的直接影响效应和间接影响效应，这一分析结果将会为转型中工业园的各利益主体深入把握相关因素对园区生态效率的影响及各类因素间的作用关系进而作出更科学合理的管理决策提供明确而有说服力的实证依据。潜变量之间的作用力可以分为两种，一种是直接作用力，另一种是间接作用力。如果一个原因变量对某个结果变量产生直接的作用效果，则存在前者对后者的直接影响效应；如果一个原因变量要通过某一个中介变量才能对结果变量施加影响，则在这个过程中存在原因变量指向结果变量的间接影响效应。而原因变量给结果变量施加的总作用力（或总效应）等于直接效应与间接效应之和。通过对最终模型的拟合结果进行梳理，将本研究中潜变量间的直接效应、间接效应和总效应列示于表 9-10 中。从表 9-10 中可以看出，比如潜变量"企业管理改善"和"园区生态效率"两者之间就存在着直接作用关系和间接作用关系。一方面"企业技术与管理改善"作为原因变量直接作用于结果变量"园区生态效率"，直接作用力的强度为 0.397，这里的经济意义是当园内企业在技术和管理方面有 1% 的改进幅度时，平均而言将会促使园区生态效率改善 0.397%。另一方面，"企业技术与管理改善"对"园区生态效率"还会通过中介变量"园区稳定性"产生间接影响，其间接作用力的强度等于"企业技术与管理改善"与"园区稳定性"的标准化路径系数和"园区稳定性"与"园区生态效率"间标准化路径系数的乘积，也就是 0.192 * 0.314 = 0.060。那么，"企业技术与管理改善"对"园区生态效率"的总影响效应 = 0.397 + 0.060 = 0.457。同样的道理，其他潜变量之间的直接效应、间接效应以及总效应也可以被求出。

表 9-10　潜变量间直接效益、间接效应及总效应

结构方程模型路径	直接效应 (A)	间接效应 (B)	总效应 (A＋B)
园区生态效率←企业内部技术与管理改善	0.397	0.192×0.314＝0.060	0.457
园区系统稳定性←企业内部技术与管理改善	0.192	0.000	0.192
园区生态效率←工业共生体运行改进	0.379	0.251×0.314＝0.079	0.458
园区系统稳定性←工业共生体运行改进	0.251	0.000	0.251
园区生态效率←园区层面管理改善	0.269	0.438×0.314＝0.138	0.407
园区系统稳定性←园区层面管理改善	0.438	0.000	0.438
园区生态效率←政府行为改善	0.309	0.468×0.314＝0.147	0.456
园区系统稳定性←政府行为改善	0.468	0.000	0.468
园区生态效率←市场与文化改善	0.141	0.349×0.314＝0.110	0.251
园区系统稳定性←市场与文化改善	0.349	0.000	0.349
园区生态效率←园区系统稳定性	0.314	0.000	0.314

9.5.4　待验假设的验证情况

在经过以上各步骤的研究之后，可以获得关于潜变量（或隐变量）之间路径关系的验证结果，也就是获得相关路径系数及其显著性水平，进而可以得出对"研究假设"部分所预提假设的支持情况（支持或不支持）。通过实证分析发现"园区系统稳定性←企业内部技术与管理改善"的标准化路径系数为 0.192，并且这一个系数估计值在 0.01 的水平上显著，因此我们有理由相信该路径系数与 0 有显著差异，也就是说我们支持先前所提出的假设 1："企业内部技术或管理因素的改善将对生态化转型中工业园的稳定性产生积极影响"，这也意味着当企业内部管理和技术能力提升 1 个单位（或 1%）时，平均而言将会促进转型中工业园区的稳定性改善 0.192 个单位（或 0.192%）。同样的道理，依据其他标准化路径系数估计值及其相应显著性水平也可以获得对先前假设的支持与否的结论，将结论汇总于表 9-11 中。

表 9-11　对预提研究假设的验证结果

假设	结构方程模型路径	标准化路径系数	C.R. 值	P 值	结论
H₁	园区系统稳定性←企业内部技术与管理改善	0.192	4.271	***	支持
H₂	园区生态效率←企业内部技术与管理改善	0.397	4.614	***	支持
H₄	园区系统稳定性←工业共生体运行改进	0.251	1.647	0.094	支持
H₅	园区生态效率←工业共生体运行改进	0.379	3.997	***	支持
H₇	园区系统稳定性←园区管理改善	0.438	4.274	***	支持
H₈	园区生态效率←园区管理改善	0.269	1.702	0.081	支持
H₁₀	园区系统稳定性←政府行为改进	0.468	4.684	***	支持
H₁₁	园区生态效率←政府行为改进	0.309	3.872	***	支持
H₁₃	园区稳定性←市场与文化改善	0.349	2.137	0.035	支持
H₁₄	园区生态效率←市场与文化改善	0.141	1.645	0.096	支持
H₁₆	园区生态效率←园区稳定性	0.314	2.017	0.043	支持

为了进一步验证"园区系统稳定性"这一中介变量在"企业""工业共生体""园区管理""政府"及"市场与文化"对"园区生态效率"影响过程中的中介效应，需要将直接影响效应和间接影响效应进行比较。如果某原因变量对结果变量的直接影响强度大于该原因变量通过中介变量再对这一结果变量所产生的间接影响强度，则认为因中介变量的存在已发挥了中介效应，但是只存在部分中介效应。比如"园区生态效率←政府行为改善"路径中政府行为改善对园区生态效率所产生的直接作用力强度是 0.309，并通过了显著性检验，而政府行为通过园区稳定性再对生态效率所产生的间接影响力强度是 0.147，间接效应远小于直接效应，故认为园区稳定性在政府行为改善对园区生态效率提升的影响中产生了部分中介效应，从而对假设 12 只是部分支持。进一步地通过验证可知，假设 3、假设 6、假设 9、假设 15 也只是得到了部分支持。

9.6　对研究结果的讨论与说明

通过对国内外相关文献的研究，并结合本书的研究目的，构建了若干层面因素对工业园生态效率影响的概念模型，进而提出了若干理论假设，在采用问卷调查方式收集并整理所需数据的基础上，基于结构方程模型对全体假设进行了验证。研究结果表明，先前的理论假设基本上都得到了验证。

首先，从结构模型的路径系数估计结果来看，园内企业的技术与管理因素、企业共生体、园区管理、政府、市场和文化几个因素对园区生态效率皆具有程度各异的积极作用。从影响的强度上考察，园内企业的技术与管理、企业共生体两类因素的影响最为明显，这也是符合经济社会实际表现的。企业以及企业共生体本来就是园区系统最为关键的构成主体，特别是其中的关键种企业对于园区系统中物质、能源、废弃物和副产品的循环利用和资源化发挥着关键性的作用。然而，外部环境中的市场和文化因素对园区生态效率的作用无论是影响强度还是显著性水平都不理想，在1％和5％的水平下并不显著，仅在10％的水平上显著，这一实证结果和实际状况也是基本吻合的。目前，我国各种资源的价格机制并不完善，不能充分体现相应资源的稀缺程度；而且在社会层面，民众的生态意识并不强，对绿色产品的需求没有形成真正的规模，大多数消费者对生态产品的理解并不充分。

其次，从结构模型的路径系数估计结果来看，园内企业的技术与管理因素、企业共生体、园区管理、政府、市场和文化几个因素对园区系统稳定性都产生程度不同的正面积极影响。其中政府对园区稳定性的影响在1％的水平下是显著性，而且其影响强度比较大。这一研究结果和我国的现实经济社会表现是相吻合的。在我国推动生态工业发展的进程中，政府起到了关键性的作用。我国政府在对工业经济的宏观调控方面一直以来成果显著，而且在对中观层面的区域经济发展（开发区或工业园区经济）中所起到的作用也同样明显，这一点其实是中国特色的具体体现。不过值得注意的是，企业共生体在对系统稳定性的显著性检验中，在1％和5％的水平下并不显著，在10％的水平下还是显著的。这里说明了一个问题且这个问题在现实中比较突出，那就是生态化转型中园区的稳定性从理论上来分析将关键性地取决于企业共生体的发展，其中企业之间的合作、相互之间的信任尤为重要。而在本书的实证分析中，在1％和5％的水平下不显著，就恰恰说明了在现阶段我国工业园实施生态化改造中"拉郎配"的现象还是存在，在某些园区甚至还相当严重。这种不重视园内企业之间产业关联性的行为最终将导致旨在提高园区物料、能源、废弃物和副产品在园内循环利用的生态化工业园徒有虚名。另外，即使是客观上园内企业间存在产业关联性，但事实上企业间缺乏信任、交流和沟通，或者因为信息不对称致使一些潜在的合作机会难以被发现和利用。

再次，中介变量"稳定性"对生态效率的影响得到了验证。实证研究表明，园区系统的稳定性对园区生态效率存在着显著的影响作用，而且其影响的强度还比较大，显著性水平达到 5%。这说明园内企业自身的运行、企业间的良好合作以及园区与园外相关机构的良好互动对于促进工业园经济产出绩效的改善以及将资源的消耗和环境成本控制在尽可能承受的范围内具有明显的积极作用。这一研究结果对于企业和园区努力采取有利于生态化转型中园区系统稳定性的改善进而提升生态效率的管理措施能提供重要的实证依据。

事实上，中介变量"稳定性"与生态效率是存在互动关系的，不仅系统稳定性对园区生态效率的改善存在正向的影响，而且生态效率的提高反过来也会影响到系统稳定性。但由于结构方程模型本身的局限性，难以将两者间的相互作用关系或反馈关系进行验证。生态效率是经济效益、环境效率、人文社会效益的综合体现。园区在经济增长方面取得可喜成绩，则会为园内产业链关系的进一步巩固发展以及初步萌芽的生态共生链的进一步完善提供可靠的物质保障。比如，维持企业间共生关系稳定性所必需的物质交换系统（副产品运输管道、设备等）的构建和完善有赖于园区经济产出和实力的增强。而生态效率中的人文社会效益的改善，具体地讲就是园区或社区居民生态意识的增强、生态文明的进步将会反过来推动园区生态化改造的步伐，企业间会基于对生态文明的追求而更加愿意共生合作，这便会促进萌芽阶段的生态产业链的进一步完善，进而对转型中园区系统的稳定性产生积极的影响。进一步地，水、废弃物和副产品循环使用效率的提高对于园区转型中初步建立起来的物料交换网络的稳定性会产生积极促进作用。

9.7 本章小结

本章实证分析了影响园区生态效率的各类因素。首先，基于所研究问题的特点（研究若干变量之间的关系，且很多变量难以直接测量等），选择结构方程模型法作为研究方法。其次，通过对国内外大量文献的阅读与归纳，构建了企业、工业共生体、园区管理、市场与文化等层面因素对园区生态效率的影响概念模型，并且提出若干研究假设。再次，通过调查问卷的方式获得测量量表的相应数据，在对数据进行整理后采用 AMOS 软件对模型进行拟合、调整和修正，最终获得通过验证的体现各潜变量之间以及潜变量与相应指标之间关系的最优模型。研究表明：企业、工业共生体、园区管理、市场与文化等层面因素对园区系统的稳定性和园区的生态效率都会产生程度不同的显著性影响，而园区系统的稳定性又影响着园区的生态效率水平。本章的研究为寻找促进工业园转型升级及生态效率改善的措施提供了重要支撑。

第 10 章　工业园生态化转型的实现：生态化改造

上一章采用结构方程模型验证了园区生态效率的影响因素。我们的目的是要实现工业园的转型升级以提升园区的生态效率水平。而要实现转型升级就必须采取有效的措施，生态化改造（或持续的园区治理改进）便是实现转型的手段。本章正是从生态化改造的角度对园区转型目标的实现途径进行详细的探讨。具体地，分别从企业、工业体系、园区管理三个层面来展开深入分析。企业层面主要是从技术上推广和应用清洁生产技术以及从文化上培育员工和管理者的生态意识；工业体系层面主要是对初具雏形的产业生态链进行进一步稳固和发展；园区（包括地方政府）层面主要是管理系统的优化，比如信息共享平台的搭建、物料交换系统的构建、环境管理体系的建设等。

10.1　工业园生态化改造的总体思路

工业园生态化转型中的"治理"包含两个方面的含义，一是针对园区内部资产专用性的程度和交易的频率适时地采取灵活多样的治理范式，这些治理范式主要有四种：市场治理、双边治理、三边治理和一体化治理。实质上，这一角度的治理其本质就是要为不同类型的交易找到一种合理的组织形式。那么，到底什么样的组织形式才算是合适的呢？其标准归结到底只有一个，那就是促使交易费用达到最小化。二是为了达到物料、能源、水、资源化废弃物和副产品的循环利用，需要在园区内构建、持续完善相关产业生态链以促进工业共生体系的形成和稳定发展，而要达到这一目标就需要采取种种对策措施，这些对策措施的综合也就构成了对园区系统的优化和治理。在此需要指出的是，本章围绕工业园系统而展开的治理改进探讨主要侧重于第二个角度的治理内涵，当然在分析过程中也会适当兼顾第一个层面的治理范式分析。

从适用对象来考察，大多数即使已经被国家批准和命名为生态工业园的园区内部的生态产业链依然是不完善的，其工业共生网络的构建和完善仍然还有很长的路要走。故如何进一步完善其内部工业共生体系，进一步提高副产品的交换效率及增进企业间的合作关系，提升园区经济效益、生态效益和社会效益便是深化改造工作的出发点和目标。对于自主采取生态化模式运作的工业园区而言，应该考虑加快园区生态化改造的步伐以促使园区尽快实现转型升级的目标，否则园区的可持续发展问题将日益突出。总之，工业园区的生态化改造（或进一步深化改造）的最终目标就是达到国家颁布的生态工业园标准，改革不适合可持续发展要求的粗放式线性发展模式。

总体上讲无论是哪种类型的工业园区，按照生态文明建设要求和国家颁布的关于生态工业园的绩效评估标准，其改造或优化都要围绕经济发展（尤其要突出技术与体制创新引领、产业结构调整）、物料循环和减量化、污染控制、园区管理几个方面来展开，这是园区深化改造或治理改进的总体性纲领。

另外，从具体的改进治理或优化步骤来考察，本书提出从空间层次上逐层推进的方针，即分别从单个微观企业内部、企业共生体、园区整体层面以及园内与外部主体之间几个层面来加强对园区系统的优化和治理。以下对这一总体思路进行大致的阐述。首先，对于园内单个微观企业而言，强化企业内部清洁生产方式是优化和改进园区系统治理的首要工作，这是其他各项工作的基础。其次，在企业自身基本功练好的基础上，再寻求企业之间的共生与合作，要完成这一任务必须先掌握好园区内所存在的工业代谢关系，再设计和规划出副产品交换系统。再次，站在园区管理者层面要做好园区内的资源循环管理工作，持续改进各类硬件和软件支持系统的建设，比如园区道路、绿化、生活垃圾集中处理、供水电气基础设施的配套以及支持园区运营的信息网络系统的建设、园区环境管理体系的构建等等。最后，要将视野放宽，走出园区，园区内再怎么优化构建产业生态链，总会存在不完善的地方，需要与园区外部主体合作建立起虚拟的产业生态链来弥补园内生态链的某种缺陷。

10.2　工业园生态化改造的路径依赖

在进行工业园区的生态化改造时，既要充分吸收和借鉴发达国家生态工业园区建设的理论与实践经验，又必须结合我国自然、经济与社会发展的现状，探索适应我国工业园区生态化改造的路径。本书将分别从驱动力的转换、核心要素的构建、生态网络的生成、政府和市场力量的整合四个方面探讨我国工业园生态化改造的路径依赖。

10.2.1　驱动力的转换

目前我国生态工业园区的建设动力主要来源于政府，在管理模式上大多为政府主导型或政企合一型，政府的参与能够为园区的生态化建设提供政策帮扶，推动传统工业园区的生态化转型，提升管理运行的效率。而国外的生态工业园区则以自组织型管理模式为主，企业是生态工业园区的主要管理者，是园区生态化改造的助推器。

造成这种模式差异的原因主要有以下三点：第一，从经济效益的角度来看，我国大部分的工业园区还处于向生态工业园区转化和建设的时期，在此期间企业需要投入成本对原有的老旧设备进行更新升级，园区需要投入资金进行生态网络构建，而在生态工业园区的建设未成规模时，投入的资金并不能产生与之相当的经济利润，这种投入和收益的不匹配是造成我国企业在生态工业园区建设方面动力不足的主要原因；第二，从环保技术的角度来看，我国的绿色环保技术与国外相比还不够成熟，存在一定的提升空间，这就导致现有的科技设备或许还无法满足工业生产的需要，企业在绿色环保技术的应用方面积极性不高；第三，从生态环保理念的角度来看，随着我国对于生态文明建设的不断推进，"绿水青山就是金山银山"的环保观念已经深入人心，但是这种生态环保观念还没有转化为强烈的市场导向，这就导致企业在进行生态工业园区建设时缺乏市场驱动。

因此，从建设驱动力的角度对我国工业园区的生态化转型进行分析时，必须考虑从外部政府推进到内部企业推进的转换，企业必须实现由被动控制污染成本到主动控制的内在转变，只有这样才能长久有效地推进我国的生态工业园区建设和发展。借鉴丹麦卡伦堡生态工业园的发展经验，企业之间可以通过构建废料和副产品交换的平台，根据自身需要在园区内部进行"一对一式"的废弃物和副产品交换，使得企业能够在降低生产成本的同时自发推进生态工业园区的建设。

除了将外部的驱动力内生化之外，还要不断提升绿色环保技术的研发能力和创新能力，避免受制于清洁生产的技术瓶颈。各工业园区可以与科研机构或大学形成互助合作关系，以园区自身作为绿色生产技术的孵化和推广基地，加强环保技术的自主研发。

10.2.2　核心要素的构建

结合生态工业园区的发展模式的基本形态来看，无论是围绕核心产业展开的主导产业链型，还是不分主次、各产业共同发展的多产业关联共生型，又或者是以环保企业为主体的全新混合型，都需要不断加强核心要素的构建。因此，在探寻我国工业园的生态化改造路径时，必须从这三种生态工业园区发展模式的基本形态出发，有针对性地构建核心要素。

对于主导产业链型的生态工业园来说，其产业链的展开是围绕主导产业进行的，因此主导产业就是其建设与发展的核心要素，需要重点把握。从主导产业自身来看，通常是在当地具有一定资源优势或已经实现大规模生产的行业，其本身就有良好的发展基础，因而在建设生态工业园区时需要围绕该产业的生产过程进行产业链延伸，有针对性地构建起废弃物和副产品的回收利用体系。此外，对于以某种资源为基础形成的主导产业链型生态工业园区而言，还需要考虑到资源的可持续发展性，如果所利用的资源属于不可再生资源，在进行工业化生产时就要注重提升资源利用的效率，可以借鉴资源节约型发展模式，有针对性地调整生产过程中资源投入的比例，尽可能地减少对资源的浪费。

对于多产业关联共生型的生态工业园来说，其产业链结构更加多元化、复杂化，园区内并不以某一产业为主导，而是多产业联合共生发展。改造此种形态的工业园区，要以园中的产业链网络作为园区建设的核心要素。从园区内部来看，要持续加强对各企业勾连关系的构建，尤其是对处于同一产业链条的企业而言，一方面要促进企业之间的信息交流，另一方面也要协调企业之间的产出，避免在生产过程中出现生产脱节的情况；从园区外部来看，可以借鉴虚拟型生态工业园区的发展模式，不断扩大产业链覆盖的范围，完善产业链网络。

对于改造后呈现为全新混合型形态的生态工业园来说，绿色环保企业就是其建设生态工业园区的核心要素。由于在园区建设开发之时即有科学的规划部署作为支撑，全新混合型模式的生态工业园区通常能够吸引到高质量的绿色环保企业进入，但在吸引这些企业进入之后，如何协调各企业之间的生产关系、发挥此类园区的示范作用和研发绿色技术就成了需要解决的问题。在绿色环保企业生产关系的协调上，既可以通过构建企业之间的产业链将这些绿色环保企业联合起来，促进产业集聚发展，又可以根据需要构建一定的基础设施，以此为媒介促成绿色环保企业之间的资源交换；在绿色环保技术的研发上，可以在园区内部设置专门的技术研发部门，形成企业之间的技术共研和技术共享关系，提升技术研发的效率。

10.2.3　生态共生网络的生成

生态共生网络是指企业间的合作会带来"合作收益"，通过废弃物循环利用和共享资源信息，提高生产效率，降低交易成本。然而各企业由于技术水平不同和管理模式的差异，成本降低幅度不同。囚徒困境模型指出，当每个企业追求自身利益的最大化时，会出现集体的非理性，即不合作行为，从而影响共生网络的效果。

为了有效解决我国工业园中存在的问题，维护园区企业合作关系，促进形成稳定的生态共生网络，需要重视人力资本培养，不断推进技术进步，将自主实体共生和复合实体共生的发展模式相结合，进行资源整合，从而提高劳动生产效率，实现清洁生产，服务园区经济发展。

（1）加快形成并完善用人制度、培养制度、评价制度

首先，设立选贤任能的选拔机制，通过园区企业民主投票选出园区管理员，负责监督园区企业。然后，通过考试选拔一批懂工业、经济和管理的高校毕业生，指导企业的生产行为。其次，定期开展培训和外派学习，广泛动员大家去优秀的企业和科研院所学习。同时，围绕废弃物处理的关键技术，聘请中青年专家和教授等专业技术人才进行指导。最后，建立激励约束机制，每季度对企业员工进行工作考评，给予优秀的员工物质奖励，给予业绩靠后的员工帮助、鼓励和相关建议。

（2）提高技术水平，产品生产柔性化

生态工业园建设周期较长，在技术和产品的选择上要具有前瞻性，要立足

于园区所在地的发展特色和比较优势，基于实地调查研究展开预测分析，选择生产具有市场前景的产品。保证园区建成后，其产品还有一定的市场需求。促进工业园形成生态化、集约化、特色化发展的生态工业布局，从自身发展的需求出发，大力开展绿色工艺和技术的研究开发，为工业园的建设提供有利的技术支持，使生态共生网络更加稳定。

(3) 将自主实体共生和复合实体共生的发展模式相结合

集团公司负责统一规划，将生产活动清晰地分派给各企业，提高生产效率，维护共生网络的稳定性。同时，各企业基于相互信任而建立的合作关系，能有效降低集团公司因决策失误造成巨大损失的风险，减少企业间的协调成本和机会主义行为。

(4) 自我实施，资源整合，实现团体间的联合与协作

一是水平整合，将处在生态链上的企业进行整合，增加原材料和资金储备数量，有利于技术进步；共享信息资源，实现差异互补，促进管理模式创新。二是垂直整合，重组价值链，将资源的使用范围扩展至上下游企业，逐步增加行业的多样性和网络结构的复杂性，发展成健全、稳定的共生网络。

10.2.4 政府和市场力量的整合

通过对国内外生态工业园组织模式和管理模式的比较分析，可以发现：我国生态工业园的建设和发展大多数是由当地政府主导，这种模式能在短期内集中大量的资金，加快生态工业园区的发展。然而，由于缺乏市场机制的调节，园区企业难以实现资源的最优配置，导致企业参与改造的积极性不高。因此，需要有效整合政府和市场力量，进行政策创新与模式创新，促进生态工业园区绿色发展。

首先，制定相关的发展政策和规章制度，完善政府服务功能。政府应当协调各企业和部门之间的关系，避免利益冲突、信息沟通不顺畅的问题；协助完善金融扶持体系，为中小企业解决融资难问题；健全生态环境监管体系指标体系，对企业排污进行量化，依据相关法律法规以及企业排污数量对企业进行收费，对企业排污行为征收较高的税，对超额排污企业进行罚款。进行能源价格定价机制改革，充分反映环境污染的负外部性。

其次，建立科技支撑体系。支持企业引进、消化、吸收国外先进技术，促进信息产业技术在生产中的应用，大幅提高生产效率；完善知识产权法律法规，

保护企业专利和发明；政府可以通过补贴、税收优惠等财税手段，调动企业参与科技创新、节能降耗和循环经济的积极性，并为企业提供相关技术咨询服务。

再次，建立分工明确、层次清晰且又相互协调的工业园区发展体系。有效整合政府和市场力量，既实现资源的有效配置，又实现政府的宏观调控职能。管理模式可以选择政企分离型或自组织模式，将注重园区的经济效益和进行环保技术研发相结合，用严格的环境保护法推动企业绿色发展，建立以政府为主导，以企业为主体，公众积极参与的多元化治理格局。开展进一步的政策创新，完善社会监督和信息公开机制，提高公众的认知度。同时，结合我国自己的市场经济国情和各地区比较优势，优化补贴机制，因地制宜地设计项目管理体制与融资机制。

10.3　工业园生态化改造的具体对策

在提出具体的园区治理改进策略之前，首先要明确一个问题，那就是工业园生态化转型中所存在的关键性、突出性问题在哪里？只有这样才能提出系统性的治理改进对策。由于园区内集聚了大量的企业，而且这些企业之间已经逐步存在着基于废弃物和副产品的相互交换活动。那么，园区在转型发展中肯定会存在不同程度的企业间信息不对称现象，而这些信息的不对称很容易滋生机会主义行为。因为就园区内的企业个体而言，它永远是为了追求自身利益的最大化而生存着，其之所以加入园区系统，最终的目的还是为了获取自身的经济利益。因此，在信息不对称的情况下，这种机会主义行为的发生就变得更加容易。另外，由于园区系统内有很多固定资产的投资具有很强的专用性，比如用来进行副产品交换的专用运输管道，一旦建成，它只能用于在特定企业间运输特定的物料或能量。这种资产一经形成对于投资方企业而言就存在比较大的风险性，因为与它合作的另外一方企业如果在副产品的交换中出现不合作行为，那么对于专用资产的投资方企业而言将会带来很大的经济损失。故合作方企业的机会主义行为是一个不得不考察的因素。因此，加强对园区系统中可能产生的各类机会主义行为的防范和治理力度是治理改进的重要内容。园区系统在运行中易于出现的第二个问题就是刚性化倾向往往比较严重。园区内部企业间通过复杂的非线性相互作用关系形成了一个网络系统。在这个网络系统内部，废弃物和副产品的交换往往通过固定的运输方式、途径来进行，在短时间内很难改变已有的模式；另外，上下游企业之间形成的对有关废弃物和副产品的供需数量、种类一旦确定就不宜轻易改变，如果其中一家企业改变了所供应的物料数量、质量、成分等特性，那么下游企业将很难适应从而导致其所生产的产品质量出现不稳定现象。园区的这些刚性倾向对处于复杂不确定环境下的园区转型发展是一个潜在的隐患，因此如何提高园区系统的柔性，使其能随时适应园区内外部环境的变化而做出快速、及时、正确的调整一直是学术界和实践工作者孜孜不倦追求的目标。而园区的治理改进就要通过各种正式或非正式制度的安排、各类改善措施的出台和落实来实现对园区系统所存在问题的较为满意的解决方案，最终实现协调园区系统中各利益相关者的关系，实现园区转型升级的目标。本书从企业、企业间共生、园区管理和外部环境多个层面来具体探讨促进工业园生态化转型发展的治理改进策略。

10.3.1 企业层面的改进：清洁技术应用及文化培育

在面向企业层面设计治理改进的策略时，其实质目的就是要提高个体企业的素质。只有企业各方面的素质得到了提升，企业之间的合作才能顺利开展，进而园区系统在整体上才能获得持续改善与转型。为了实现个体企业素质的提升，关键要做好几个方面的工作，一是要培育好园区内的关键种企业，要根据园区的产业发展规划来开展这项工作；二是要促使园区内部每一个企业认真推广清洁生产方式，这是循环经济活动在微观企业层面的具体体现与落实；三是要培育良好的企业文化，尤其要在企业文化中充分体现出创新和合作精神，这种特质的企业文化对于进一步开展园区内部企业之间的合作和网络层面的各项创新活动以适应不断变化的内外部环境具有重要作用。

首先，培育关键种企业。对关键种企业的理解也可以分为两个角度，一是从产业集群的角度来理解，在这种情况下就是要大力发展集群中的主导企业。因为这类企业通常生产集群里的关键性产品，其他企业大多数情况下是围绕着主导企业而生存的，众多的中小企业为少数几个大的关键核心企业提供其所需的各类原材料或半成品。另外，从生态工业共生的角度来理解关键种企业，这类企业就是在工业共生网络中消耗资源数量最多同时产生的废弃物或副产品数量最多而需要交付给其他中小企业循环利用的企业主体，通常情况下其他企业为这类企业提供原料和辅助材料。园区内应该对关键种企业给予最多的关注，根据园区的产业规划引进产业主导企业，另一方面按照园区转型升级中的共生网络规划引入适当数量的关键种企业为园区副产品交换系统的形成和逐步完善提供重要组织主体支持。

其次，在园区内微观企业内部推行清洁生产方式，促进循环经济在个体企业层面的落实。从生产流程和产品使用环节考察，在原材料的采购阶段要对原材料和能源的使用做到节约、环保，尤其不要用有毒原材料，原材料和能源的使用要做减量化，提高原材料和能源的综合利用效率；在生产过程中要改变以往末端治理的模式，从源头上减少生产中产生的污染物的数量和毒性，而不是等到产生之后再来被动治理。在产品生产出来之后直至消费者使用的全过程中，产品消耗的各类资源要做到减量化以降低消费过程中对消费者健康和自然环境的损害。

再次，要加强个体企业的文化建设。文化的力量是无穷的，工业园中的企业应该营造一种积极的鼓励创新与合作、宽容失败的文化。尤其对于现代的园区而言，企业间要进行良好的合作并非容易之事，其所面临的头等障碍就是因各个企业发展经历、背景、行业的差异性而形成的价值观、行为方式、习惯的千差万别。很多园区里甚至有大量的跨国公司存在，这些跨国公司来自不同的国家，其语言、风俗习惯、价值观念自然各不相同，它们之间以及它们与本土企业之间的合作必须第一步就要跨越文化的鸿沟。园区整体层面的共同文化营造固然重要，但个体企业各自应该有自己的文化。每个企业只有通过正式的制度安排或非正式的方式构建起积极的创新与合作文化，鼓励企业内部员工之间相互交流、共享资源、持续创新，才能为园区层面的整体文化的构建奠定基础，企业之间充分有效的合作与交流才能成为可能，园区的生态化改造才有坚实的文化基础。

10.3.2　工业体系的调整：工业共生网络的构建

工业园生态化改造的方向和目标是通过改造达到国家颁布的生态工业园标准。对于一个符合国家标准的生态工业园来说，其内部显著的特征就是有明显的集群并具备产业生态链条。实践中，一些正在经历生态化改造的工业园内部的工业生态链条已见雏形，这种链条是园区企业间进行废弃物和副产品交换的组织基础，而随着产业生态链的进一步发展便形成了企业间共生体或工业共生体。学者们对这产业生态链或工业共生体的研究从两个角度展开，一是从技术角度来分析企业间基于物质、能量、信息等资源的交换活动，二是从社会关系角度对共生体中企业间的社会合作关系进行重点研究，强调企业间通过合作关系的建立和维系来实现各类资源的共享从而达到节约资源成本的目的。为了在园区的生态化改造中主动搭建和完善园内的产业生态链（进而构建和完善工业共生体），针对该层面的治理改进策略也应该从这两个角度展开，即技术角度和社会关系角度。以下从技术和社会关系两个角度具体展开旨在促进园内产业生态链（或企业共生体）构建和完善的治理改进措施。

就技术角度而言，依据生态工业园标准进行生态化改造的工业园在经过一段时间的改造后，其内部企业间逐步出现了物质、能量、信息方面的相互交换活动。然而，这种交换活动存在着如前所述的结构化刚性，也就是物料、能量、废弃物和副产品在园区系统内部的流动方式、途径、数量规模具有固化倾向，这种倾向会影响到园区系统的柔性，最终会影响到园区的生态化转型。为了促使改造成果形成持续积累的局面，必须借助园区系统内网络式持续的技术创新来增强系统柔性、克服刚性制约。具体地讲，园区系统内的技术创新和一般企业的技术创新应该有很明显的差别。工业园内的技术创新必须拥有全局的观念，不能仅从某一个企业自身的某一需求出发来独自对技术进行研发，而应该站在产业生态链或企业共生体的高度来协调好各企业技术创新行为之间的关系。一旦没有实现共生体层次的协同技术创新，即使某一企业自身的技术创新绩效非常好，或许对与之共生的企业而言反而是一个严重的隐患和障碍。因为这一企业的技术水平提升之后，其生产工艺往往发生了改变，由此向下游企业所提供的废弃物和副产品的性质、成分、质量和数量都会有很大变化，在这种情况中，下游企业的技术如果不发生相应变革，将会无法适应上游企业的创新，最终有可能导致初具雏形的生态产业链条的崩溃或瘫痪。故对于产业生态链而言，其技术创新具有全局性、网络性且牵一发而动全身的特点。在这种网络化的技术创新活动中，园区中的关键种企业应该发挥积极、关键甚至是主导的作用，关键种企业应该站在共生体的高度，通过集体协商方式协调好共生体中相关参与企业的利益，然后选择一个整体性的技术创新方案在共生体中联合推进，只有这样才能获得整体技术创新绩效以及全面的技术升级，最终克服园区系统链网结构刚性的弊端，通过园区网络式技术创新有效地提高园区系统的柔性化水平，从而促进园区系统成功实现生态化转型升级。另外，技术创新的视野也不能仅局限于园区内部，建立"企业—高校或科研机构—社会服务机构—政府"四主体（或多主体）联合网络式创新模式是推动技术创新的重要手段。

就社会关系角度而言，要在初见雏形的企业共生体内部建立起信任和惩罚机制，通过这种机制的运行来降低共生体中投机行为发生的概率和频率。信任机制的建立依靠两条途径，一是正式的制度安排，二是非正式的个体或团体之间的感情沟通与交流，它对于社会资本或社会关系网络的完善会产生影响。在正式的制度安排方面，首先要重视建立企业合作关系的制度基础，也就是契约的缔结。按照制度经济学的观点，任何一种契约都具有不完全性的特征，但是总是要尽量地完善和改进契约的安排，以此来达到减少合作中的各类矛盾和摩擦进而降低交易成本的目的。实践证明，一种好的契约安排是减少合作中投机行为发生的有力武器。在信任机制的建立方面，一项重要的任务就是要在园区内建立起联合征信、信用评级和信用信息披露制度，通过这项制度的实施来强化企业的信用意识和诚信观念，使得企业不敢因为投机行为而损坏自身形象最终落得找不到合作对象的结局。另外，基于地理的邻近，共生体中各类非正式组织的沟通和交流频率也会不断提高，有效促进园区内部相关个体和团体的交流是非常必要的，这类沟通和交流能够增进企业间的彼此理解从而增进彼此的信任。对于共生体内不讲信用的企业，共生体应该采取集体惩罚的机制。具体讲，如果某一个企业背信弃义、道德败坏，没有正当理由而私自切断与其他企业之间的物料交换，或者利用副产品交换的机会窃取其他企业的技术与商业机密，那么共生体中企业就应该联合对其给予制裁以加大其投机成本，让其信誉受损，在园区内再难以找到合作企业。当然，在建立惩罚机制的过程中，相关法律法规的支撑也是很有必要的。总之，通过信用与惩罚机制的构建和完善能够有效地减少园区内企业的机会主义行为，这对于有效地促进企业之间合作关系的建立、维持与发展将起到推动作用。

10.3.3　园区管理系统的优化

首先，加强管理体制机制创新。园区层面的治理改进主要应当从园区管理的体制机制创新方面着手。行政体制的创新应该关注园区层面的系统性、顶层性设计改进，其创新的一个重要方面就是园区所在地政府应该向园区管委会充分放权、授权，让其有足够的行政权力处理园区生态化改造过程中的相关事务、提升行政办事效率。具体地讲，就是当地政府应该充分授予园区管理委员会独立行政审批权或者是连同其他相关部门的联合会审权力。只有这样，园区管委会才能充分行使其应有的职能，通过行政体制改革达到促进园区生态化改造进程的目的。在行政体制创新中，一项尤其重要的工作就是强化园区管委会的环境管理职能。管委会应当设置专门的园区环境管理机构来对园区的环境建设进行统一集中管理。在环境管理机构的运行中，特别要加强园区环境管理体系的建设，推动 ISO14000 系列标准在园区内企业中的实施，这项工作对于园区改造而言至关重要，它能够确保园区改造中的生态化方向。通过管委会环境管理机构的推动，力争使得通过 ISO14000 系列环境标准认证的企业数量日益增加，这对于推广企业清洁生产方式，提升园区的生态效率水平将会起到重要的推动作用。另外，在园区管委会的日常工作中应该提倡一站式服务，通过持续简化行政手续、提高工作效率来更好地为已入园或拟入园企业服务，努力为园区的运行营造良好的管理服务环境。

其次，营造良好的园区文化。在探讨企业层面治理改进措施时已经提到应该建立积极的鼓励创新与合作的企业文化。然而，文化的建设还不能仅仅停留在企业层面，应该进一步地上升到园区层面。园区文化建设的倡导和推动主体应该是园区管委会。由于园区内部不同企业的价值观念、传统习惯、行为方式存在很大差异，为了在相互合作时扩大彼此的交集，为合作的开展营造基础，就应该在园区内部努力地寻求企业间文化的共同点，故园区层面文化的建设就显得非常重要。具体地，园区管委会应当牵线搭桥，通过举办园区内的各种活动如企业家联合会、座谈会、对典型企业的表彰会等来增进企业间彼此的沟通和交流，促进园区内各类正式组织或非正式组织间的往来，从而增进彼此之间的信任以及对园区共同目标的理解和认同。通过园区层面的积极文化建设来减少企业交往中的投机行为和交易成本，为园区经济效益和生态效益的取得提供有力支持。

再次，促进园区内相关中介服务机构的建设和完善。中介服务机构不直接从事园区的生产活动，但其存在对于完善园区服务体系的建设、减少园内企业的交易成本却起到不可忽视的作用。中介机构主要指会计、审计、金融、技术咨询与服务、人力资源机构等等，这些机构的存在将为园内企业提供贷款融资、技术成果转化、人才引进与交换等服务，在推动园区生态化改造方面将起到重要促进作用。当务之急是要出台相关标准规范中介机构的运行，对中介机构开展定期的资质认证，并且应该给予其相应的税收优惠政策以鼓励其不遗余力地为园区企业服务。

10.3.4　园区外部环境的营造与改善：地方政府的支持

在针对外部环境的治理改进中，最为主要的是应该从园区所在地方政府、区域市场与区域文化三个方面来完善或改进相应策略。

就地方政府而言，应该为园区生态化改造升级提供有力的支撑。具体地讲，政府应该在基础设施建设、政策支持与关系协调方面有所作为。基础设施的建设又分为两个方面，一是对园区内部或周边的道路、通讯、能源供应等设施进行建设和完善。园区进行改造之初往往需要投入大量的人力物力和财力才能形成规模性的基础设施，而这些投资如果要园区内的企业来承担，无疑会带来沉重的经济负担，影响其日后的正常运营，也会降低拟入园企业入园发展的积极性，因此对基础设施的投资责无旁贷地落到了地方政府的肩上。另外，除了硬件方面的基础设施建设之外，软件方面的基础设施建设也是不可或缺的，这主要涉及园区内信息网络的建设、人力资源市场的形成、各类企业孵化器的构建、金融服务机构的引进等等。当然，这些工作需要地方政府联同园区管委会一起来完成。只有这些软件基础设施得到不断完善，才能促进园区内企业间的共生关系的可持续发展，园区才能成为技术的高地、人才和金融集聚的洼地。另外，在政策支持方面，政府应该出台一些支持园区改造的财税政策、信贷扶持等政策，通过相关经济政策的完善来调动园内企业配合改造的积极性，促使其在园内积极从事循环经济活动。进一步地，地方政府也要通过完善相关环境法规政策来规范园区内企业的运营，地方政府和园区管委会要一道积极推动地方和园区环境管理体系的建设，加强对园区内外企业的环境绩效评估，实现对园内企业的动态监控。

就区域市场与文化而言，社区与园区所在区域为园区的发展提供产品的市场需求。这种需求一旦旺盛就会有效拉动园内的生产发展水平，从而更加促进园区内副产品的交换。但是要形成市场需求，除了园区内要生产出市场所需的合格的绿色产品之外，还有一个重要的方面就是地区居民要有足够的购买力，这就涉及居民的可支配收入问题。地方政府要积极发展本地区经济，切实关注民生问题的解决，将努力发展本地经济、持续提高居民的收入作为其工作的重中之重。只有居民的收入水平提高了，才有可能对园区所生产的产品形成有效的购买力和需求，否则区域市场的培育将出现严重的问题。另外，就是要在地方政府的大力倡导之下，加强社会的生态文明建设。生态文明的理念只有在不断宣传和教育实践的进程中才能深入人心。社会文化或区域文化中只有真正融入了生态文化的内涵才能使得工业园生态化改造具备良好的外部文化基础。因此，政府在推动和开展社会生态文明建设、营造良好社会文化氛围方面应该多做工作。

10.4 本章小结

本章对生态化转型中工业园的改造和治理优化对策进行了较为深入的研究。首先，基于前述章节中国外生态工业园建设实践中的经验与启示、实证研究的结果提出一系列促使我国工业园生态化转型升级、园区绩效（或生态效率）持续提升的政策建议。然后，从建设的驱动力、构建核心要素、构建生态共生网络和有效整合政府和市场力量四个角度探讨了我国工业园区生态化改造的路径依赖问题。最后，基于作用力指向的不同层面（具体地从企业、产业生态链、园区管理机构、政府以及外部环境中其他因素等角度）提出政策建议。本章的研究将对促进工业园生态化改造、成功转型升级，提升园区生态效率水平具有重要理论价值和实践意义。

第 11 章　总结与展望

11.1　总结

本书以生态化转型中的工业园系统为研究对象，按照"理论分析—国外发展概况及经验借鉴—园区创业现状及转型动因探讨—园区转型的内在机理分析—园区发展模式分析—园区生态效率评价—园区生态效率的影响因素分析—生态化改造策略设计—国内重点转型案例分析"的研究脉络展开系统性的研究工作。首先，以生态效率为战略性思想导向，从企业、技术、市场、政府几个角度构建了工业园生态化转型的动因模型。其次，对园区系统实现生态化转型的内在机理进行分析，并分析园区发展模式。再次，对具体园区的生态效率进行定量化实证测度。进一步地，验证了若干类因素对园区生态效率的影响。最后，结合国外生态工业园实践中的经验以及实证分析结果，提出旨在推进我国工业园生态化改造从而促使其转型升级及绩效（或生态效率）改善的策略和建议。本书的研究对于促进我国工业园（尤其是综合类工业园）的可持续发展具有较重要的理论价值和现实参考意义。全文主要从以下几个方面进行相关的理论和实证研究，并得出了一系列研究结论，大体总结如下：

第一，首先，从国外生态工业园区发展概况及经验借鉴进行分析，为接下来的工业园的现状及转型的内在机理的分析奠定了基础，具有一定的参考价值。其次，从发展概况、主要特点、成功经验等方面对英国、美国、日本、新加坡等国家在生态工业园建设和发展方面的实践进行了探讨，并由此比较分析各国生态工业园实践特征的区别，分别从：政府在园区建设中的职能定位比较、基于组织模式的园区实践特征比较、园区创新环境的比较分析、环境立法实践比较分析、思想战略导向的动力模型分析这五个角度进行阐述。然后，从中得出了一些有益的经验启示，比如环境立法和生态工业上的发展要互动起来，无论是在哪个层面上发展生态工业，都应当有与之相匹配的法律法规组成立法体系，政府在生态工业发展中的职能定位应当是合理的，可以是政府主导型或是政府服务型，两者没有优劣之分。科技上的创新是生态工业园区发展的灵魂，要注重发展园区的科技创新，使之有源源不断的动力向前更好地发展。指出创新成本比较大，政府也应该给予园区内企业适当的政策甚至资金的支持，在社会快速发展中，全民生态意识的强化很有必要，要积极营造良好的社会环境，人作为社会个体单位，对社会的发展至关重要。最后，提及我国应该明确外资对我国经济发展的重要作用，政府和公民应当共同营造开放的投资环境。通过比较分析国外典型实践，进而给出对于我国工业园生态化转型发展的启示，为本书后续的研究工作提供了实践经验。

第二，从生态文明视角构建了工业园生态化转型升级的动因模型，并对全体动力因素的重要性程度采用模糊聚类分析法进行了归类、分层。研究认为，我国工业园前期创业主要是出于经济目的，具体讲即为了通过园内企业的集聚实现规模经济和范围经济，并实现诸如促进区域经济增长、拉动就业、提升技术水平等目标；而工业园在"三次创业"基础上的生态化转型是以生态效率为战略导向的，生态效率既是一种测量工具，更是一种管理哲学。本书认为，从企业、技术、市场、政府等几个角度分析推动工业园生态化转型的动因是比较合适的，且应该突出资源存量和环境承载力等关键性制约因素的作用。

研究的结果表明，政府行为是推动我国工业园生态化转型最为重要的一类因素。在我国，政府一直以来是主导生态文明建设的最为重要的力量，在实现生态文明宏伟目标的过程中，推动工业园生态化发展是其主要的抓手和具体工作的着力点。政府在园区改造初期对园区改造的直接资金支持以及为了调动园区各方主体的生态化改造积极性而出台的税收优惠等利好政策对于园区的转型升级尤其有利。研究还认为，来自企业内部的若干因素在整个动力体系中所占的位置也是比较重要的。企业对经济效益的追求是其参与园区改造的最为重要的动因；而从企业所应承担的社会责任看来，"环境责任感的驱使"重要性程度不是很强，我国企业的社会责任感普遍有待提高。研究发现，市场因素中"废弃物处理后的潜在及现实市场需求"是影响园区生态化改造进程的一种关键性力量，它在所有市场因素中占据最为突出的位置。研究发现"社区居民环境保护意识的强度"这一个因素的影响力并不突出。目前，民众虽然开始意识到了环境问题，但是民众的环保意识和生态观念普遍还是偏低；然而随着民众素质的逐步提高，其对生态产品的市场需求状况将会有进一步的改善，这最终将会进一步促进园区的外部市场需求。研究认为，技术的因素是发展生态工业的前提条件，但有了生态化技术也未定就能使得园区成功实现转型发展，技术永远只是一种手段和工具。总之，研究认为工业园生态化转型的动力模型与前期创业动力模型的最本质区别在于前者充分考虑了资源约束和环境承载力，对生态效率的追求成了生态化转型动力的核心。

第三，探究了工业园生态化转型的内在机理，侧重从过程机制、实现机制和保障机制三个方面展开分析。首先，采用耗散结构理论（包括管理熵分析）研究了系统实现转型升级所需具备的基础性过程机制及临界条件机制。研究认为，园区系统要想实现转型升级就必须先具备开放机制、非均衡机制、涨落机制及非线性机制，并且还应满足"从外部引入的负熵流的平方大于 1 加上系统内部所产生的正熵流的平方"这一数理条件才能真正进入有序转型的状态。其次，采用 logistic 方程对园区转型的实现机制进行了分析。研究认为，园区内企业通过共生可以实现 1+1＞2 的协同效应，之所以会产生这种效应是因为通过共生能够促进园区内各种物质、能源、废弃物和副产品的循环利用，从而有效提高园区的生态效率，通过这种效应的积累最终促使园区系统转型升级目标的实现。进一步地，研究认为，要想实现系统转型升级的目标，还需要相应的保障机制，其中最为关键的就是园区内外社会资本的营造，尤其要注重企业间信任度的培养和企业间的有效的交流与沟通。另外，园区内部企业与园外机构的合作也是非常重要的。

从对基础性过程机制及临界条件机制的探讨，可以获得管理启示，即要确保园区的转型升级，就必须关注园内各种资源的合理配置、各主体间矛盾和摩擦的化解以及注重从园区之外引入有利于园区转型的利好因素，比如政府的政策支持等。对实现机制的探讨可以为企业间的合作提供指引，企业间只有相互合作才能获得比仅靠独自努力而获得的更大的生态效益。对保障机制的探讨可以明确一些具体的努力方向，比如要巩固和发展园区社会网络资本、构建企业间的信任机制、培育园内企业协作与创新文化等。

第四，构建了以生态文明建设理念和生态效率思想为战略性导向的评价指标体系，并且对具体园区的生态效率综合水平进行了实证测度。以"资源节约—环境友好—经济持续—人文发展"为主线，构建适用于生态化转型中的综合类工业园生态效率评价的指标体系，并使用灰色关联度分析法和超效率 DEA 法分别对天津泰达工业园和江苏苏州工业园的生态效率进行了实证测度。研究认为，指标体系的设置对于工业园有行为指引作用，指标体系中突显创新引领、资源消耗、环境成本的相关指标，能够对园区运行起到良好的引导作用，有利于促使其加强产业技术创新、减少资源的消耗、降低对环境的污染，这对于有效提升工业园的生态效率、改变当前工业经济发展中的粗放式增长模式大有裨益。

对泰达园区的实证研究表明：在 2005—2016 年这 12 年间，泰达工业园的生态效率综合水平总体趋势还是稳步提升的，这与各主体在园区的生态化改造和升级中所付出的努力密切相关，但其生态效率的改善空间依然很大。进一步的研究表明：整个考察期中泰达园区"环境友好"表现要领先于"资源节约""经济持续""人文发展"三个项目表现。笔者认为这一结果是由于近年来一直强调推崇的生态环境与经济、社会协调统一发展。研究认为园区需要"理念的改变、制度的巩固和技术创新"。一是要牢固树立以生态效率思想为引导促进工业经济发展的观念。另外要尤其关注人文发展，包括人力资源质量的提升、人口的就业和生活质量的改善等方面；进一步地要不断加强技术创新的力度、突出创新引领在经济发展中的地位，大力发展园区中的高新技术产业和高附加值产业，促进产业结构调整和升级。二是要改变考核制度、促进园区管理改善，尤其是政绩考核中要把环境绩效、生态绩效和人文绩效的考核切实落到实处。三是要加强技术创新的力度，加快清洁生产技术和资源、副产品循环利用技术的开发。

对苏州园区的实证研究表明：在考察期间，苏州工业园的生态效率综合水平总体上处于改善的趋势，但实则具有较大的波动。研究认为，针对园区运行中出现的造成生态效率波动的因素，苏州园区管委会及园内企业应当对此高度重视，同地方政府及园内各中介组织通力合作、协同配合，促进苏州工业园区的转型，为长三角经济建设作出更大的贡献。实证测度的结果对于相应园区认清自身现状、寻找差距、确定工作目标和努力方向具有现实指导意义，同时也对我国同类型其他园区的可持续发展具有重要参考价值。

　　第五，验证了影响工业园生态效率的相关因素。通过对国内外大量文献的阅读与归纳构建了企业、工业共生体、园区管理、市场与文化等层面因素对园区生态效率影响的概念模型，并且提出若干研究假设。进一步地，通过调查问卷的方式获得测量量表的相应数据并对其进行整理，然后基于结构方程模型法对若干理论假设进行了验证。

　　研究表明，园内企业的技术与管理因素、企业共生体、园区管理、政府、市场和文化几个因素对园区生态效率皆具有程度各异的积极作用。从影响的强度上考察，园内企业的技术与管理、企业共生体两类因素的影响最为明显。然而，外部环境中的市场和文化因素对园区生态效率的作用无论是影响强度还是显著性水平都不理想，这一实证结果和实际状况也是基本吻合的。目前，我国各种资源的价格机制并不完善，不能充分体现相应资源的稀缺程度；而且在社会层面，民众的生态意识并不强，对绿色产品的需求没有形成真正的规模，大多数消费者对生态产品的理解并不充分。

　　研究还表明，园区系统的稳定性对园区生态效率存在着显著的影响作用，而且其影响的强度还比较大，显著性水平达到 5%。这一研究结果表明稳定性对于工业园的生态化转型有着明显的意义。工业园生态化转型过程中，只有关注企业内部的物料能源供需的平衡、工业体系中初具雏形的生态产业链的进一步巩固和发展以及园区层面的协调管理系统的优化，才能确保园区转型目标的实现，进而促进园区生态效率的切实提高。这一研究结果对于企业和园区努力采取有利于改善园区系统稳定性进而提升生态效率的管理措施能提供重要的实证依据。

　　进一步的研究表明，园内企业的技术与管理因素、企业共生体、园区管理、政府、市场和文化几个因素对园区系统稳定性都产生程度不同的正面积极影响。其中政府对园区稳定性的影响在 1% 的水平下显著，而且其影响强度比较大。在我国推动生态工业发展的进程中，政府起到了关键性的作用，这是中国特色的具体体现。然而，企业共生体在对系统稳定性的显著性检验中，在 1% 和 5% 的水平下并不显著，在 10% 的水平下还是显著的。研究认为，在现阶段我国工业园的生态化改造中，"拉郎配"的现象比较突出，在某些园区甚至还相当严重。这种不重视园内企业之间产业关联性的行为最终将导致园内企业共生体的合作出现问题，这很可能是致使企业共生体对园区稳定性的影响在实证检验中显著性水平不高的原因。另外，即使是客观上园内企业间存在产业关联性，但事实上企业间缺乏信任、交流和沟通，或者因为信息不对称致使一些潜在的合作机会难以被发现和利用，这些问题也会影响共生体的发展。

第六，提出了旨在促进我国工业园生态化转型、提升园区生态效率综合水平的对策建议。研究认为，应该从企业、产业生态链（或企业共生体）、园区管理、外部环境几个层面来构建推进园区生态化改造的治理改进策略。

就园内企业而言，研究认为清洁生产方式的应用是循环经济活动在微观企业层面的具体体现与落实，应重点关注清洁生产技术在企业内部的推广和应用工作。另外，在企业文化建设中应当充分体现出创新和合作精神，凝聚创新与合作特质的企业文化对于企业间的合作和网络式创新将起到积极推动作用。

就工业共生体而言，研究认为应该重点关注对工业体系的调整，设计出具体的可实施的产品链和废物链流程，并进一步巩固和完善已经初具雏形的生态产业链，逐步搭建和完善基于物质、能量、信息等资源的交换系统。另外，应当努力为共生体企业间的交流和合作创造机会，发展社会网络关系和增进相互理解和信任，从而降低企业间的交易费用。

就园区管理而言，研究认为应当重点关注园区管理和信息集成平台的建设以有效协调园内各主体之间的关系，这些平台包括园区管理平台、信息交流与共享平台、废物交换平台、清洁生产技术平台等。另外，还要从管理体制机制创新、园区文化的营造两个方面来改进工作。体制机制创新的关键环节在于园区所在地政府向园区管委会充分放权授权，使其具有充分的行政权力从而提升行政办事效率。另一方面应该建设具有合作、创新精神的园区文化，这样的文化能增进企业间的信任和交流，减少企业的投机行为和交易成本，从而有利于园区经济和生态双重效益的取得。就外部环境而言，研究认为应该从地方政府、区域市场与区域文化三个方面来完善或改进相应策略。具体地讲，政府应该在基础设施建设、政策支持与关系协调方面有所作为；而且地方政府要积极发展本地区经济，切实关注民生问题的解决，只有居民收入提高才能为园区产品提供有效购买力支持；另外，在生态文明建设、营造良好社会文化氛围方面，政府也是责无旁贷的。

11.2　研究展望

由于工业园区系统的复杂性，本书在研究过程中对于一些问题并没有触及，或者对某些问题虽已展开了适当的研究，但未能做到深入细致的探讨，有待在下一步的研究工作中进一步加强。总的说来，本书在以下几个方面有待在后续的研究中进一步得到加强。

第一，在实证分析工业园生态效率的影响因素时，本书采用了结构方程模型作为研究方法，并且采用了问卷调查的手段收集数据，利用 AMOS 软件付诸实证，验证了相关因素对生态效率的影响，并且验证了若干种类因素通过中介变量对生态效率产生的间接影响。但研究中仍然存在一定的局限性，从时间序列的角度来考察系统，将会得到更加具有理论和实践意义的研究结果。然而，本书在此用的是基于问卷调查的横截面数据（不具有时间跨度），如果采用跨时期的数据来研究，确实存在很大的难度，只能留待今后的研究中去努力。笔者将在后续的研究中尝试采用面板数据（即时间序列数据和横截面数据混合的数据）对若干园区在某一时间段内各类因素对生态效率的影响进行综合考察。这样就能更准确地把握各类因素对不同园区的差别性影响，同时又能考察因素的影响强度随时间推移的变化趋势。

第二，本研究中所采用的问卷调查的主要发放对象是经历生态化改造的工业园中的企业、中介机构及园区管理机构的相关人员。曾有学者指出最终的有效问卷份数应该至少是研究假设提出数目的五倍以上，本书所收到的有效问卷是满足这一基本要求的。今后随着国家生态文明建设步伐的加快，深入开展生态化改造的园区会越来越多，故在今后的研究中，笔者将进一步增加工业园区的覆盖面，使得所收集的数据更加全面，以此获得的实证研究结果将更具有理论意义和应用价值。

第三，在对具体园区的生态效率进行实证测度时，数据的可获得性在很大程度上决定了评价指标的选取（包括指标数量和指标内涵的确定），进一步地决定了选择什么样的评价模型。对于一些运行年数比较长、园区级别比较高（比如国家级工业园）、经济基础比较好的一些园区，对其运行数据的获取相对容易一些。但是对于一些还没有正式获得生态环境部批准建设的园区（虽然这些园区也在按照生态化运作的模式在发展），要想获得其运行中的数据（尤其是环境绩效方面的数据）是相当困难的，有时即使能够获得一部分，其指标数量也有限。故对于这些园区的生态效率评价，在选择模型方法时有一定的局限。本书在对泰达工业园的生态效率进行评价时，因其跨年度数据比较完整，故采用了灰色关联度分析法；而对苏州工业园区进行生态效率评价时，因其指标数据的有限性，只能采用比较适合指标数量不太多的 DEA 方法。在下一步的研究中，将加大对长三角范围内开展生态化改造升级的工业园区的运行数据收集工作，尤其是跨年度数据的收集，以便进一步地对长三角地区采用生态化模式运作的工业园区作更加深入的研究。

第四，对国内典型园区进行分析，总结它们现阶段各自的运营状况、发展规划以及发展经验，着重强调它们的优势。但是，忽略了各园区的不足之处，未详细剖析各园区现阶段存在哪些难题、将来如何解决。下一步研究将会深入探讨国内园区存在的具体问题，并提出相应的解决措施，为之后新园区的发展提供建设经验，推动国内工业园区的可持续发展。

参考文献

[1] Anja Katrin Fleig. Eco-industrial Parks: A Strategy Towards Industrial Ecology in Developing and Newly Industrialised Countries [J]. Eschborn. Dentsche Gesellschaft fur Technische Zusammerarbeit (GTZ) GmbH., Germany. 2000: 788-801.

[2] Anna-Mari Heikkil, Y Malmén, Minna Nissil, H Kortelainen. Challenges in Risk Management in Multi-Company Industrial Parks [J]. Safety Science, 2010, 48 (4): 430-445.

[3] Catherine Hardy, Thomas E. Graedel. Industrial Ecosystems as Food Webs [J]. Journal of Industrial Ecology, 2002 (6): 29-38.

[4] Cote R. P., Hall J. Industrial Parks as Ecosystems [J]. Journal of Cleaner Production, 1995, 3 (2): 41-46

[5] Cristina Sendra, Xavier Gabarrell, Teresa Vincent. Material flow analysis adapted to an industrial area [J]. Journal of Cleaner Production, 2007, 15 (17): 1506-1515.

[6] David Gibbs. Eco-industrial parks and industrial ecology: strategic niche or mainstream development? [M]. Cheltenham: Edward Elgar, 2009: 73-102.

[7] Dominique Maxime, Michele Marcotte, Yves Arcand. Development of Eco-efficiency Indicators for the Canadian Food and Beverage Industry [J]. Journal of Cleaner Production. 2006, 14 (6-7): 636-648.

[8] Edward Cohen-Rosenthal. Making sense out of industrial ecology: a framework for analysis and action [J]. Journal of Cleaner Production,

2008，12（1）：146-161.

[9] Effie Kesidou，Pelin Demirel. On the drivers of eco-innovations：Empirical evidence from the UK [J]. Research Policy，2012，41（5）.

[10] Evert Nieuwlaar，Geert Warringa，Corjan Brink，Walter J. V. Vermeulen. Supply Curves for Eco-efficient Environmental Improvements Using Different Weighting Methods [J]. Journal of Industrial Ecology，2005，9（4）：85-96.

[11] Ewa Liwarska-Bizukojca，Marcin Bizukojcb，Andrzej Marcinkowskic，Andrzej Doniec. The Conceptual Model of An Eco-Industrial Park Based Upon Ecological Relationships [J]. Journal of Cleaner Production，2009，17（8）：732-741.

[12] Frank Boons，Wouter Spekkink，Yannis Mouzakitis. The dynamics of industrial symbiosis：A proposal for a conceptual framework based upon a comprehensive literature view [J]. Journal of Cleaner Production，2011，19（9-10）：905-911.

[13] G. Qi，S. Zeng，X. Li，C. Tam. Role of Internalization Process in Defining the Relationship between ISO14001 Certification and Corporate Environmental Performance [J]. Corporate Social Responsibility and Environmental Management，2012，19（3）：129-140.

[14] G. Zilahy. Organizational Factors Determining the Implementation of Cleaner Production Measures in the Corporate Sector [J]. Journal of Cleaner Production，2004，12：311-319.

[15] G. Y. Liu，Z. F. Yang，B. Chen，et al. Ecological network determination of sectoral linkages，utility sections and structural characteristics on urban ecological economic system [J]. Ecological Modeling，2011，222（15）：2825-2834.

[16] Gregory David Rose，Social Experiments in Innovative Environmental Management：The Emergence of Eco-technology [D]，Waterloo，Ontario，Canada：Dissertation for Ph. D. in Planning in Waterloo University，2003.

[17] Guan Wei，Xu Shuting. Study of spatial patterns and spatial effects of

energy eco-efficiency in China [J]. Acta Geogr, 2016, 26 (9):
1362-1376.

[18] Han Shi, Marian Chertow, Yuyan Song. Developing Country Experience with Eco-Industrial Parks: a case study of the Tianjin Economic-Technological Development Area in China [J]. Journal of Cleaner Production, 2010 (1): 191-199.

[19] Holly Marie Morehouse. A spatial Decision Support System for Environmentally Sustainable Communities [D]. Ann, Arbor, MI: Dissertation for Ph. D. in Clark University, 2002.

[20] J. T. Pai, D. Hu, W. W. Liao. Research On Eco-efficiency of Industrial Parks In Taiwan [J]. Energy Reocedia, 2018, 152: 691-697.

[21] Jacob Park, Joseph Sarkis, Zhaohui Wu. Creating integrated business and environmental value within the context of China's circular economy and ecological modernization [J]. Journal of Cleaner Production, 2010, 18 (1): 1494- 1501.

[22] Jianhui Zhang. Assessing the Impact of R&D Investments Subsidies on Energy Efficiency: Empirical Analysis from the Chinese Listed Firms [J]. Environmental Science and Pollution Research, 2022 (1): 1-15.

[23] Joanna B, Michael Gochfeld, Charles W. Powers. Managing environmental Problems during transitions: The department of energy as a case study [J]. Remediation Journal, 2009, 19 (2): 99-122.

[24] Jose Benitez-Amado, Rita M. Walczuch. Information Technology, the Organizational Capability of Proactive Corporate Environmental Strategy and Firm Performance: A Resource-Based Analysis [J]. European Journal of Information Systems, 2012 (21): 664-679.

[25] Li Fei, Suocheng Dong, Li Xue, et al. Energy consumption-economic growth relationship and carbon dioxide emissions in China [J]. Energy Policy, 2011, 39 (2): 568-574.

[26] Liang Chen, Rusong Wang, Jianxin Yang, Yongliang Shi. Structural complexity analysis for industrial ecosystems: A case study on LuBei industrial ecosystem in China [J]. Ecological complexity, 2010, 7 (2):

179-187.

[27] Lowe，Ernest A.，Moran，Steven R.，Holmes，Douglas B. Eco-industrial Parks a Handbook for Local Development Teams [M]. Oakland, CA：Indigo Development，RPP International，2005.

[28] Lu Sun，Hong Li，et al. Eco-benefits assessment on urban industrial symbiosis based on material flows analysis and emergy evaluation approach：A case of Liuzhou city，China [J]. Resources，Conservation and Recycling，2017（119）：78-88.

[29] Majumdar S. Developing an Eco-industrial Park in the Lloydminster Area [M]. Ottawa，CA：Dissertation for Master of Science in Civil Engineering，University of Calgary，2001：9-10.

[30] Márcio D' Agosto，Suzana Kahn Ribeiro. Eco-efficiency Management Program（EEMP）：a Model for Road Fleet Operation [J]. Transportation Research Part D：Transport and Environment，2004，9（6）：497-511

[31] Mingran Wu. Intensity of Eco-Environmental Constraint and Green Innovation Efficiency-Based on Spatial Economic Analysis [J]. Environmental engineering and management journal，2022，21（12）：2061-2071.

[32] N. B. Jacobsen，Industrial Symbiosis in Kalundborg，Denmark：A quantitative assessment of economic and environmental aspect [J]. Journal of Industrial Ecology，2006，10：239-255.

[33] Nicolas Moussiopoulos，Charisios Achillas，Christos Vlachokostas. Environmental social and economic information management for the evaluation of sustainability in urban areas：A System of indicators for Thessaloniki，Greece [J]. Cities，2010，27（5）：377-384.

[34] Pauline Deutz，David Gibbs，Amy Proctor. Eco-industrial Development：Potential as a Stimulator of Local Economic Development [C] //New Orleans：Annual Meeting of the Association of American Geographers，2003，3：11-15.

[35] Per Mickwitz，Matti Melanen，Ulla Rosenstrom. Regional Eco-efficiency Indicators-a Participatory Approach [J]. Journal of Cleaner Production,

2006，14（18）：1603-1611.

［36］ Perry Sadorsky. Eco-Efficency for the G18：Trends and Future Outlook ［J］. Sustainability，2021，13（20）：219-273.

［37］ R. R. Heeres，W. J. V. Vermeulen，F. B. D. Walle. Eco-industrial Park Initiatives in the USA and the Netherlands：First Lessons ［J］. Journal of Cleaner Production，2004，12：985-995.

［38］ Raymond Cotè，Aaron Booth，Bertha Louis. Eco-efficiency and SMEs in Nova Scotia，Canada ［J］. Journal of Cleaner Production. 2006，14（2-7）：542-550.

［39］ Sangwon Suh，Kun Mo Lee，Sangsun Ha. Eco-efficiency for Pollution Prevention in Small to Medium-Sized Enterprises：A Case from South Korea ［J］. Journal of Industrial Ecology，2005，9（4）：223-240.

［40］ Shizuka Hashimoto，Tsuyoshi Fujita，Yong Geng，Emiri Nagasawa. Realizing CO_2 emission reduction through industrial symbiosis：A cement production case study for Kawasaki ［J］. Resources，Conservation and Recycling，2010，54（10）：704-710.

［41］ Sibylle Wursthorn，Witold-Roger Poganietz，Liselotte Schebek. Economic environmental monitoring indicators for European countries：A disaggregated sector-based approach for monitoring eco-efficiency ［J］. Ecological Economics，2011，70（3）：487-496.

［42］ Sokka Laura，Pakarinen Suvi，Melanen Matti. Industrial symbiosis contributing to more sustainable energy use - an example from the forest industry in Kymenlaakso，Finland ［J］. Journal of Cleaner Production，2011，19（4）：285-293.

［43］ Sorvari Janna. Developing environmental legislation to promote recycling of industrial by-products：an endless story？ ［J］. Waste Management，2008，28（3）：489-501.

［44］ Sumita Fons，Gopal Achari，Timothy Ross. A fuzzy cognitive mapping analysis of the impacts of an eco-industrial park ［J］. Journal of Intelligent & Fuzzy System，2005，15（2）：75-88.

［45］ Teresa Domenech，Micheal Davies. Structure and morphology of industrial symbiosis networks：the case of Kalundborg［J］. Procedia Social and Behacioral Sciences，2011，(10)：79-89.

［46］ Tudor Terry，Adam Emma，Bates Margearet. Drivers and Limitations for the Successful Development and Functioning of EIPs（Eco-Industrial Parks)：A Literature Review［J］. Ecological Economics，2007，61（2-3)：199-207.

［47］ Valentine Scott Victor. Policies for Enhancing Corporate Environmental Management：A Framework and an Applied Example［J］. Business Strategy and Environment，2012，21（5)：338-350.

［48］ Veiga，L. B. E. ，Magrini A. Eco-industrial Park development in Rio de Janeiro，Brazil：a tool for sustainable development［J］. Journal of Cleaner Production，2009，17（7)：653-661.

［49］ Yu F. ，Han F. ，Cui Z. Evolution of industrial symbiosis in an eco-industrial park in China［J］. Journal of Cleaner Production，2015（87)：339-347.

［50］ Zengwei Yuan，Lei Shi. Improving enterprise competitive advantage with industrial symbiosis：case study of a smeltery in China［J］. Journal of Cleaner Production，2009，17（14)：1295-1302.

［51］ Zhang B，Guo J，Wen Z，et al. Ecological Evaluation of Industrial Parks Using a Comperhensive DEA And Invented-DEA Model［J］. Mathematical Problem In Engineering，2020，10：215-226.

［52］ Zhao Yan，Shang Jin-Cheng，Chen Chong. Simulation and Evaluation on the Eco-industrial system of Changchun Economic and Technological Development Zone，China［J］. Environ Monit Assess，2008，（139)：339-349.

［53］ 敖明山. 循环经济视角下的生态工业园区发展模式研究［D］. 天津：天津商业大学，2007.

［54］ 蔡小军，李双杰，刘启浩. 生态工业园共生产业链的形成机理及其稳定性研究［J］. 软科学，2006，20（3)：12-14.

［55］ 蔡小军，张清娥，王启元. 论生态工业园悖论、成因及其解决之道［J］. 科技进步与对策，2007，24（3)：41-45.

[56] 蔡玉蓉，汪慧玲. 产业结构升级对区域生态效率影响的实证 [J]. 统计与决策，2020，36（1）：110-113.

[57] 曾悦，商婕. 生态工业园区绿色发展水平趋势预测及驱动力研究 [J]. 福州大学学报（自然科学版），2017，45（02）：262-267.

[58] 陈共荣，戴漾泓. 基于模糊数学方法的生态工业园区绩效评价研究 [J]. 湖南科技大学学报（社会科学版），2016，19（04）：82-89.

[59] 陈金山，朱方明，周卫平. 生态工业园建设的政府职能分析 [J]. 重庆大学学报（社会科学版），2010，16（06）：16-21.

[60] 陈林，邓伟根. 生态工业园建设与政府对策 [J]. 生态经济，2008（2）：79-82.

[61] 陈林，周任重，周权雄. 生态工业园信任机制构建的理论与经验 [J]. 科技进步与对策，2009，26（13）：81-83.

[62] 陈晓红，陈石. 企业两型化发展效率度量及影响因素研究 [J]. 中国软科学，2013（4）：128-139.

[63] 陈晓红，陈石. 企业生态效率差异及技术进步贡献：基于要素密集度视角的分位数回归分析 [J]. 清华大学学报（哲学社会科学版），2013，28（3）：148-157.

[64] 陈晓红，傅滔涛，曹裕. 企业循环经济评价体系——以某大型冶炼企业为例 [J]. 科研管理，2012，33（1）：47-55.

[65] 陈晓红，贺力平，周玉林. 聚焦"两型"社会，推动生态文明建设——中国工程院院士陈晓红访谈 [J]. 社会科学家，2018（08）：3-7＋161.

[66] 陈晓红，解海涛. 基于四主体动态模型的中小企业协同创新体系研究 [J]. 科学学与科学技术管理，2006（8）：37-43.

[67] 陈晓红，李大元，游达明." 两型社会" 建设评价理论与实践经济科学出版社 [M]. 北京：经济科学出版社，2012.

[68] 陈晓红，吴小瑾. 基于社会资本的集群中小企业融资行为研究 [J]. 中南财经政法大学学报，2008（3）：121-127.

[69] 陈晓红，周颖，佘坚. 基于 DEA 方法的民间金融资本运用效率研究：对温州市民间金融的实证分析 [J]. 经济问题探索，2007（5）：101-105.

[70] 陈晓红，周智玉. 关于生态城镇化理论与实践的若干思考 [J]. 湖南商学院学报，2015，22（01）：5-9＋2.

[71] 陈晓红. 科学构建"两型社会"标准体系 [N]. 人民日报（理论版），2011-9-1.

[72] 陈晓红. 以两型社会建设为契机不断促进转变经济发展方式 [J]. 湖南社会科学，2010（3）：107-109.

[73] 陈晓红. 以体制机制改革创新推进"两型社会"建设 [N]. 人民日报（理论版），2012-11-1.

[74] 陈晓红. 转变经济发展方式、大力发展两型产业 [J]. 新湘评论，2011（3）：17-19.

[75] 陈益升，陈宏愚，湛学勇. 经济技术开发区与高新技术产业开发区未来发展分析 [J]. 科技进步与对策，2002（5）：28-30.

[76] 陈瑜，陈晓红. 区域生态现代化水平评价实证研究 [J]. 系统工程，2010（4）：110-114

[77] 陈瑜. "两型社会" 背景下区域生态现代化评价与路径研究 [D]. 长沙：中南大学，2010.

[78] 崔杰. 企业信息资源管理水平聚类分析 [J]. 情报杂志，2008（2）：14-16.

[79] 邓荣荣，张翔祥. 长江经济带生态效率与产业结构升级的协调度 [J]. 华东经济管理，2021，35（02）：39-47.

[80] 丁波. 美国节能减排及发展循环经济工作经验对我们的启示 [J]. 能源研究与利用，2011（1）：23-25.

[81] 杜真，陈吕军，田金平. 我国工业园区生态化轨迹及政策变迁 [J]. 中国环境管理，2019，11（06）：107-112.

[82] 段宁，邓华，武春友. 我国生态工业系统稳定性的结构型因素实证研究 [J]. 环境科学研究，2006，19（2）：57-61.

[83] 方巍，林汉川. 社会技术创新对中国海外工业园可持续发展的影响——东道国制度环境的调节效应 [J]. 中国物流经济，2021（12）：62-73.

[84] 冯之浚. 制定我国循环经济生态园规划的若干思考 [J]. 科学学与科学技术管理，2008（6）：116-121.

[85] 付丽娜，陈晓红，冷智花. 基于超效率 DEA 模型的城市群生态效率研究：以长株潭 "3＋5" 城市群为例 [J]. 中国人口·资源与环境，2013，23（4）：169-175.

[86] 甘永辉，杨解生. 生态工业园工业共生效率研究［J］. 南昌大学学报（人文社会科学版），2008，39（3）：75-80.

[87] 关新宇，陈英葵. 中国生态工业园区评价指标体系研究述评［J］. 工业经济论坛，2017，4（05）：19-26＋47.

[88] 郭德仁，王培辉. 基于模糊聚类和模糊模式识别的企业财务预警［J］. 管理学报，2009，6（9）：1194-1198.

[89] 郭莉，苏敬勤. 基于 Logistic 增长模型的工业共生稳定性分析［J］. 预测. 2005，24（1）：25-29.

[90] 郭莉. 工业共生进化及其技术动因研究［D］. 大连：大连理工大学，2005.

[91] 郭云. 生态产业园企业动力机制与战略定位研究［D］. 合肥工业大学，2010.

[92] 韩玉堂，李凤岐. 生态产业链链接的动力机制探析［J］. 环境保护，2009（4）：30-32.

[93] 郝文斌，冯丹娃. 我国生态工业发展的理论基础与实践对策［J］. 北方论丛，2011（3）：139-141.

[94] 何志全. 生态文明背景下区域经济发展的基本路径——评《区域经济的生态化定向》［J］. 经济问题，2019（02）：2＋129.

[95] 洪昌庆. 工业园区发展及地方政府作用研究［D］. 杭州：浙江大学，2004.

[96] 洪璐，闵连星，王光玉. 不同组织模式生态工业园区发展的比较研究及启示［J］. 生态经济，2011（5）：142-148.

[97] 侯瑜. 生态工业园的国内外实践及对我国的建议［J］. 中国人口·资源与环境，2009，19（专刊）：263-268.

[98] 胡斌. 两型社会视角下工业园区建设评价研究［D］. 长沙：中南大学，2012.

[99] 黄爱宝. 建设资源节约型和环境友好型政府的理论资源［J］. 南京工业大学学报，2010（3）：5-13.

[100] 黄梅，甘德欣，唐常春. "两型社会"背景下长株潭生态工业网络构建研究［J］. 经济地理，2011，31（2）：271-276.

[101] 黄训江. 生态工业园生态链网建设激励机制研究——基于不完全契约理

论的视角［J］. 管理评论，2015，27（06）：111-119.

[102] 贾卫平. 循环经济模式下的新疆氯碱化工产业生态效率评价研究［D］. 石河子大学，2016.

[103] 贾小平，石磊，杨友麒. 工业园区生态化发展的挑战与过程系统工程的机遇［J/OL］，化工学报，2021，http：//www.hgxb.com.cn/CN/10. 11949/0438-1157. 20201456.

[104] 江洪，王春晓. 新加坡科技园区标准化管理建设分析与启示［J］. 新材料产业，2020（04）：12-15.

[105] 江洪龙，张艳，赵坤. 生态工业园设计规划思路探究与实践经验总结［J］. 资源节约与环保，2021（02）：139-140.

[106] 姜浩宇. 山西省大中型工业企业生态效率评价研究［D］. 太原理工大学，2019.

[107] 焦文婷. 我国生态工业园区政策可持续性的动力机制［J］. 中国环境管理，2019，11（06）：103-106.

[108] 解亚丽，柯小玲，闵园园，郭海湘，王德运. 基于超效率DEA模型的三峡库区生态效率评价及空间演化格局分析［J］. 中国环境管理，2020，12（01）：113-120.

[109] 孔海宁. 中国钢铁企业生态效率研究［J］. 经济与管理研究，2016，37（09）：88-95.

[110] 孔令丞，谢家平，刘宇龙. 加强产业集聚效应推动工业园区生态化［J］. 科学学与科学技术管理，2005（2）：95-99.

[111] 孔衍，任鑫，王川. 基于灰熵优化加权灰色关联度模型的核动力装置故障诊断技术［J］. 原子能科学技术，2012，46（9）：361-365.

[112] 赖加福. 基于耗散结构理论的产业共生网络稳定性研究［D］. 暨南大学，2011.

[113] 劳可夫. 基于多群组结构方程模型的绿色价值结构研究［J］. 中国人口·资源与环境，2012，22（7）：78-84.

[114] 雷明，钟书华. 生态工业园区评价研究评述［J］. 科技进步与对策，2010，27（6）：156-160.

[115] 李博. 生态工业园工业共生网络脆弱性研究［D］. 重庆大学，2018.

[116] 李成宇，张士强，张伟. 中国省际工业生态效率空间分布及影响因素研

究 [J]. 地理科学，2018，38（12）：1970-1978.

[117] 李春会，朱永忠. 基于信度系数与系数分析结构方程模型 [J]. 暨南大学学报（自然科学版），2012，33（3）：250-253.

[118] 李光军，曹凤岐. 论交易成本运用在促进循环经济中的作用及途径 [J]. 环境科学与技术，2010，33（12）：679-671.

[119] 李广明，黄有光. 区域生态产业网络的经济分析：一个简单的成本效益模型 [J]. 中国工业经济，2010（2）：5-14.

[120] 李海东，王善勇. "两型"社会建设中生态效率评价及影响因素实证分析：以 2006—2009 省级面板数据为例 [J]. 电子科技大学学报（社科版），2012，14（6）：72-77.

[121] 李虹，董亮. 发展绿色就业提升产业生态效率：基于风电产业发展的实证分析 [J]. 北京大学学报（哲学社会科学版），2011，48（1）：109-118.

[122] 李洪伟，王炳成，陶敏. 大学生诚信的影响因素分析：基于结构方程模型的实证 [J]. 管理评论，2012，24（8）：170-176.

[123] 李江利. 技术生态化与生态工业园区建设 [J]. 经济问题，2012（12）：23-25.

[124] 李昆，魏晓平. 基于耗散理论的生态工业发展机制研究 [J]. 软科学，2006，20（5）：38-41.

[125] 李蔺怡南. 宝鸡市工业园区向生态工业园区转型的动力因素研究 [D]. 西北大学，2019.

[126] 李娜，周瑞红. 日本发展生态工业园的实践及启示 [J]. 经济纵横，2008（3）：91-93.

[127] 李锡钦. 结构方程模型：贝叶斯方法 [M]. 北京：高等教育出版社，2011.

[128] 李杨，陈何潇，杨子杰，狄瑜. 生态工业园区绿色发展与环境管理实践分析 [J]. 中国资源综合利用，2020，38（06）：138-140.

[129] 李志龙，王迪云. 武陵山片区旅游经济——生态效率时空分异及影响因素 [J]. 经济地理，2020，40（06）：233-240.

[130] 廖开际，赵兴庐. 基于耗散结构理论的知识大众生产系统演化机制研究 [J]. 科学学与科学技术管理，2009（7）：106-110.

［131］刘娟，谢家平. 企业群落生态文化研究［J］. 科技进步与对策，2009，26（20）：70-73.

［132］刘宁，吴小庆，王志凤. 基于主成分分析法的产业共生系统生态效率评价研究［J］. 长江流域资源与环境，2008，17（6）：831-838.

［133］刘睿劼，张智慧. 基于 WTP-DEA 方法的中国工业经济——环境效率评价［J］. 中国人口·资源与环境，2012，22（2）：125-129.

［134］刘文东，潘啸天，巴特，王艳秋. 基于博弈论的生态工业园产业耦合共生网络运行过程研究［J］. 经济研究导刊，2020（11）：62-63＋66.

［135］刘燕，陈英武. 结构方程模型参数估计的 GME 方法［J］. 国防科技大学学报，2007，29（1）：116-121.

［136］鲁圣鹏，李雪芹，刘光富. 生态工业园区产业共生网络形成影响因素实证研究［J］. 科技管理研究，2018，38（08）：194-200.

［137］逯承鹏. 产业共生系统演化与共生效应研究——以金昌为例［D］. 兰州：兰州大学，2013.

［138］罗柳红. 生态工业园区系统稳定性与调控研究［D］. 北京：北京林业大学，2012.

［139］罗能生，田梦迪，杨钧等. 高铁网络对城市生态效率的影响——基于中国 277 个地级市的空间计量研究［J］. 中国人口·资源与环境，2019，29（11）：1-10.

［140］吕一铮，田金平，陈吕军. 推进中国工业园区绿色发展实现产业生态化的实践与启示［J］. 中国环境管理，2020，12（03）：85-89.

［141］马冰. 生态工业园区建设中的政府角色定位［J］. 特区经济，2005（8）：114-115.

［142］马开. 走进日本北九州生态工业园［J］. 中国科技投资，2012（12）：64-65.

［143］毛玉如，王颖茹，沈鹏. 生态工业园区"四位一体"运行模式研究［J］. 再生资源与循环经济. 2008（10）：18-20.

［144］末吉兴一. 环境保护与产业振兴：北九州生态工业园零排放的挑战［M］. 北京：中国环境科学出版社，2010.

［145］缪小清. 生态工业园工业共生网络系统稳定性研究［D］. 暨南大学，2010.

[146] 倪晶晶. 产业集聚与地区生态效率 [D]. 南京审计大学，2018.

[147] 彭涛，李林军，陆宏芳. 产业园生态效率评价：以九发生态产业园为例 [J]. 生态环境学报. 2010，19（7）：1611-1616.

[148] 蒲龙，丁建福，刘冲. 生态工业园区促进城市经济增长了吗？——基于双重差分法的经验证据 [J]. 产业经济研究，2021（01）：56-69.

[149] 乔琦. 综合类生态工业园区建设绩效评估 [J]. 环境工程技术学报，2011，1（1）：82-86.

[150] 秦颖，武春友，武春光. 生态工业共生网络运作中存在的问题及其柔性化研究 [J]. 软科学，2004，18（2）：38-41.

[151] 邱寿丰，诸大建. 我国生态效率指标设计及其应用 [J]. 科学管理研究，2007，25（1）：20-24.

[152] 曲泽静，史安娜. 基于结构方程模型的区域自主创新能力评价：以长三角地区为例 [J]. 科技进步与对策，2011，28（16）：109-112.

[153] 任海英，孙明. 生态工业园中企业间协同进化模型分析 [J]. 统计与决策，2008（6）：166-168.

[154] 芮俊伟，周贝贝，钱谊. 生态工业园区生态效率评估方法研究及应用 [J]. 生态与农村环境学报，2013，29（4）：466-470.

[155] 商华，武春友. 基于生态效率的生态工业园评价方法研究 [J]. 大连理工大学学报（社会科学版），2007，28（2）：25-29.

[156] 商华. 工业园生态效率测度与评价 [D]. 大连理工大学，2007.

[157] 商华. 生态工业园稳定性评价实证研究 [J]. 科研管理，2012，33（12）：142-148.

[158] 沈宏婷，陆玉麒. 开发区转型的演变过程及发展方向研究 [J]. 城市发展研究，2011，18（12）：69-73.

[159] 石磊，王震. 中国生态工业园区的发展（2000-2010年） [J]. 中国地质大学学报（社会科学版），2010，10（4）：60-65.

[160] 石琴，王楠楠. 粒子群优化的模糊聚类方法在车辆行驶工况中的应用 [J]. 中国管理科学，2011，19（2）：110-115.

[161] 史丹，王俊杰. 基于生态足迹的中国生态压力与生态效率测度与评价 [J]. 中国工业经济，2016（05）：5-21.

[162] 司言武. 城市污水处理行业政府补贴政策研究 [J]. 浙江社会科学，

2017（05）：20-29＋35＋155.

［163］宋伟，曹镇东，彭小宝. 基于灰色关联度的区域自主创新能力模糊评价［J］. 北京理工大学学报（社会科学版），2010，12（3）：66-70.

［164］宋洋. 资源节约和环境友好企业建设水平评价研究［D］. 长沙：中南大学，2010.

［165］苏芳，闫曦. 云南省循环经济发展的生态效率测度研究［J］. 武汉理工大学学报（信息与管理工程版），2010，32（5）：791-794.

［166］孙冬号. 福建省工业生态效率评价及影响因素研究［D］. 福州大学，2018.

［167］孙明. 生态工业园中企业间合作研究［D］. 北京：北京工业大学，2008.

［168］孙晓梅，崔兆杰，朱丽. 生态工业园运行效率评价指标体系的研究［J］. 中国人口.资源与环境，2010，20（1）：124-128.

［169］唐玲，孙晓峰，李键. 生态工业园区共生网络的结构分析：以天津泰达为例［J］. 中国人口·资源与环境，2014，24（S2）：216-221.

［170］陶阳. 区域生态工业系统运行机制与生态效率评价研究［D］. 哈尔滨：哈尔滨工业大学，2009.

［171］田晖，宋清，胡边疆. 汽车零部件物流系统生态效率的评价：以湖南长丰猎豹汽车制造股份有限公司为例［J］. 系统工程，2018，36（07）：105-112.

［172］田金平，刘巍，赖玢洁，李星，刘婷，陈吕军. 中国生态工业园区发展的经济和环境绩效研究［J］. 中国人口·资源与环境，2012，22（S2）：119-122.

［173］田晓刚，鞠美庭，杨娟. 综合型生态工业园可持续发展策略探析：以郑州高新技术产业开发区为例［J］. 环境污染与防治，2012，34（3）：83-88.

［174］王崇锋. 生态工业园工业共生支持体系研究［J］. 中国软科学，2010（S1）：341-345＋387.

［175］王崇梅. 以静脉产业为主导的日本生态工业园循环经济模式研究［J］. 科技进步与对策，2010，27（3）：12-14.

［176］王虹，叶逊. 生态工业园中企业的动力机制分析［J］. 环境保护，2005

（7）：72-76.

[177] 王虹. 生态工业园区运行机制与评价体系研究 ［M］. 北京：中国环境科学出版社，2008.

[178] 王卉彤，王妙平. 中国 30 省区碳排放时空格局及其影响因素的灰色关联分析 ［J］. 中国人口·资源与环境，2011，21（7）：140-145.

[179] 王惠文，张瑛. 结构方程模型的预测建模方法 ［J］. 北京航空航天大学学报，2007，33（4）：477-480.

[180] 王济川，王小倩. 结构方程模型：方法与应用 ［M］. 北京：高等教育出版社，2011.

[181] 王金波. 资源环境约束下日本产业升级的低碳路径选择——以日本（生态）工业园的发展历程为例 ［J］. 亚太经济，2014（01）：64-69.

[182] 王丽平，许娜. 中小企业可持续成长能力评价及能力策略研究——基于熵理论和耗散结构视角 ［J］. 中国科技论坛，2011（12）：54-59

[183] 王林雪，彭璐. 基于熵理论的科技型创业者成长机制研究——人力资本的视角 ［J］. 西北大学学报（哲学社会科学版），2009，39（5）：74-78.

[184] 王灵梅，张金屯. 生态学理论在生态工业发展中的应用 ［J］. 环境保护，2003（7）：57-60.

[185] 王球琳. 林产工业生态产业链演进机理及效能评价研究 ［D］. 东北林业大学，2016.

[186] 王婷，易树平，胡瑞林. 集成管理组织结构设计的影响因素分析 ［J］. 重庆大学学报（自然科学版），2006，29（7）：5-10.

[187] 王瑛，唐善茂. 论城市可持续发展与传统工业园区的转型 ［J］. 经济经纬，2009（3）：51-54.

[188] 王兆华，武春友. 基于交易费用理论的生态工业园中企业共生机理研究 ［J］. 科学学与科学技术管理. 2002（8）：9-13.

[189] 王震，石磊. 园区工业共生建设影响因素分析：以江苏宜兴经济开发区为例 ［J］. 中国人口·资源与环境，2010，20（专刊）：178-181.

[190] 危怀安，韩庆元，王婉娟. 自主创新能力影响因素的模糊聚类分析：基于国家重点实验室的研究 ［J］. 科技与经济，2013，26（3）：16-21.

[191] 卫平，周凤军. 新加坡工业园裕廊模式及其对中国的启示 ［J］. 亚太经济，2017（01）：97-102＋176.

[192] 吴明隆. 结构方程模型：AMOS 的操作与应用 [M]. 重庆：重庆大学出版社，2010.

[193] 吴小庆，王亚平. 基于 AHP 和 DEA 模型的农业生态效率评价：以无锡市为例 [J]. 长江流域资源与环境，2012，21（6）：714-719.

[194] 吴小庆，王远，刘宁. 基于生态效率理论和 TOPSIS 法的工业园区循环经济发展评价 [J]. 生态学杂志，2008，27（12）：2203-2208.

[195] 吴志军. 生态工业园工业共生网络治理研究 [J]. 2006（9）：84-88.

[196] 吴志军. 我国生态工业园区发展研究 [J]. 当代财经，2007（11）：66-72.

[197] 武跃丽. 零售连锁超市经营绩效影响因素的模糊聚类分析：以山西省太原地区为例 [J]. 数学的实践与认知，2012，42（8）：1-8.

[198] 向鹏成，李博，胡鸣明等. 生态工业园共生网络脆弱性研究 [J]. 工程研究——跨学科视野中的工程，2016，8（03）：332-341.

[199] 肖婵娟，张宏武. 生态工业园的生态效率评价：以天津泰达生态工业园为例 [J]. 天津商业大学学报，2009，29（1）：26-30.

[200] 谢华生，包景岭，温娟. 生态工业园的理论与实践 [M]. 北京：中国环境科学出版社，2011.

[201] 谢守红，邵珠龙，丁卉. 无锡工业碳排放的行业分解和灰色关联分析 [J]. 城市发展研究，2012，19（10）：113-117.

[202] 谢守美. 基于耗散结构理论的企业知识生态系统研究 [J]. 情报理论与实践，2011，34（7）：30-34.

[203] 熊国保，罗元大. 以"负责任创新"推进我国生态工业园区创新发展 [J]. 生态经济，2021，37（03）：68-73.

[204] 熊艳. 生态工业园发展研究综述 [J]. 中国地质大学学报（社会科学版），2009，9（1）：63-66.

[205] 徐本鑫. 低碳经济下生态效率的困境与出路 [J]. 大连理工大学学报（社会科学版），2011，32（2）：12-16.

[206] 徐大伟，王子彦，郭莉. 工业生态系统演化的耗散结构理论分析 [J]. 管理科学，2004，17（6）：51-56.

[207] 徐凌星，杨德伟，高雪莉等. 工业园区循环经济关联与生态效率评价——以福建省蛟洋循环经济示范园区为例 [J]. 生态学报，2019，39

（12）：4328-4336.

[208] 薛晓燕. 生态工业园区运行评价研究：以天津泰达生态工业园区为例 [D]. 天津：天津理工大学，2010.

[209] 闫二旺，田越. 中国特色生态工业园区的循环经济发展路径 [J]. 经济研究参考，2016（39）：77-83.

[210] 闫二旺，田越. 中外生态工业园管理模式的比较研究 [J]. 经济研究参考，2015（52）：80-87.

[211] 阎晓，涂建军. 黄河流域资源型城市生态效率时空演变及驱动因素 [J]. 自然资源学报，2021，36（01）：223-239.

[212] 杨波，苏娜. 基于熵理论的高科技企业投融资绩效研究——以湖北省为例 [J]. 科研管理，2011，32（8）：42-50.

[213] 杨力，王舒鸿，吴杰. 基于集成超效率 DEA 模型的煤炭企业生产效率分析 [J]. 中国软科学，2011（3）：169-176.

[214] 杨连俊. 二次创业中科技园区管理体制研究：以苏州工业园区为考察 [D]. 苏州：苏州大学，2009.

[215] 杨玲丽. 工业共生中的政府作用——以贵港生态工业园为例 [J]. 技术经济与管理研究，2010（6）：90-93.

[216] 杨玲丽. 生态工业园工业共生中的政府作用：欧洲与美国的经验 [J]. 生态经济，2010（1）：125-128.

[217] 杨庆育，李明. 基于灰色关联分析法的区域自主创新能力实证测度 [J]. 软科学，2011，25（1）：91-95.

[218] 叶茂升，肖德. 我国东部地区纺织业转移的区位选择：基于超效率 DEA 模型的解析 [J]. 国际贸易问题，2013（8）：83-94.

[219] 易杏花，刘锦钿. 我国西部地区生态效率评价及其影响因素分析 [J]. 统计与决策，2020，36（01）：105-109.

[220] 尹艳冰，赵涛，吴文东. 面向生态工业园的工业共生体成长影响因素分析 [J]. 科技进步与对策，2009，26（6）：64-67.

[221] 于伟，张鹏，姬志恒. 中国城市群生态效率的区域差异、分布动态和收敛性研究 [J]. 数量经济技术经济研究，2021，38（01）：23-42.

[222] 余乙兵. 不完全契约视角下生态工业园区企业共生的不稳定性研究 [D]. 北京：北京工业大学，2012.

[223] 喻宏伟. 网络组织治理视角的生态工业园稳定性研究 [D]. 武汉：华中农业大学，2009.

[224] 岳波波，李妮，武征等. 综合类生态工业园区循环经济模式构建 [C]. 陕西省环境科学学会. 2013：300-307.

[225] 翟一凡. 中外生态工业园管理模式比较研究 [J]. 合作经济与科技，2022（01）：128-129.

[226] 张班，梁雪春. 基于耗散结构理论的生态工业园演化分析 [J]. 化工自动化及仪表，2012，39（03）：380-383＋407.

[227] 张彬，姚娜，刘学敏. 基于模糊聚类的中国分省碳排放初步研究 [J]. 中国人口. 资源与环境，2011，21（1）：53-56.

[228] 张冰华. 燃煤发电企业循环经济发展水平评价研究 [D]. 华北电力大学，2018.

[229] 张国华，曲晓辉. 会计准则国际趋同度量方法拓展——模糊聚类分析法初探 [J]. 2009，12（1）：102-109.

[230] 张洪祥，毛志忠. 基于多维时间序列的灰色模糊信用评价研究 [J]. 管理科学学报，2011，14（1）：28-37.

[231] 张会云，唐元虎. 企业技术创新影响因素的模糊聚类分析 [J]. 科研管理，2003，24（6）：71-77.

[232] 张俊杰，单旷杰，洪良. 互动理念视角下的生态工业园空间布局策略——以邵阳市宝庆科技工业园南区控制性详细规划为例 [J]. 规划师，2015，31（01）：53-58.

[233] 张龙江，张永春，蔡金榜. 工业园区生态化改造模式的研究 [J]. 生态经济，2011（5）：149-154.

[234] 张攀，耿勇，陈超. 基于能值分析的产业集聚区生态经济绩效评价研究 [J]. 管理学报，2008（2）：243-249.

[235] 张晓平. 我国经济技术开发区的发展特征及动力机制 [J]. 地理研究，2002，21（5）：656-665.

[236] 张新林，仇方道，王长建等. 长三角城市群工业生态效率空间溢出效应及其影响因素 [J]. 长江流域资源与环境，2019，28（08）：1791-1800.

[237] 张鑫，刘俊，曹梦子. 基于要素市场的生态工业园稳定性研究 [J]. 广西社会科学，2011（7）：50-54.

[238] 张雪梅. 西部地区生态效率测度及动态分析：基于 2000-2010 年省际数据 [J]. 经济理论与经济管理，2013（2）：78-85.

[239] 张智光. 基于生态——产业共生关系的林业生态安全测度方法构想 [J]. 生态学报，2013，33（4）：1326-1336.

[240] 张子龙，鹿晨昱，陈兴鹏等. 陇东黄土高原农业生态效率的时空演变分析——以庆阳市为例 [J]. 地理科学，2014，34（04）：472-478.

[241] 赵国杰，郝文升. 低碳生态城市：三维目标综合评价方法研究 [J]. 城市发展研究，2011，18（6）：31-36.

[242] 赵玲玲，罗涛. 中外生态工业园区管理模式比较研究 [J]. 当代经济，2007（9）：88-89.

[243] 赵茂林，张梅菊. 淮河生态经济带能源生态效率与经济增长耦合互动研究 [J]. 大连大学学报，2022，43（04）：80-92

[244] 赵若楠，马中，乔琦等. 中国工业园区绿色发展政策比较分析及对策研究 [J]. 环境科学研究，2020，33（02）：511-518.

[245] 赵书新. 节能减排政府补贴激励政策设计的机理研究 [D]. 北京：北京交通大学，2011.

[246] 郑慧，贾珊，赵昕. 新型城镇化背景下中国区域生态效率分析 [J]. 资源科学，2017，39（07）：1314-1325.

[247] 郑凌霄，周敏. 技术进步对中国碳排放的影响——基于变参数模型的实证分析 [J]. 科技管理研究，2014，34（11）：215-220.

[248] 中华人民共和国环境保护部. 综合类生态工业园区标准 [S]. 北京：国家环境保护部，2009.

[249] 中华人民共和国环境保护总局. 静脉类生态工业园区标准（试行）[S]. 北京：国家环境保护总局，2006.

[250] 钟晓芳，刘思峰. 基于灰色关联度的动态稳健性设计 [J]. 系统工程理论与实践，2009，29（9）：147-152.

[251] 周厚威. 生态工业园区建设模式与发展对策研究 [D]. 长沙：长沙理工大学，2010.

[252] 周琦. 低碳经济与生态文明建设——评《生态文明与低碳经济社会》[J]. 生态经济，2020，36（05）：230-231.

[253] 周钱，李一. 基于结构方程模型的交通需求分析 [J]. 清华大学学报

（自然科学版），2008，48（5）：879-882.

[254] 周四军，王欣，胡瑞. 中国商业银行 X 效率测度：StoNED 方法与超效率 DEA 方法的比较研究 ［J］. 统计与信息论坛，2012，27（4）：3-9.

[255] 周一虹，芦海燕，陈润羊. 企业生态效率指标的应用与评价研究——以宝钢、中国石油和英国 BP 公司为例 ［J］. 兰州商学院学报，2011，27（01）：112-121.

[256] 朱丽. 综合类生态工业园区指标体系及稳定机制研究 ［D］. 济南：山东大学，2011.

[257] 朱庆华，杨启航. 中国生态工业园建设中企业环境行为及影响因素实证研究 ［J］. 管理评论，2013，25（03）：119-125＋158.

[258] 朱娅，周力，应瑞瑶. 中国农村劳动力现代化素质的经济解释：基于结构方程模型的实证检验 ［J］. 中国科技论坛，2011（1）：135-141.

[259] 朱艺，付允，林翎，陈大扬，高东峰. 工业园区循环经济绩效评价实证研究——基于 42 个园区数据 ［J］. 标准科学，2019（12）：60-66.

[260] 朱玉强，齐振宏，方丽丽. 工业共生理论的研究述评 ［J］. 工业技术经济. 2007，26（12）：91-94.

[261] 诸大建，邱寿丰. 生态效率是循环经济的合适测度 ［J］. 中国人口·资源与环境，2006，16（5）：1-6.

[262] 左晓利，李慧明. 生态工业园理论研究与实践模式 ［J］. 科技进步与对策，2012，29（7）：23-27.

附　录

工业园转型升级（三次创业）动因调查问卷

此次问卷调查旨在征求您对推动工业园生态化转型升级的动力因素的重要性的评价及看法。本问卷从企业、技术、市场、政府四个角度设置了这些动力因素，请您对其进行认真细致的评价。我们将基于所获得的数据展开生态工业方面的专项研究，同时会对所填的信息严格保密，您不需有任何顾虑。非常感谢您对我们的工作所给予的理解和支持！

关键术语定义（在此对一些重要的专业术语进行解释，以便您能更好地理解问卷中的题项）

◆ **清洁生产**：它是一种生产运营的理念，同时又是一种具体的生产方式，指企业在原材料采购、加工、制造、销售以及运输的整个流程中本着对环境损害最小化的宗旨采购清洁原材料（避免有毒原材料进入生产过程）；在工艺设计、生产操作中尤其注重减少废弃物的产生，并强调各类物料、能源在企业内部的循环利用，以实现废弃物排放的最小化；在销售及运输过程中也充分考虑包装和运输方式对环境的影响。总之，它是一种综合性环境策略。

◆ **工业共生**：企业间出于生产成本的节约、交易费用的减少等经济目的，同时出于对外部生态环境的保护，在某一地理区域（有时也以虚拟方式）对废弃物和副产品进行相互利用。通常上游企业的废弃物能够被下游企业当作原材料使用，从而有效降低整个园区的生产成本并最大限度地减少最终排向自然界的废弃物。

◆ **工业生态系统**：它是一种具备社会和自然双重属性的系统，既是对自然生态系统的模仿，同时从某个角度考察又属于自然生态系统的一部分。在这个系统中包括生产者企业、消费者企业、分解者企业，这些企业共同组成了一个模拟生态系统，被称为工业生态系统。各种废弃物和副产品在这个系统中得到循环流动和梯级利用，进而实现生态效益和经济效益的双赢。

◆ **关键种企业**：通俗地讲也可称为核心企业。在园区内所产生的废弃物和副产品数量最多，其发展路径会影响到园区内其他企业的运营，在生态产业链网中处于关键节点地位，能够左右园区的发展方向和经济、生态表现。

一、园区或个人信息（请在符合的选项下划"√"）

1. 您所在工业园的性质：
(1) 综合类园区；(2) 行业性园区；(3) 静脉产业类园区；(4) 其他类型

2. 按生态化要求运行的年限：
(1) 一年以下；(2) 一至两年；(3) 三至四年；(4) 五年以上

3. 您的个人职务：
(1) 园区管理机构高层；(2) 园内企业高层管理人员；(3) 园内中介组织高管；(4) 园内企业核心技术研发人员；(5) 园内企业生产主管；(6) 园内企业一线员工；(7) 与园区有密切联系的高校专家；(8) 其他类型人员：_____

4. 您的文化程度：
(1) 高中、中专及以下；(2) 大专；(3) 本科；(4) 研究生及以上

5. 您所在公司的规模：
(1) 100 人及以下；(2) 101～400 人；(3) 401～800 人；(4) 801～2000人；(5) 2001～4000 人；(6) 4000 人以上

6. 您所在园区的成员企业个数：_____个

二、工业园生态化转型升级的动力因素调查

以下分别从企业、技术、市场、政府四个角度设置了来自系统内外的促使工业园生态化转型升级的若干具体动力因素。课题组认为在这些因素集的综合作用之下园区系统才能得以成功转型发展。但这些因素的重要性程度各不相同，需要您根据自己的理解对每个因素的重要性作出判断。我们就每个因素的重要

性设置了 5 个级别，分别是"很不重要""不重要""一般重要""比较重要""很重要"，您只能就每一因素选择唯一的重要性等级（请在相应方框内用"√"标识）。

来源	动力明细因素	因素的重要程度				
		很不重要	不重要	一般重要	比较重要	很重要
企业内部	对节能减排所致的生产成本降低的追求					
	提升产品生态化形象的追求					
	环境责任感的驱使					
	企业家和员工素质和意识					
	企业间降低交易费用的需求					
	获得当地政府的认可和经济支持					
技术因素	清洁生产及资源循环利用技术的可获得性					
	环境评价及监测技术的完备性					
	企业间生态化链接技术的可获得性					
	物料、能量等方面信息共享技术条件的具备程度					
	相关生态技术的经济实用性					
市场因素	社区居民环境保护意识的强度					
	社区消费者对生态产品需求的强度					
	企业废弃物处理后的市场需求状况					
	自然资源供给的短缺性					
	各类原材料市场价格的水平					
	市场对各类原材料的争夺程度					
政府	政府对园区管理部门在环保绩效考核方面的压力					
	限制企业排污措施的执行力					
	为推动改造所出台的补贴性财税政策					
	对园区生态化改造初期投资的支持力度					
	循环经济法律法规体系的完善程度					
	政府对生态文明理念的宣传力度					

需要您作答的题项就是这些，耽误您的宝贵时间了。再次感谢您给予我们工作的理解和支持！

工业园生态化转型中稳定性影响因素及生态效率调查问卷

我们所开展的此次问卷调查旨在对工业园生态化转型中的系统稳定性影响因素及园区生态效率进行了解，以大致掌握我国正在进行生态化改造的各类工业园区的基本运行情况，进而基于所获得的数据从事生态工业方面的专项研究。我们会对您所填的信息严格保密，请您在填写问卷时无需顾虑。非常感谢您对我们的工作所给予的理解和支持！

关键术语定义（在此对一些重要的专业术语进行解释，以便您能更好地理解问卷中的题项）

◆ **清洁生产**：它是一种生产运营的理念，同时又是一种具体的生产方式，指企业在原材料采购、加工、制造、销售以及运输的整个流程中本着对环境损害最小化的宗旨采购清洁原材料（避免有毒原材料进入生产过程）；在工艺设计、生产操作中尤其注重减少废弃物的产生，并强调各类物料、能源在企业内部的循环利用，以实现废弃物排放的最小化；在销售及运输过程中也充分考虑包装和运输方式对环境的影响。总之，它是一种综合性环境策略。

◆ **工业共生**：企业间出于生产成本的节约、交易费用的减少等经济目的，同时出于对外部生态环境的保护，在某一地理区域（有时也以虚拟方式）对废弃物和副产品进行相互利用。通常上游企业的废弃物能够被下游企业当作原材料使用，从而有效降低整个园区的生产成本并最大限度地减少最终排向自然界的废弃物。

◆ **工业生态系统**：它是一种具备社会和自然双重属性的系统，既是对自然生态系统的模仿，同时从某个角度考察又属于自然生态系统的一部分。在这个系统中包括生产者企业、消费者企业、分解者企业，这些企业共同组成了一个模拟生态系统，被称为工业生态系统。各种废弃物和副产品在这个系统中得到循环流动和梯级利用，进而实现生态效益和经济效益的双赢。

◆ **关键种企业**：通俗地讲也可称为核心企业。在园区内所产生的废弃物和副产品数量最多，其发展路径会影响到园区内其他企业的运营，在生态产业链网中处于关键节点地位，能够左右园区的发展方向和经济、生态表现。

一、园区或个人信息（请在符合的选项下划"√"）

1. 您所在的工业园性质：

(1) 综合类园区；(2) 行业性园区；(3) 静脉产业类园区；(4) 其他类型

2. 按生态化要求运行的年限：

(1) 一年以下；(2) 一至两年；(3) 三至四年；(4) 五年以上

3. 您的个人职务：

(1) 园区管理机构高层；(2) 园内企业高层管理人员；(3) 园内中介组织高管；(4) 园内企业核心技术研发人员；(5) 园内企业生产主管；(6) 园内企业一线员工；(7) 与园区有密切联系的高校专家；(8) 其他类型人员：_____

4. 您的文化程度：

(1) 高中、中专及以下；(2) 大专；(3) 本科；(4) 研究生及以上

5. 您所在公司的规模：

(1) 100 人及以下；(2) 101～400 人；(3) 401～800 人；(4) 801～2000人；(5) 2001～4000 人；(6) 4000 人以上

6. 您所在园区的成员企业个数：_____个

二、工业园生态化转型中的系统稳定性影响因素评价

以下分别从企业、企业间共生体、园区管理、政府、市场与文化角度设置了可能对园区稳定性造成影响的若干因素（同时还包括园区稳定性本身的表现情况），共 26 个因素。请您结合园区的实际情况或在生态工业领域的知识和阅历就每一个项目进行打分。评分共分为 7 个等级，1 分代表您最不同意该项目的说法即表示您认为相关园区在这方面的表现最差，7 分为最高分。请注意每一个项目您只能选择一个评分等级。

代码	影响因素	影响因素相应分值						
		1	2	3	4	5	6	7
C1	企业家有很强的社会责任感，充分意识到工业生态化对于企业自身及外部社会的积极意义							
C2	员工能充分理解和认同生态文明的内涵，能积极参与企业及园区倡导的循环经济活动							

代码	影响因素	影响因素相应分值						
		1	2	3	4	5	6	7
C3	企业在节能技术、物质循环综合利用技术、废弃物处理技术方面具有很强的技术能力，能够满足企业清洁生产全过程的需求							
C4	企业内部具有浓厚的组织学习氛围和良好的集体学习能力，这种能力对企业创新产生了积极影响							
C5	企业内部研发、生产、营销、财务和人力资源各项管理流程都比较完善，企业能够在顺畅的流程下良好地从事生产运营活动							
N1	园区工业共生体内具有大量物质能源流动的核心企业数量充分、具备规模经济效应，并且这些核心企业对园区其他企业乃至整个园区具有强有力的辐射和带动能力							
N2	园区工业共生体具有很强的产业链生态化关键技术的联合攻关能力，能够满足共生体对各项关键技术的需求							
N3	园区在空间布局规划方面很科学，工业共生体企业间的空间距离合理，不会因为物理距离妨碍企业间的交流与合作							
N4	园区内企业间在物料、能源、废弃物和副产品的循环利用方面，其合作契约安排很合理、完备，在制度安排上有力地促进了企业间合作							
N5	园区内企业通过合作已经具备了良好的信任机制，企业文化相互影响和渗透，没有文化上的鸿沟阻碍企业间的合作							
N6	园区内产业链条数量足够多，能够及时引进"补链"，形成了产业链网络体系，这对于共生体的发展非常有利							
P1	园区管理方为园区提供了完善的硬件基础设施，比如道路、水电、生活垃圾集中处理设施等							
P2	园区管理方为企业的发展构建了物料、废弃物交换公共信息网络平台，大幅度减少了企业之间的信息不对称现象，有力地促进了企业之间的合作							

代码	影响因素	影响因素相应分值						
		1	2	3	4	5	6	7
P3	园区管理方建立并运行了合理的企业入园标准体系,对废弃物不能参与工业共生体内循环综合利用的拟进企业严格把关,并积极从事环境管理体系和相关环境标准建设							
P4	园区管理方积极为园内企业开展投融资咨询服务,并且推动企业孵化机构的建立,极大地促进了企业的建设和发展							
G1	政府在园区改造初期能给予园区生态化改造资金的直接资助,并且积极协助刚入园企业解决资金难题							
G2	政府对园区内企业尤其是刚入园企业给予有力的税收优惠,并积极牵头引导社会资本建立旨在促进园区企业从事循环经济活动的各类基金,尤其是对园区企业从事关键性生态技术研发给予经济支持							
G3	政府对于园区管理机构确立了环保目标考核体系,诸如此类措施有力地激励了园区管理方在园区内全力推动循环经济行为							
G4	政府结合地方特点持续完善环保法规具体措施及实施办法,并且始终保持强有力的执行力度							
M1	市场机制能充分发挥其效能,合理体现各类物料、能源的价格,能有效诱导企业从事循环经济活动,以节约企业各类成本开支							
M2	社区居民有很强的生态环保意识,对各类绿色生态产品很认同,并对其有很强的消费需求							
M3	社会在文化建设方面积极倡导生态文明建设,这种宣传导向对园区的发展产生了积极影响							
S1	企业内部物料能源供需平衡,企业生产运营流程顺畅有序							
S2	园区内企业间合作良好,彼此间生态化技术相互匹配,工业共生体新陈代谢顺畅,产业链网能持续完善和升级							
S3	园区管理方能够为园内企业提供良好的信息支撑和管理服务,且这些服务是可持续、有保障的							
S4	园内各方主体和园外的公共关系融洽,能及时有效地协调与社区及地方政府部门的关系							

三、园区生态效率（描述）状况

代码	评价项目	相应分值						
		1	2	3	4	5	6	7
E1	园区在经济发展方面取得了很好的成果，园区经济总量和工业增加值连年递增，直逼同类园区优秀水平							
E2	园区在运营过程中所消耗的物料、能源量始终控制在合理范围，并且实现物料能源的消耗逐年减少，同时没有给有效产出带来负面影响							
E3	园区企业在生产运营中所产生的废弃物和副产品能够在园区内甚至与园区外企业实现循环利用，尤其是水的循环利用率逐年递增							
E4	园区在运营中废气（SO_2）、废水（COD）、固体废弃物（工业固废、生活垃圾等）的排量在逐年减少，并且在排放前实施了有效的处理							
E5	园区通过发展生态工业，促进了园区及社区居民生态意识的提升，生态文明程度的进步，取得了很好的人文发展成果							

需要您作答的题项就是这些，耽误您的宝贵时间了。再次感谢您给予我们工作的理解和支持！